PyQt

从入门到精通

明日科技　编著

清华大学出版社
北京

内 容 简 介

本书从初学者角度出发，通过通俗易懂的语言、丰富多彩的实例，详细介绍了使用 PyQt5 进行 Python GUI 应用程序开发应该掌握的各方面技术。全书共分 20 章，包括 PyQt5 入门，Python 的下载与安装，搭建 PyQt5 开发环境，Python 语言基础，Python 中的序列，Python 面向对象基础，创建第一个 PyQt5 程序，PyQt5 窗口设计基础，PyQt5 常用控件的使用，PyQt5 布局管理，菜单、工具栏和状态栏，PyQt5 高级控件的使用，对话框的使用，使用 Python 操作数据库，表格控件的使用，文件及文件夹操作，PyQt5 绘图技术，多线程编程，PyQt5 程序的打包发布，学生信息管理系统（PyQt5+MySQL+PyMySQL 模块实现）等。所有知识都结合具体实例进行介绍，对涉及的程序代码给出了详细的注释，读者可以轻松领会 PyQt5 程序开发的精髓，快速提高开发技能。

本书列举了大量的小型实例、综合实例和部分项目案例；所附资源包内容有实例源程序及项目源码等；本书的服务网站提供了模块库、案例库、题库、素材库、答疑服务。

本书内容详尽，实例丰富，非常适合作为编程初学者的学习用书，也适合作为 Python 开发人员的查阅、参考资料。

图书在版编目（CIP）数据

PyQt 从入门到精通 / 明日科技编著. —北京：清华大学出版社，2021.6（2023.8 重印）
ISBN 978-7-302-56579-6

I. ①P… II. ①明… III. ①软件工具—程序设计 IV. ①TP311.561

中国版本图书馆 CIP 数据核字（2020）第 187123 号

责任编辑：贾小红
封面设计：飞鸟互娱
版式设计：文森时代
责任校对：马军令
责任印制：杨 艳

出版发行：清华大学出版社

   网 址：http://www.tup.com.cn，http://www.wqbook.com
   地 址：北京清华大学学研大厦 A 座   邮 编：100084
   社 总 机：010-83470000   邮 购：010-62786544
   投稿与读者服务：010-62776969，c-service@tup.tsinghua.edu.cn
   质量反馈：010-62772015，zhiliang@tup.tsinghua.edu.cn

印 装 者：小森印刷霸州有限公司
经 销：全国新华书店
开 本：203mm×260mm   印 张：23.5   字 数：637 千字
版 次：2021 年 6 月第 1 版   印 次：2023 年 8 月第 4 次印刷
定 价：89.80 元

产品编号：090255-01

前　言

Preface

在大数据、人工智能应用越来越普遍的今天，Python 可以说是当下世界上最热门、应用最广泛的编程语言之一，人工智能、爬虫、数据分析、游戏、自动化运维等各个方面，无处不见其身影。这些开发的前提是需要界面来进行支撑的，PyQt5 作为最强大的 GUI 界面开发库之一，无疑成为 Python 开发人员的必备基础。

本书内容

本书提供了从 PyQt5 入门到编程高手所必需的各类知识，共分 4 篇，大体结构如下图所示。

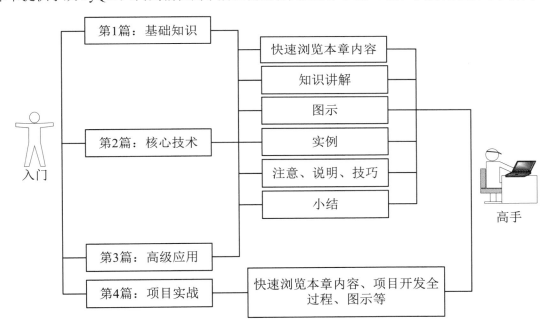

第 1 篇：基础知识。本篇主要包括 PyQt5 入门、Python 的下载与安装、搭建 PyQt5 开发环境、Python 语言基础、Python 中的序列、Python 面向对象基础、创建第一个 PyQt5 程序以及 PyQt5 窗口设计基础等内容。本篇结合大量的图示、实例等，使读者快速掌握 PyQt5 开发的必备知识，为以后编程奠定坚实的基础。

第 2 篇：核心技术。本篇介绍 PyQt5 常用控件的使用，PyQt5 布局管理，菜单、工具栏和状态栏，PyQt5 高级控件的使用，对话框的使用，使用 Python 操作数据库，表格控件的使用等内容。学习完这一部分，能够开发一些小型应用程序。

第 3 篇：高级应用。本篇介绍文件及文件夹操作、PyQt5 绘图技术、多线程编程以及 PyQt5 程序的打包发布。本篇介绍文件及文件夹操作、PyQt5 绘图技术、多线程编程以及 PyQt5 程序的打包发布。

第 4 篇：项目实战。本篇通过一个中小型、完整的学生信息管理系统，运用软件工程的设计思想，让读者学习如何进行软件项目的实践开发。书中按照"需求分析→系统设计→数据库设计→公共模块设计→实现项目"的流程进行介绍，带领读者一步一步亲身体验开发项目的全过程。

本书特点

❑ **由浅入深，循序渐进**。本书以初、中级程序员为对象，采用图文结合、循序渐进的编排方式，从 PyQt5 开发环境的搭建到 PyQt5 的核心技术应用，最后通过一个完整的实战项目，对使用 PyQt5 进行 Python GUI 开发进行了详细讲解，帮助读者快速掌握 PyQt5 开发技术，全面提升开发经验。

❑ **实例典型，轻松易学**。通过例子学习是最好的学习方式，本书通过"一个知识点、一个例子、一个结果、一段评析"的模式，透彻详尽地讲述了实际开发中所需的各类知识。另外，为了便于读者阅读程序代码，快速学习编程技能，为书中几乎为每行代码都提供了注释。

❑ **项目实战，经验累积**。本书通过一个完整的实战项目，讲解实际项目的完整开发过程，带领读者亲身体验项目开发的全过程，积累项目经验。

❑ **精彩栏目，贴心提醒**。本书根据需要在各章使用了很多"注意""说明""技巧"等小栏目，让读者可以在学习过程中更轻松地理解相关知识点及概念，并轻松地掌握相关技术的应用技巧。

读者对象

☑ 初学编程的自学者　　　　　　　　☑ 编程爱好者
☑ 大中专院校的老师和学生　　　　　☑ 相关培训机构的老师和学员
☑ 毕业设计的学生　　　　　　　　　☑ 初、中级程序开发人员
☑ 程序测试及维护人员　　　　　　　☑ 参加实习的"菜鸟"程序员

读者服务

本书附赠的各类学习资源，读者可登录清华大学出版社网站（www.tup.com.cn），在对应图书页面下获取其下载方式，也可扫描本书封底的"文泉云盘"二维码，获取其下载方式。

致读者

本书由明日科技 Python 程序开发团队组织编写。明日科技是一家专业从事软件开发、教育培训以及软件开发教育资源整合的高科技公司，其编写的教材非常注重选取软件开发中的必需、常用内容，

同时也很注重内容的易学性、方便性以及相关知识的拓展性，深受读者喜爱。其教材多次荣获"全行业优秀畅销品种""全国高校出版社优秀畅销书"等奖项，多个品种长期位居同类图书销售排行榜的前列。

在编写本书的过程中，我们始终本着科学、严谨的态度，力求精益求精，但错误、疏漏之处在所难免，敬请广大读者批评指正。

感谢您购买本书，希望本书能成为您编程路上的领航者。

"零门槛"编程，一切皆有可能。

祝读书快乐！

编　者

2021 年 4 月

目 录

Contents

第 1 篇 基 础 知 识

第 2 篇　核心技术

第 3 篇　高　级　应　用

第4篇　项目实战

第 1 篇　基础知识

本篇主要包括 PyQt5 入门、Python 的下载与安装、搭建 PyQt5 开发环境、Python 语言基础、Python 中的序列、Python 面向对象基础、创建第一个 PyQt5 程序以及 PyQt5 窗口设计基础等内容。本篇结合大量的图示、实例等，使读者快速掌握 PyQt5 开发的必备知识，为以后编程奠定坚实的基础。

第 1 章

PyQt5 入门

Python 是一种语法简洁、功能强大的编程语言，它的应用方向很广，而 GUI 图形用户界面开发是 Python 的一个非常重要的方向，PyQt5 作为一个跨平台、简单易用、高效的 GUI 框架，是使用 Python 开发 GUI 程序时最常用的一种技术。本章将对 Python 与 PyQt5 进行介绍。

1.1 Python 语言介绍

1.1.1 了解 Python

Python，本义是"蟒蛇"。1989 年，荷兰人 Guido van Rossum 发明了一种面向对象的解释型高级编程语言，将其命名为 Python，标志如图 1.1 所示。Python 的设计哲学为优雅、明确、简单，实际上，Python 始终贯彻着这一理念，以至于现在网络上流传着"人生苦短，我用 Python"的说法。由此可见，Python 有着简单、开发速度快、节省时间和容易学习等特点。

图 1.1　Python 的标志

Python 是一种扩充性强大的编程语言，它具有丰富和强大的库，能够把使用其他语言（尤其是 C/C++）制作的各种模块很轻松地联结在一起，所以 Python 常被称为"胶水"语言。

1991 年，Python 的第一个公开发行版问世。从 2004 年开始，Python 的使用率呈线性增长，逐渐受到编程者的欢迎和喜爱。最近几年，伴随着大数据和人工智能的发展，Python 语言越来越火爆，也越来越受到开发者的青睐,如图 1.2 所示是截至 2020 年 3 月的最新一期 TIBOE 编程语言排行榜,Python 排在第 3 位。

Mar 2020	Mar 2019	Change	Programming Language	Ratings	Change
1	1		Java	17.78%	+2.90%
2	2		C	16.33%	+3.03%
3	3		Python	10.11%	+1.85%
4	4		C++	6.79%	-1.34%
5	6	⌃	C#	5.32%	+2.05%

图 1.2　2020 年 3 月 TIBOE 编程语言排行榜

1.1.2　Python 的版本

Python 自发布以来,主要有 3 个版本:1994 年发布的 Python 1.x 版本(已过时)、2000 年发布的 Python 2.x 版本(2020 年 3 月已经更新到 Python 2.7.17)和 2008 年发布的 3.x 版本(2020 年 6 月已经更新到 Python 3.8.3)。

1.1.3　Python 的应用领域

Python 作为一种功能强大的编程语言,因其简单易学而受到很多开发者的青睐。那么 Python 的应用领域有哪些呢? 概括起来主要有以下几个方面。
- ☑ Web 开发
- ☑ 大数据处理
- ☑ 人工智能
- ☑ 自动化运维开发
- ☑ 云计算
- ☑ 爬虫
- ☑ 游戏开发

例如,我们经常访问的集电影、读书、音乐于一体的创新型社区豆瓣网、国内著名网络问答社区知乎、国际上知名的游戏 Sid Meier's Civilization(文明)等都是使用 Python 开发的。这些网站和应用的效果如图 1.3~图 1.5 所示。

热点内容……（更多）

一日一画 59张照片

「墟墓之間」——華東 161张照片

致父母的青春
华静文的日记
今天看到几张老照片，其中一张是妈妈的三十岁生日。我竟有些恍惚，那个场景我已经...

我不在武汉，我很好，但我不快乐

仙霞山的秋天

种花莱三年

《人间告白》

热门话题……（去话题广场）

你见过最美的月亮
4.0万次浏览

疫情下的行业自救
42.8万次浏览

没落网游考古
8.9万次浏览

作家毒舌语录
136.7万次浏览

图 1.3　豆瓣网首页

图 1.4　知乎

很多的知名企业都将 Python 作为其项目开发的主要语言，比如世界上最大的搜索引擎 Google 公司、专注编程教育二十年的明日科技、世界最大的短视频网站 YouTube 和覆盖范围最广的社交网站 Facebook 等，如图 1.6 所示。

图 1.5　Sid Meier's Civilization（文明）游戏

图 1.6　应用 Python 的公司

说明

Python 语言不仅可以应用到网络编程、游戏开发等领域，还在图形图像处理、智能机器人、爬取数据、自动化运维等多方面崭露头角，为开发者提供简约、优雅的编程体验。

1.2　GUI 与 PyQt5

Python 是一门脚本语言，它本身并不具备 GUI 开发功能，但是由于它强大的可扩展性，现在已经有很多种 GUI 模块库可以在 Python 中使用，而这其中，PyQt5 无疑是最强大、开发效率最高的一种，本节将对 GUI 及 PyQt5 进行介绍。

1.2.1　GUI 简介

GUI，又称图形用户接口或者图形用户界面，它是 Graphical User Interface 的简称，表示采用图形方式显示的计算机操作用户界面。

GUI 是一种人与计算机通信的界面显示格式，允许用户使用鼠标等输入设备对计算机进行操作。比如 Windows 操作系统就是一种最常见的 GUI 程序，另外，我们平时使用的 QQ、处理表格用的 Excel、处理图片用的美图秀秀、观看视频时使用的优酷等，都是 GUI 程序，如图 1.7～图 1.10 所示。

图 1.7　QQ 软件

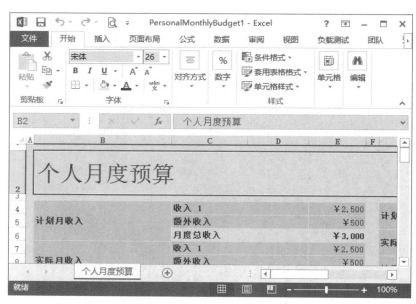

图 1.8　Office 办公软件之 Excel

图 1.9　美图秀秀软件

图 1.10　优酷视频播放软件

1.2.2　什么是 PyQt5

PyQt 是基于 Digia 公司强大的图形程序框架 Qt 的 Python 接口，由一组 Python 模块构成，它是一个创建 GUI 应用程序的工具包，由 Phil Thompson 开发。

自从 1998 年首次将 Qt 移植到 Python 上形成 PyQt 以来，已经发布了 PyQt3、PyQt4 和 PyQt5 等 3 个主要版本，目前的最新版本是 PyQt 5.14。PyQt5 的主要特点如下：

- ☑　对 Qt 库进行完全封装。
- ☑　使用信号/槽机制进行通信。
- ☑　提供了一整套进行 GUI 程序开发的窗口控件。
- ☑　本身拥有超过 620 个类和近 6000 个函数及方法。

☑　可以跨平台运行在所有主要操作系统上，包括 UNIX、Windows 和 Ma cOS 等。
☑　支持使用 Qt 的可视化设计器进行图形界面设计，并能够自动生成 Python 代码。

说明

（1）PyQt5 不向下兼容 PyQt4，而且官方默认只提供对 Python 3.x 的支持，如果在 Python 2.x 上使用 PyQt5，需要自行编译，因此建议使用 Python 3.x+PyQt5 开发 GUI 程序。

（2）PyQt5 采用双许可协议，即 GPL 和商业许可，自由开发者可以选择使用免费的 GPL 协议版本，而如果准备将 PyQt5 用于商业，则必须为此交付商业许可费用。

技巧

GPL 协议是 GNU General Public License 的缩写，它是 GNU 通用公共授权非正式的中文翻译。使用 GPL 协议，表示软件版权属于开发者本人，软件产品受国际相关版权法的保护，允许其他用户对原作者的软件进行复制或发行，并且可以在更改之后发行自己的软件，但新软件在发布时也必须遵守 GPL 协议，不可以对其进行其他附加限制。这里需要说明的一点是，使用 GPL 协议的软件，不能申请软件产品专利，也就不存在"盗版"的说法。

1.2.3　PyQt5 与 Qt 的关系

Qt（中国区官网：https://www.qt.io/cn）是 1991 年由挪威的 Trolltech 公司（奇趣科技）开发的一个基于 C++ 的跨平台 GUI 库，它包括跨平台类库、集成开发工具和跨平台的 IDE。

2008 年 6 月，奇趣科技公司被诺基亚公司收购，Qt 成为诺基亚旗下的编程语言工具，从 2009 年 5 月发布的 Qt 4.5 版本开始，诺基亚公司内部 Qt 源代码库开源。

2011 年，芬兰的一家 IT 业务供应商 Digia 从诺基亚公司手中收购了 Qt 的商业版权，而到 2012 年 8 月，Digia 又从诺基亚公司手中全面收购了 Qt 的软件业务，并于 2013 年 7 月 3 日正式发布 Qt 5.1 版本，截至 2020 年 3 月，Qt 的最新版本为 5.14。

Qt 的发展历程如图 1.11 所示。

而 PyQt（官网：https://www.riverbankcomputing.com/）

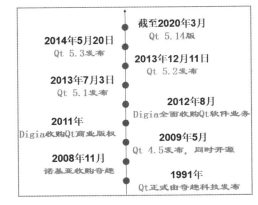

图 1.11　Qt 发展历程

则是将 Python 与 Qt 融为一体，也就是说，PyQt 允许使用 Python 语言调用 Qt 库中的 API，这样做的最大好处就是在保留了 Qt 高运行效率的同时，大大提高了开发效率。因为，相对于 C++ 语言来说，Python 语言的代码量、开发效率都要更高，而且其语法简单、易学。PyQt 对 Qt 做了完整的封装，几乎可以用 PyQt 做 Qt 能做的任何事情。

由于目前最新的 PyQt 版本是 5.14，所以习惯上称 PyQt 为 PyQt5。

综上所述，PyQt 就是使用 Python 对 Qt 进行了封装，而 PyQt5 则是 PyQt 的一个版本，它们的关系如图 1.12 所示。

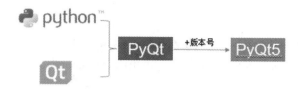

图 1.12　PyQt5 与 Qt 的关系

1.2.4　PyQt5 的主要模块

PyQt5 中有超过 620 个类，它们被分布到多个模块，每个模块侧重不同的功能。如图 1.13 所示为 PyQt5 模块中的主要类及其作用，在使用 PyQt5 开发 GUI 程序时，经常会用到这些类。

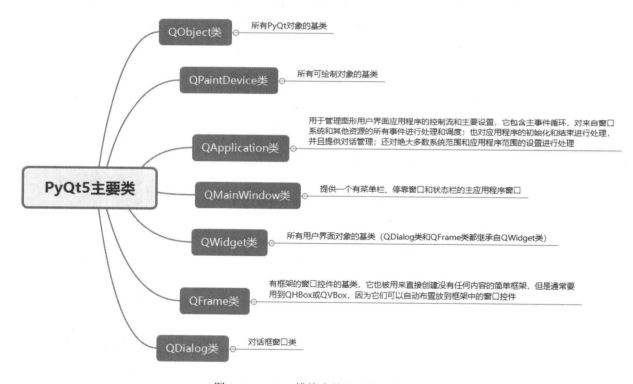

图 1.13　PyQt5 模块中的主要类及其作用

图 1.14 展示了 PyQt5 中的主要模块及其作用。

说明

图 1.14 中标▶的表示常用的 PyQt5 模块。

技巧

（1）图 1.14 中提到 QtSvg 模块主要提供了可用于显示 SVG 矢量图形文件的类，那么什么是 SVG 文件呢？SVG 是一种可缩放的矢量图形，它的英文全称为 Scalable Vector Graphics，是一种用于描述二维图形和图形应用程序的 XML 语言。SVG 图像非常适合于设计高分辨率的 Web 图形页面，用户可以直接用代码来描绘图像，也可以用任何文字处理工具打开 SVG 图像，而且可以通过改变部分代码来使图像具有交互功能，并能够随时插入 HTML 中通过浏览器来观看。

（2）PyQt5 的官方帮助地址为：https://www.riverbankcomputing.com/static/Docs/PyQt5/，这是官方提供的在线英语帮助，如果读者有需要，可以查看。

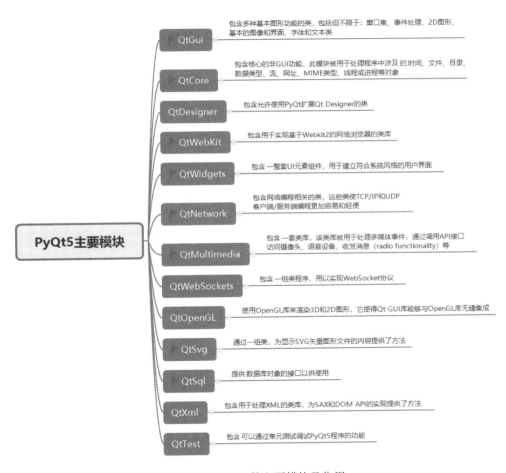

图 1.14　PyQt5 的主要模块及作用

1.2.5　其他常用 GUI 开发库

除了 PyQt5 之外，Python 还支持很多可以开发 GUI 图形界面程序的库，如 Tkinter、Flexx、wxPython、

Kivy、PySide、PyGTK 等，下面对它们进行简单介绍。

1．Tkinter

Tkinter 又称"Tk 接口"，是一个轻量级的跨平台图形用户界面（GUI）开发工具，是 Tk 图形用户界面工具包标准的 Python 接口，可以运行在大多数 Unix、Windows 和 Ma cOS 系统中，而且 Tkinter 是安装 Python 解释器时自动安装的组件，Python 的默认 IDLE 就是使用 Tkinter 开发的。

2．Flexx

Flexx 是用于创建图形用户界面（GUI）的纯 Python 工具箱，该工具箱使用 Web 技术进行渲染。作为跨平台的 Python 工具，用户可以使用 Flexx 创建桌面应用程序和 Web 应用程序，同时可以将程序导出到独立的 HTML 文档中。

作为 GitHub 推荐的纯 Python 图形界面开发工具，它的诞生基于网络，已经成为向用户提供应用程序及交互式科学内容越来越流行的方法。

3．wxPython

wxPython 是 Python 语言的一套优秀的 GUI 图形库，可以帮助开发人员轻松创建功能强大的图形用户界面的程序。同时 wxPython 作为优秀的跨平台 GUI 库 wxWidgets 的 Python 封装，具有非常优秀的跨平台能力，可以在不修改程序的情况下在多种平台上运行，支持 Windows、Mac OS 及大多数的 Unix 系统。

4．Kivy

Kivy 是一款用于跨平台快速应用开发的开源框架，只需编写一套代码便可轻松运行于各大移动平台和桌面上，如 Android、iOS、Linux、Ma cOS 和 Windows 等。Kivy 采用 Python 和 Cython 编写。

5．PySide

PySide 是跨平台的应用程序框架 Qt 的 Python 绑定版本，可以使用 Python 语言和 Qt 进行界面开发。2009 年 8 月，PySide 首次发布，提供和 PyQt 类似的功能，并兼容 API。但与 PyQt 不同的是，它使用 LGPL 授权，允许进行免费的开源软件和私有的商业软件的开发；另外，相对于 PyQt，它支持的 Qt 版本比较老，最高支持到 Qt 4.8 版本，而且官方已经停止维护该库。

6．PyGTK

PyGTK 是 Python 对 GTK+GUI 库的一系列封装，最经常用于 GNOME 平台上，虽然也支持 Windows 系统，但表现不太好，所以，如果在 Windows 系统上开发 Python 的 GUI 程序，不建议使用该库。

1.3　小　　结

本章主要对 Python 语言及 PyQt5 进行了介绍，要使用 PyQt5 开发程序，首先应该了解它，因此，本章首先对 PyQt5 程序开发的一些基本概念进行了介绍，包括 GUI、Qt、PyQt5、PyQt5 中的模块等；另外，还对 Python 中一些常用的其他 GUI 框架进行了介绍。对于本章知识，读者了解即可。

第 2 章

Python 的下载与安装

开发 PyQt5 程序的前提，必须要有 Python 环境，而 Python 作为一种开源的、跨平台开发语言，同时支持多种操作系统。本章将分别对如何在 Windows 系统、Linux 系统和 Mac OS 系统中下载与安装 Python 进行详细讲解。

2.1 Python 环境概述

Python 是跨平台的开发工具，可以在多种操作系统上使用，编写好的程序也可以在不同系统上运行。进行 Python 开发常用的操作系统及说明如表 2.1 所示。

表 2.1　进行 Python 开发常用的操作系统及说明

操 作 系 统	说　　明
Windows	推荐使用 Windows 7 及以上版本。Windows XP 系统不支持安装 Python 3.5 及以上版本
Mac OS	从 Mac OS X 10.3(Panther) 开始已经包含 Python
Linux	推荐 Ubuntu 版本

说明

在个人开发学习阶段推荐使用 Windows 操作系统，也可在 Mac OS 或者 Linux 系统上学习。

2.2 在 Windows 系统中安装 Python

要进行 Python 开发，需要先安装 Python 解释器。由于 Python 是解释型编程语言，所以需要一个解释器，这样才能运行编写的代码。这里说的安装 Python 实际上就是安装 Python 解释器。

2.2.1 下载 Python

下面以 Windows 操作系统为例介绍下载及安装 Python 的方法。

在 Python 的官方网站中，可以很方便地下载 Python 的开发环境，具体下载步骤如下。

（1）打开浏览器（如 Google Chrome 浏览器），输入 Python 官方网站，地址：https://www.python.org/，打开后如图 2.1 所示。

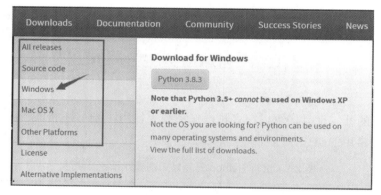

图 2.1　Python 官方网站首页

说明

Python 官网是一个国外的网站，加载速度比较慢，打开时耐心等待即可。

（2）将光标移动到 Downloads 菜单上，将显示和下载有关的菜单项，从如图 2.2 所示的菜单可以看出，Python 可以在 Windows、Mac OS 和 Linux 等多种平台上使用。这里单击 Windows 菜单项，进入详细的下载列表。

说明

在如图 2.2 所示的列表中，带有 "x86" 字样的压缩包表示该开发工具可以在 Windows 32 位系统上使用；而带有 "x86-64" 字样的压缩包则表示该开发工具可以在 Windows 64 位系统上使用。另外，标记为 "web-based installer" 字样的压缩包表示需要通过联网完成安装；标记为 "executable installer" 字样的压缩包表示通过可执行文件（*.exe）方式离线安装；标记为 "embeddable zip file" 字样的压缩包表示嵌入式版本，可以集成到其他应用中。

图 2.2　适合 Windows 系统的 Python 下载列表

（3）在 Python 下载列表页面中，列出了 Python 提供的各个版本的下载链接。读者可以根据需要下载。截至当前的最新版本是 Python 3.8.3，由于笔者的操作系统为 Windows 64 位，所以单击"Windows x86-64 executable installer"超链接，下载适用于 Windows 64 位操作系统的离线安装包。

技巧

由于 Python 官网是一个国外的网站，所以在下载 Python 时，速度会非常慢，这里推荐使用专用的下载工具进行下载（如国内常用的迅雷软件），下载过程为：在要下载的超链接上单击鼠标右键，在弹出的快捷菜单中选择"复制链接地址"，如图 2.3 所示，然后打开下载软件，新建下载任务，将复制的链接地址粘贴进去进行下载。

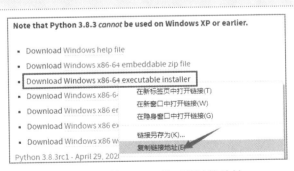

图 2.3　复制 Python 的下载链接地址

（4）下载完成后，将得到一个名称为"python-3.8.3-amd64.exe"的安装文件。

2.2.2　安装 Python

在 Windows 64 位系统上安装 Python 的步骤如下。

（1）双击下载后得到的安装文件 python-3.8.3-amd64.exe，将显示安装向导对话框，选中"Add Python 3.8 to PATH"复选框，表示将自动配置环境变量，如图 2.4 所示。

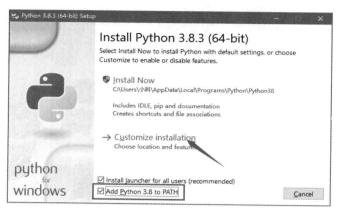

图 2.4　Python 安装向导

（2）单击"Customize installation"按钮，进行自定义安装，在弹出的安装选项对话框中采用默认设置，如图 2.5 所示。

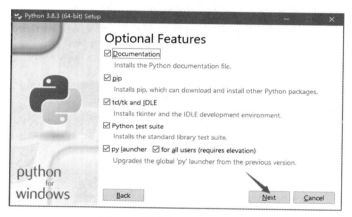

图 2.5　设置安装选项对话框

（3）单击"Next"按钮，打开高级选项对话框，在该对话框中可以设置哪些用户可以使用，以及是否添加 Python 环境变量。单击"Browse"按钮设置 Python 的安装路径，如图 2.6 所示。

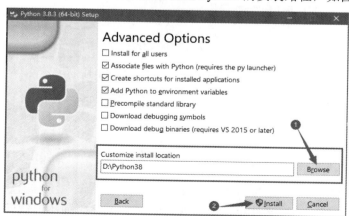

图 2.6　高级选项对话框

说明

在设置安装路径时，建议路径中不要有中文或空格，以避免使用过程中出现一些莫名的错误。

（4）单击"Install"按钮，开始安装 Python，并显示安装进度，如图 2.7 所示。

（5）安装完成后将显示如图 2.8 所示的对话框，单击"Close"按钮即可。

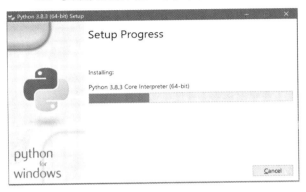

图 2.7　显示 Python 的安装进度

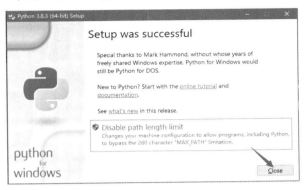

图 2.8　安装完成对话框

2.2.3　测试 Python 安装是否成功

Python 安装完成后，需要测试 Python 是否成功安装。例如，在 Windows 10 系统中检测 Python 是否成功安装，可以单击开始菜单右侧的"在这里输入你要搜索的内容"文本框，在其中输入 cmd 命令，如图 2.9 所示，按 Enter 键，启动命令行窗口。在当前的命令提示符后面输入"python"，并按 Enter 键，如果出现如图 2.10 所示的信息，则说明 Python 已经安装成功，同时系统进入交互式 Python 解释器中。

图 2.9　输入 cmd 命令

图 2.10　在命令行窗口中运行的 Python 解释器

说明

图 2.10 所示的信息是笔者计算机中安装的 Python 的相关信息：Python 的版本、该版本发行的时间、安装包的类型等。因为选择的版本不同，这些信息可能会有所差异，但命令提示符变为">>>"即说明 Python 已经安装成功，正在等待用户输入 Python 命令。

2.2.4　Python 安装失败的解决方法

如果在 cmd 命令窗口中输入 python 后，没有出现如图 2.10 所示的信息，而是显示"'python'不是内部或外部命令，也不是可运行的程序或批处理文件"，如图 2.11 所示。

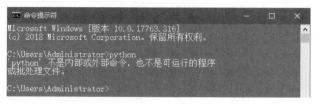

图 2.11　输入 python 命令后出错

出现图 2.11 所示提示的原因是在安装 Python 时，没有选中"Add Python 3.8 to PATH"复选框，导致系统找不到 python.exe 可执行文件，这时就需要手动在环境变量中配置 Python 环境变量，具体步骤如下。

（1）在"此电脑"图标上单击鼠标右键，然后在弹出的快捷菜单中执行"属性"命令，并在弹出的"属性"对话框左侧选择"高级系统设置"选项，在弹出的"系统属性"对话框中单击"环境变量"按钮，如图 2.12 所示。

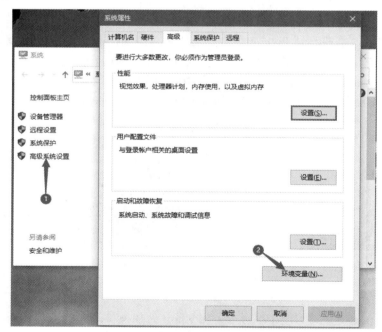

图 2.12　"系统属性"对话框

（2）弹出"环境变量"对话框后，在该对话框下半部分的"系统变量"区域选中 Path 变量，然后单击"编辑"按钮，如图 2.13 所示。

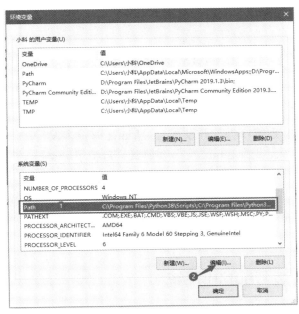

图 2.13　"环境变量"对话框

（3）在弹出的"编辑系统变量"对话框中，通过单击"新建"按钮，添加两个环境变量，两个环境变量的值分别是"C:\Program Files\Python38\"和 "C:\Program Files\Python38\Scripts\"（这是笔者的 Python 安装路径，读者可以根据自身实际情况进行修改），如图 2.14 所示。添加完环境变量后，选中添加的环境变量，通过单击对话框右侧的"上移"按钮，可以将其移动到最上方，单击"确定"按钮完成环境变量的设置。

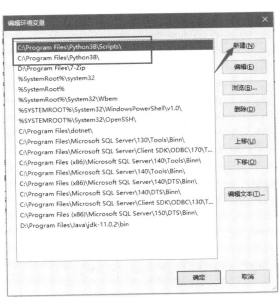

图 2.14　配置 Python 的环境变量

配置完成后，重新打开 cmd 命令窗口，输入 python 命令测试即可。

2.3 在 Linux 系统中安装 Python

Linux 操作系统是一种开源的、允许用户免费使用和自由传播的操作系统，由于它的开源特性，很大一部分开发人员使用 Linux 系统作为其开发平台。Linux 有很多发行版，如 Ubuntu、CentOS 等，由于它适合开发的特性，因此，大多数 Linux 发行版都默认自带了 Python。这里以 Ubuntu 系统为例讲解如何在 Linux 系统中安装 Python。

Ubuntu 是一个以桌面应用为主的 Linux 系统，它使用简单、界面美观，深受广大 Linux 支持者的喜欢，在使用 Ubuntu 系统时，需要像使用 Windows 系统一样进行安装，这里以在虚拟机上安装 Ubuntu 系统为例进行介绍。

2.3.1 通过虚拟机安装 Ubuntu 系统

（1）首先在计算机上下载安装 VMware 虚拟机，打开该虚拟机，在菜单中选择"文件"→"新建虚拟机"菜单，如图 2.15 所示。

说明

> VMware 是常用的一种虚拟机软件，其下载地址为：https://www.vmware.com/cn/products/workstation-player/workstation-player-evaluation.html。

图 2.15 选择"文件"→"新建虚拟机"菜单

（2）弹出"新建虚拟机向导"对话框，如图 2.16 所示，在该对话框中单击"浏览"按钮，选择下载好的 Ubuntu 系统的.iso 镜像文件。

说明

> Ubuntu 系统镜像文件的下载地址为：https://ubuntu.com/download/desktop。

（3）单击"下一步"按钮，进入"简易安装信息"设置界面，在这里设置使用 Ubuntu 系统的用户名和密码，注意，由于 Ubuntu 系统内置了 root 用户，所以不能将用户名设置为 root，另外，这里为了方便记忆，将密码设置为了 root，如图 2.17 所示。

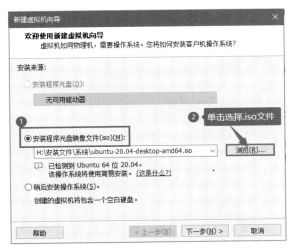

图 2.16　新建虚拟机向导

图 2.17　简易安装信息

（4）单击"下一步"按钮，由于"简易安装信息"设置界面中的全名设置成为 root，所以会弹出下面的提示框，直接单击"是"按钮即可，如图 2.18 所示。

（5）进入"命名虚拟机"界面，输入虚拟机名称，并选择虚拟机的存放位置，如图 2.19 所示。

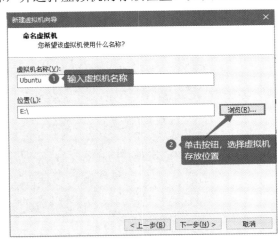

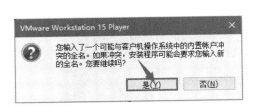

图 2.18　全名与内置账户冲突的提示

图 2.19　命名虚拟机

注意

这里的虚拟机位置建议选择一个没有任何其他文件的分区，这样可以避免破坏已有文件。

（6）单击"下一步"按钮，进入"指定磁盘容量"界面，默认的最大磁盘大小为 20G，这里不用更改，但如果磁盘空间足够大，可将下面的"将虚拟磁盘存储为单个文件"单选按钮选中，如图 2.20 所示。

（7）单击"下一步"按钮，预览已经设置好的虚拟机相关的信息，如图 2.21 所示。

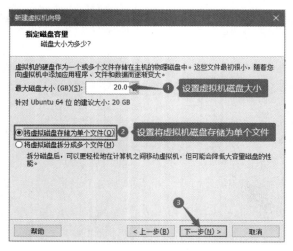

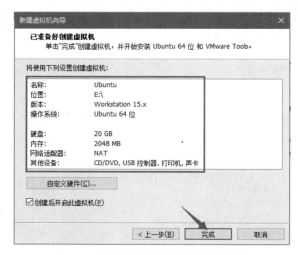

图 2.20　指定磁盘容量　　　　　　　　图 2.21　预览设置的虚拟机相关信息

（8）确认无误后，单击"完成"按钮，即可自动开始在虚拟机上安装 Ubuntu 系统，如图 2.22 所示。等待安装完成即可。

图 2.22　在虚拟机上安装 Ubuntu 系统

2.3.2　使用并更新已有 Python

1. 使用内置的 Python

Ubuntu 系统在安装完成后，会自带 Python，例如，我们这里安装的是 Ubuntu 20.04 桌面版，安装完成后，打开终端，输入 python3，即可显示如图 2.23 所示的信息。从图 2.23 可以看出，当输入 python3 命令时，直接进入了 Python 交互环境。

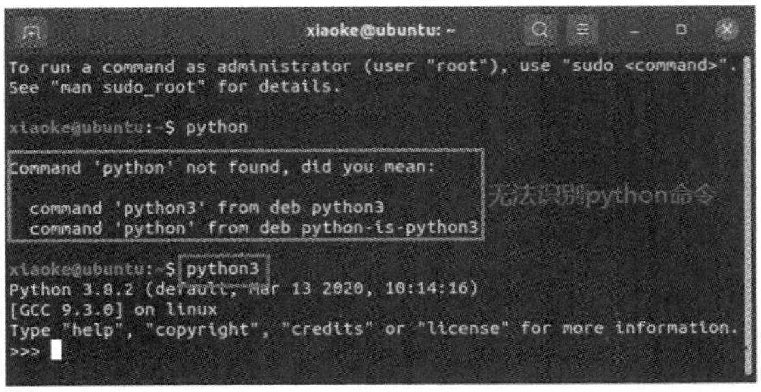

图 2.23　在 Ubuntu 系统的终端输入 python3 命令进入交互环境

说明

如图 2.23 所示，当输入 python 命令时，系统无法识别，这是因为，Ubuntu 系统中的 python 命令默认会调用 Python 2.x，而由于 Python 2.x 在 2020 年会停止服务，所以在最新的 Ubuntu 系统中取消了内置的 Python 2.x 版本，只保留了最新的 Python 3 版本。

2．更新 Python 版本

虽然 Ubuntu 系统内置了 Python 3 版本，但对于一些喜欢尝鲜的开发者，可能会觉得内置的 Python3 版本不够新，这时可以更新 Python 版本，下面进行讲解。

（1）在图 2.23 中输入 exit()函数退出 Python，如图 2.24 所示。

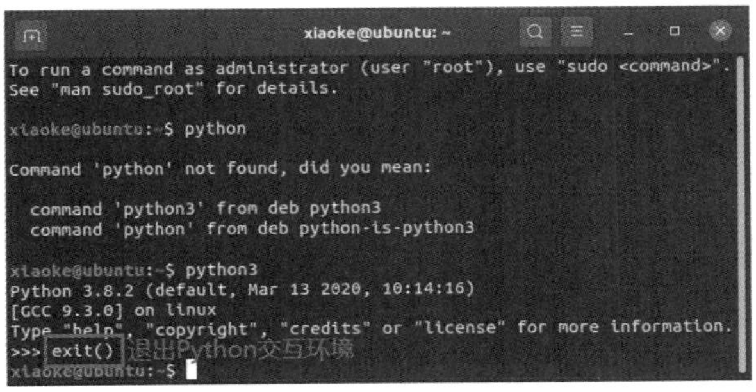

图 2.24　退出 Python

（2）在 Ubuntu 终端中输入"sudo apt-get update"命令，用来指定更新/etc/apt/sources.list 和 /etc/apt/sources.list.d 所列出的源地址，这样能够保证获得最新的安装包，如图 2.25 所示。

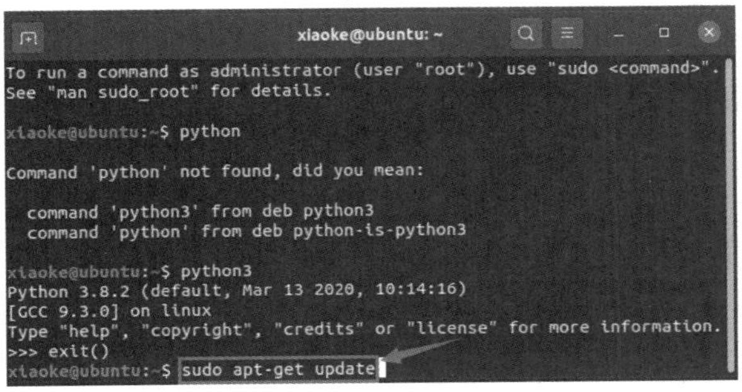

图 2.25　更新 Python 包源地址

（3）输入"sudo apt-get install python3.8"命令，更新为最新的 Python3 版本，如图 2.26 所示。

图 2.26　更新最新的 Python 3 版本

 注意

更新为 Python 3 版本时，不能指定子版本号，如 Python 3.8.3 等。

（4）输入更新命令后按 Enter 键，自动开始更新，更新过程中会提示是否希望继续执行，输入 Y，按 Enter 键即可，如图 2.27 所示。

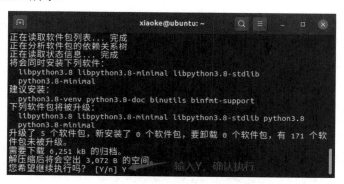

图 2.27　确认执行

等待安装完成后，输入 python3 命令，即可进入最新的 Python 交互环境，如图 2.28 所示。

图 2.28　通过 python3 命令进入 Python 交互环境

2.3.3　重新安装 Python

如果你的 Linux 系统中没有 Python 环境，或者想重新安装，就需要到 Python 官网下载源代码，然后自己编译。

1．下载 Python 安装包

在 Python 的官方网站中，可以很方便地下载 Python 的开发环境，具体步骤如下。

（1）在 Ubuntu 系统中打开浏览器，进入 Python 官方网站，地址是：https://www.python.org/，如图 2.29 所示。

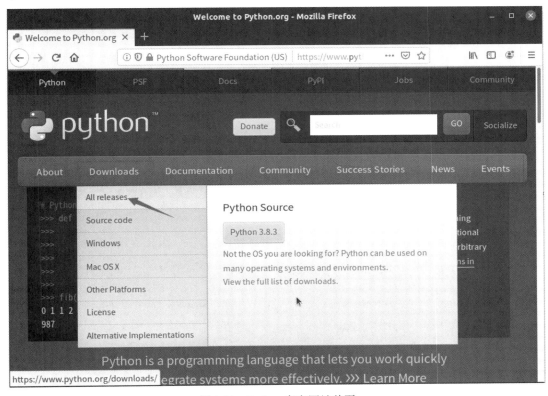

图 2.29　Python 官方网站首页

（2）将鼠标移动到 Downloads 菜单上，将显示和下载有关的菜单项。单击 All releases 菜单项，进入如图 2.30 所示的下载页面，单击"Download Python 3.8.3"按钮。

（3）进入 Python 3.8.3 的下载页面，将浏览器右侧的滚动条向下滚动，找到文件列表，单击"Gzipped source tarball"超链接，如图 2.31 所示。

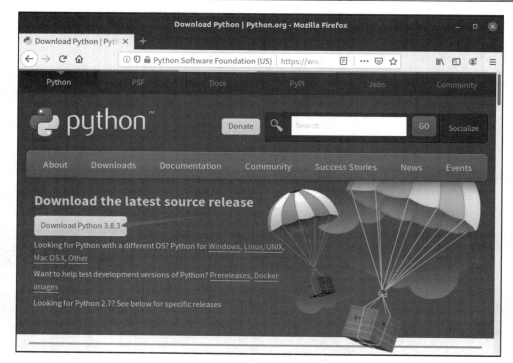

图 2.30　Python 源码下载页面

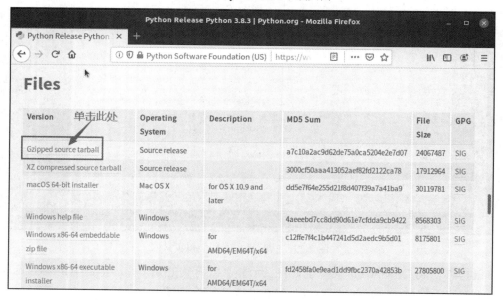

图 2.31　单击"Gzipped source tarball"超链接即可进行下载

（4）弹出提示框，在该提示框中选择"保存文件"单选按钮，然后单击"确定"按钮，如图 2.32 所示。

等待下载完成，下载完成的文件名为"Python-3.8.3.tgz"，将其复制到主文件夹中，以便于安装，如图 2.33 所示。

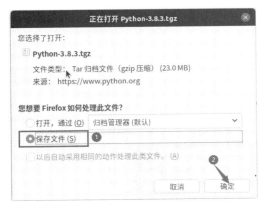

图 2.32 设置保存文件

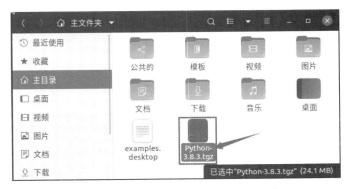

图 2.33 下载完成的 Python 源码文件

2．安装 Python

在 Ubuntu 系统上安装 Python 3.x 的步骤如下。

（1）打开 Ubuntu 系统的终端，输入"tar -zxvf Python-3.8.3.tgz"命令，对源码包进行解压，如图 2.34 所示。

（2）输入"cd Python-3.8.3"命令，切换路径，如图 2.35 所示。

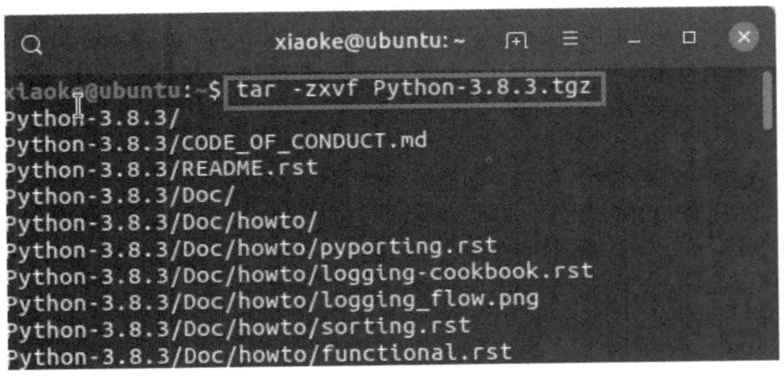

图 2.34 解压 Python 源码包

图 2.35 切换路径

（3）输入"./configure --prefix=/usr/local"命令来配置安装路径，如图 2.36 所示。

图 2.36 指定安装目录时出现错误

说明

--prefix=/usr/local 用于指定安装目录（建议指定）。如果不指定，就会使用默认的安装目录。

但是指定安装目录时出现了如图 2.36 所示的错误，是因为当前系统中没有 C 编译器，解决方法为安装 gcc，安装命令如下。

```
sudo apt-get update
sudo apt-get install gcc
```

执行命令过程中，需要联网，并输入"Y"继续执行安装，如图 2.37 所示。

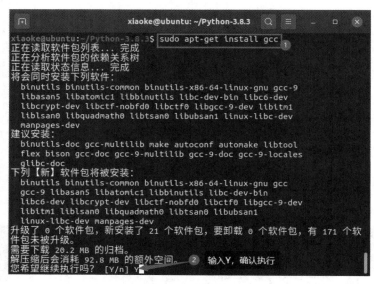

图 2.37　安装 gcc

（4）gcc 安装完成后，重新输入"./configure --prefix=/usr/local"命令来配置安装路径，然后输入"make && sudo make install"命令安装 Python，如图 2.38 所示，等待安装完成即可。

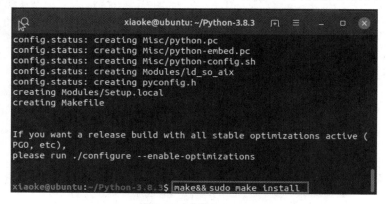

图 2.38　安装 Python

说明

make 用来将源码包中的代码编译成 Linux 服务器可以识别的代码，而 sudo make install 命令执行编译安装操作。

3．测试 Python 是否安装成功

Python 安装完成后，需要检测 Python 是否安装成功，测试方法为：打开 Ubuntu 终端，输入 python3 命令，按 Enter 键，如图 2.39 所示。

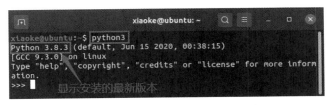

图 2.39　测试 Python 是否安装成功

如图 2.39 所示，Python 的版本已经更新为 Python 3.8.3，说明安装成功。

2.4　在 Mac OS 系统中安装 Python

Mac OS 是一套运行于苹果计算机上的操作系统，由于苹果计算机的易用性，以及 Python 的跨平台特性，现在很多开发者都使用 Mac OS 开发 Python 程序。这里对如何在 Mac OS 系统中安装 Python 进行讲解。

2.4.1　下载安装文件

（1）打开浏览器，访问 Python 官方网址：https://www.python.org/，将鼠标移动到 Downloads 菜单，选择该菜单下的 "Mac OS X" 菜单，如图 2.40 所示。

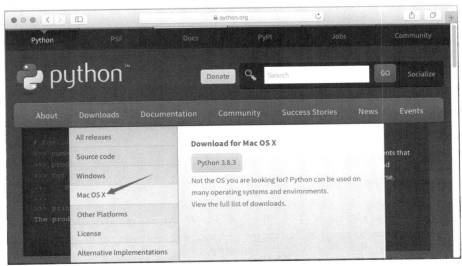

图 2.40　单击 "Mac OS X" 菜单

（2）进入专为 Mac OS 系统提供的 Python 下载列表页面，该页面提供了 Python 2.x 和 Python 3.x 版本的下载链接，由于 Python 2.x 版本的官方支持即将终止，因此建议下载 Python 3.x 版本。截至当前，最新的版本为 Python 3.8.3，因此，单击 Python 3.8.3 版本下方的"Download Mac OS 64-bit installer"超链接，如图 2.41 所示。

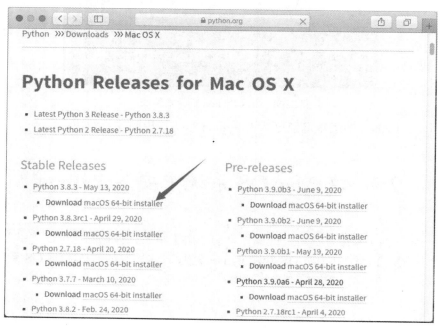

图 2.41　Python 下载列表页

（3）浏览器开始自动下载，并显示下载进度，如图 2.42 所示。

下载完成后，得到一个 python-3.8.3-Mac OSx10.9.pkg 文件，该文件就是针对 Mac OS 系统的 Python 安装文件，如图 2.43 所示。

图 2.42　Python 的下载进度

图 2.43　Python 安装文件

2.4.2　安装 Python

Python 安装文件下载完成后，就可以进行安装了。在 Mac OS 系统中安装 Python 的步骤与在 Windows 中类似，都是按照向导一步步操作即可。在 Mac OS 系统中安装 Python 的具体步骤如下。

（1）双击下载的 python-3.8.3-Mac OSx10.9.pkg 文件，进入欢迎界面，如图 2.44 所示，单击"继续"按钮。

（2）进入重要信息界面，如图 2.45 所示，单击"继续"按钮。

图 2.44　Python 安装欢迎界面

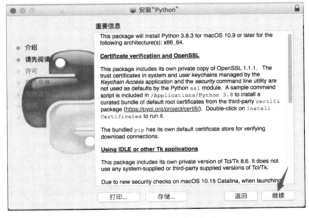

图 2.45　重要信息界面

（3）进入软件许可协议界面，如图 2.46 所示，单击"继续"按钮。

（4）弹出是否同意软件许可协议中的条款的提示框，如图 2.47 所示，单击"同意"按钮。

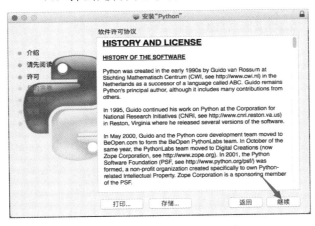

图 2.46　软件许可协议界面

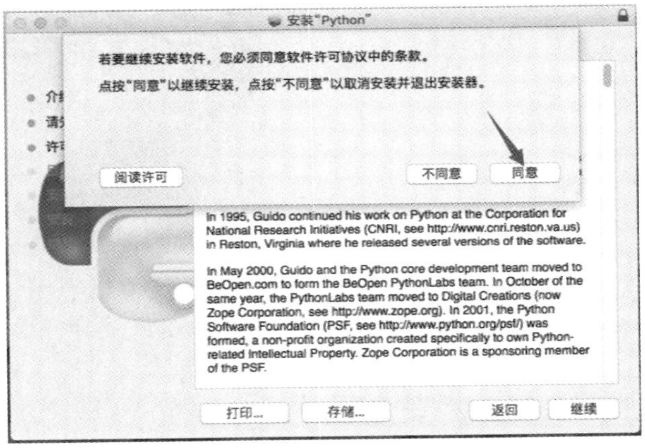

图 2.47　是否同意许可条款的提示框

（5）进入安装确认界面，该界面显示了需要占用的空间，以及是否确认安装，如图 2.48 所示，单击"安装"按钮。

（6）由于 Mac OS 系统本身的安全性，在安装软件时，会提示用户输入密码，如图 2.49 所示，输入你的密码，单击"安装软件"按钮。

（7）系统自动开始安装 Python，并显示安装进度，如图 2.50 所示。

（8）安装完成后，自动进入安装完成界面，提示安装成功，如图 2.51 所示，单击"关闭"按钮即可。

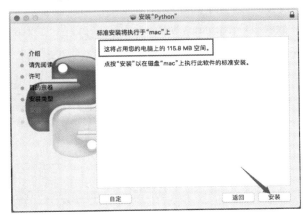

图 2.48　安装确认界面

图 2.49　输入密码以安装软件

图 2.50　安装 Python 并显示进度

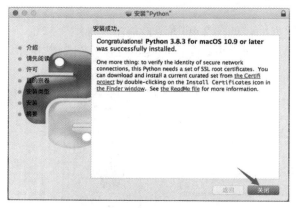

图 2.51　安装完成

2.4.3　安装安全证书

在安装完 Python 后，Mac OS 系统还要求安装 Python 的安全证书，在 Python 的安装文件夹中找到 "Install Certificates.command" 文件，直接双击打开，如图 2.52 所示。

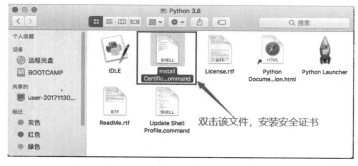

图 2.52　双击打开 "Install Certificates.command" 文件

等待自动安装完成即可，如图 2.53 所示。

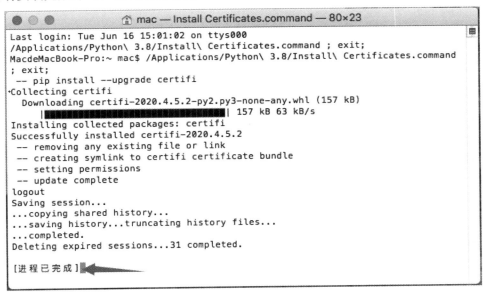

图 2.53　安装安全证书

2.4.4　打开并使用 Python

Python 及其安全证书安装完成后，就可以使用了。使用方法为：打开 Mac OS 系统的终端，输入 python3 命令，按 Enter 键，进入 Python 交互环境，如图 2.54 所示。

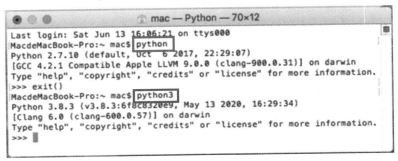

图 2.54　使用 python3 进入 Python 交互环境

说明

　　如图 2.54 所示，当输入 python 命令时，也可以进入 Python 交互环境，但版本显示为 python 2.7.10，该版本是 Mac OS 系统自带的 Python，支持 Python 2.x。

另外，用户也可以直接双击 Python 安装目录下的 IDLE，直接进入 IDLE 开发工具进行 Python 程序的编写，如图 2.55 所示。

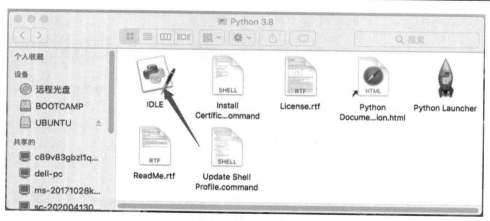

图 2.55 通过打开 IDLE 编写 Python 程序

2.4.5 更新 pip 及换源

pip 是 Python 的模块安装和管理工具，可以通过--upgrade 参数对其进行更新，以便使其保持最新的版本，这里需要注意的是，在 Mac OS 系统中使用 pip 命令时，Python 3 版本的相应命令为 pip3，如图 2.56 所示。

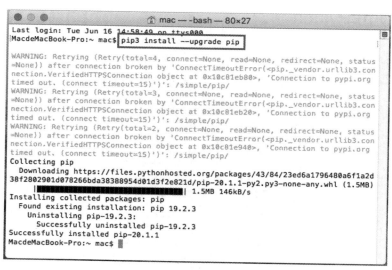

图 2.56 更新 pip 模块管理工具

说明

图 2.56 所示的黄绿色字体为连接超时信息，因为 pip 默认从 Python 官方提供的 PyPi 社区下载模块，因此在国内使用时，经常会出现访问速度慢、连接超时等问题。

Python 的强大之处在于，全世界各行各业的人提交的模块都能"为我所用"，只需要使用 pip 命令安装相应的模块即可，但是，使用 pip 命令安装模块时，默认从 Python 官方提供的 Pypi 社区下载，该社区是一个国外的网站，因此下载速度会非常慢，因此，国内一大批 Python 模块的镜像网站应运而生，其中，最常用的当属阿里云和清华大学提供的镜像网站，它们的地址如下。

☑　阿里云镜像地址：https://mirrors.aliyun.com/pypi/simple/

☑　清华大学镜像地址：https://pypi.tuna.tsinghua.edu.cn/simple/

我们可以将 Python 默认获取模块的源地址修改为国内的镜像地址，这样可以大大提高安装 Python 模块的速度，更改 Python 模块安装源的命令如下。

pip3 config set global.index-url　　#镜像地址

例如，将 Python 模块的安装源修改为阿里云提供的镜像地址，如图 2.57 所示。

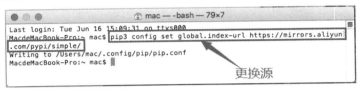

图 2.57　更改 Python 模块的默认安装源

执行完以上步骤后，在使用 pip install 命令安装 Python 模块时，就会自动从更改后的镜像地址下载安装了。使用 pip install 命令安装 Python 模块，既可一次安装一个，也可一次安装多个，如果安装多个，多个模块之间用空格分开，如图 2.58 所示。

图 2.58　使用 pip 命令安装模块

2.5　小　　结

本章主要对如何在 Windows 系统、Linux 系统和 Mac OS 系统中分别下载、安装 Python 的过程进行了详细讲解，读者学习本章内容时，可以根据自己所使用的开发平台选学相关内容。

第 3 章

搭建 PyQt5 开发环境

俗话说"工欲善其事，必先利其器"，要使用 Python+PyQt5 进行 GUI 图形用户界面程序的开发，首先需要搭建好开发环境，开发 PyQt5 程序，主要需要 Python 解释器、PyCharm 开发工具（也可以是其他工具）、PyQt5 相关的模块，本章将对如何搭建 PyQt5 开发环境进行详细讲解。

3.1　PyCharm 开发工具的下载与安装

PyCharm 是由 JetBrains 公司开发的一款 Python 开发工具，在 Windows、Mac OS 和 Linux 操作系统中都可以使用，它具有语法高亮显示、Project（项目）管理代码跳转、智能提示、自动完成、调试、单元测试和版本控制等功能。使用 PyCharm 可以大大提高 Python 项目的开发效率，本节将对 PyCharm 开发工具的下载与安装进行详细讲解。

3.1.1　下载 PyCharm

PyCharm 的下载非常简单，可以直接访问 Jetbrains 公司官网下载地址：https://www.jetbrains.com/pycharm/download/，打开 PyCharm 开发工具的官方下载页面，单击页面右侧"Community"下的 Download 按钮，下载 PyCharm 开发工具的免费社区版，如图 3.1 所示。

说明

> PyCharm 有两个版本，一个是社区版（免费并且提供源程序），另一个是专业版（免费试用，正式使用需要收费）。建议读者下载免费的社区版本使用。

图 3.1　PyCharm 官方下载页面

下载完成后的 PyCharm 安装文件如图 3.2 所示。

pycharm-community-2019.3.3.exe

图 3.2　下载完成的 PyCharm 安装文件

说明

　　笔者在下载 PyCharm 开发工具时，最新版本是 PyCharm-community-2019.3.3，该版本随时更新，读者在下载时，只要下载官方提供的最新版本，即可正常使用。

3.1.2　安装 PyCharm

　　安装 PyCharm 的步骤如下。

　　（1）双击 PyCharm 安装包进行安装，在欢迎界面单击"Next"按钮进入软件安装路径设置界面。

　　（2）在软件安装路径设置界面，设置合理的安装路径。PyCharm 默认的安装路径为操作系统所在的路径，建议更改，因为如果把软件安装到操作系统所在的路径，当出现操作系统崩溃等特殊情况而必须重做系统时，PyCharm 程序路径下的程序将被破坏。另外在安装路径中建议不要有中文和空格。如图 3.3 所示。单击"Next"按钮，进入创建快捷方式界面。

　　（3）在创建桌面快捷方式界面（Create Desktop Shortcut）中设置 PyCharm 程序的快捷方式。如果计算机操作系统是 32 位，选择"32-bit launcher"，否则选择"64-bit launcher"。笔者的计算机操作系统是 64 位系统，所以选择"64-bit launcher"；接下来设置关联文件（Create Associations），选中.py 左侧的复选框，这样以后再打开.py 文件（Python 脚本文件）时，会默认使用 PyCharm 打开；选中"Add launchers dir to the PATH"复选框，如图 3.4 所示。

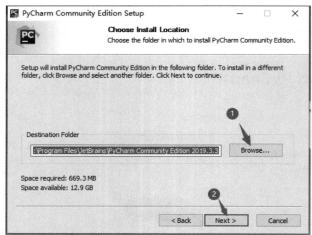

图 3.3　设置 PyCharm 安装路径

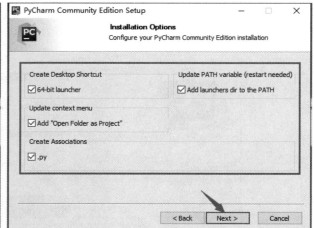

图 3.4　设置快捷方式和关联

（4）单击"Next"按钮，进入选择开始菜单文件夹界面，采用默认设置即可，单击"Install"按钮（安装大概需要 10 分钟），如图 3.5 所示。

（5）安装完成后，单击"Finish"按钮，完成 PyCharm 开发工具的安装，如图 3.6 所示。

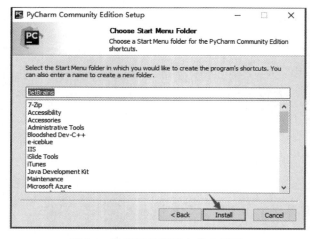

图 3.5　选择开始菜单文件夹界面

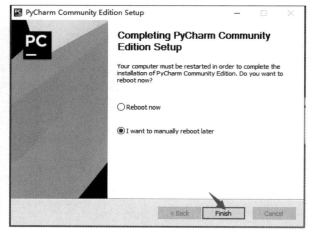

图 3.6　完成 PyCharm 的安装

3.1.3　启动并配置 PyCharm

启动并配置 PyCharm 开发工具的步骤如下。

（1）PyCharm 安装完成后，会在开始菜单中建立一个快捷菜单，如图 3.7 所示，单击"PyCharm Community Edition 2019.3.3"，即可启动 PyCharm 程序。

另外，还会在桌面创建一个"PyCharm Community Edition 2019.3.3"快捷方式，如图 3.8 所示，通过双击该图标，同样可以启动 PyCharm。

图 3.7　PyCharm 菜单　　　　　　　　图 3.8　PyCharm 桌面快捷方式

（2）启动 PyCharm 程序后，进入阅读协议页，选中"I confirm that I have read and accept the terms of this User Agreement"复选框，单击 Continue 按钮，如图 3.9 所示。

（3）进入 PyCharm 欢迎页，单击"Create New Project"按钮，创建一个 Python 项目，如图 3.10 所示。

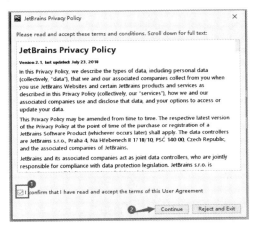

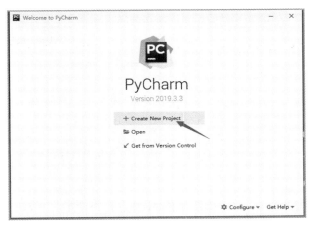

图 3.9　接受 PyCharm 协议　　　　　　　图 3.10　PyCharm 欢迎界面

（4）在第一次创建 Python 项目时，需要设置项目的存放位置以及虚拟环境路径，这里需要注意的是，设置的虚拟环境的"Base interpreter"解释器应该是 python.exe 文件的地址，设置过程如图 3.11 所示。

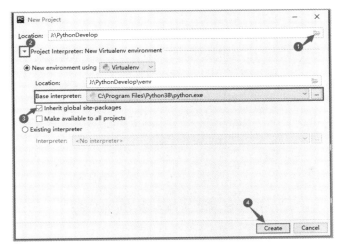

图 3.11　设置项目路径及虚拟环境路径

说明

创建工程文件前，必须保证已经安装了 Python，否则创建 PyCharm 项目时会出现 "Interpreter field is empty." 提示，并且 "Create" 按钮不可用；另外，创建工程文件时，路径中建议不要有中文。

（5）设置完成后，单击图 3.11 所示的 "Create" 按钮，即可进入 PyCharm 开发工具的主窗口，效果如图 3.12 所示。

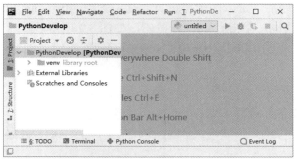

图 3.12 PyCharm 开发工具的主窗口

3.2 在 PyCharm 中配置 PyQt5 环境

安装完 Python 解释器和 PyCharm 开发工具之后，在 PyCharm 中安装并配置好 PyQt5，就可以使用 PyQt5 进行 GUI 图形用户界面程序的开发了，本节将对如何在 PyCharm 中安装、配置 PyQt5 环境进行详细讲解。

3.2.1 安装 PyQt5 及设计器

在 PyCharm 中安装 PyQt5 及设计器的具体步骤如下。

（1）在 PyCharm 开发工具的主窗口中依次选择 "File" → "Settings" 菜单，如图 3.13 所示。

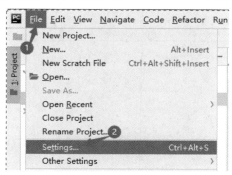

图 3.13 选择 "File" → "Settings" 菜单

（2）打开 PyCharm 的设置窗口，展开 Project 节点，单击"Project Interpreter"选项，单击窗口最右侧的"+"按钮，如图 3.14 所示。

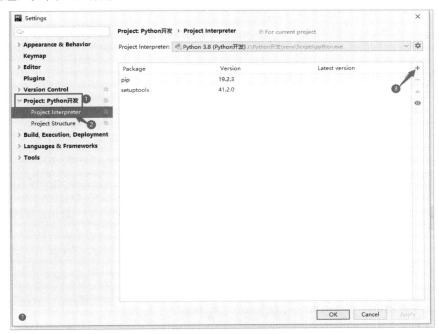

图 3.14　设置窗口

（3）弹出"Available Packages"窗口，如图 3.15 所示，该窗口主要列出所有可用的 Python 模块，但我们发现，图 3.15 所示并没有可用 Python 模块，这是为什么呢？这主要是由于默认的可用 Python 模块都是从 Python 的官网加载的，而 Python 官网由于是一个国外的网站，访问速度特别慢，所以这里就会加载得很慢，因此建议增加国内提供的可用镜像站点，单击"Manage Repositories"按钮。

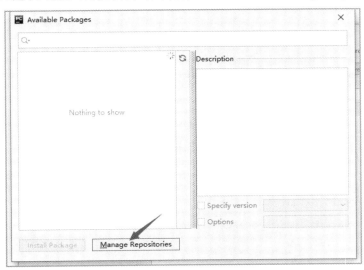

图 3.15　可用 Python 模块窗口

（4）弹出"Manage Repositories"窗口，单击右侧"+"按钮，如图 3.16 所示，弹出"Repositories URL"窗口，在该窗口的文本框中输入一个国内的 Python 模块镜像地址，例如，在这里输入清华大学提供的镜像地址：https://pypi.tuna.tsinghua.edu.cn/simple，如图 3.17 所示，依次单击 OK 按钮，返回"Available Packages"窗口。

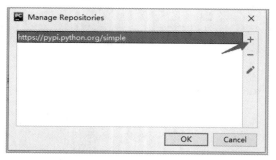

图 3.16　镜像地址管理窗口

图 3.17　添加镜像地址

 技巧

国内常用的 Python 模块安装镜像地址如下。
✓　阿里云：https://mirrors.aliyun.com/pypi/simple/
✓　清华大学：https://pypi.tuna.tsinghua.edu.cn/simple
✓　中国科技大学：https://pypi.mirrors.ustc.edu.cn/simple/
✓　豆瓣：https://pypi.douban.com/simple/

（5）这时在"Available Packages"窗口中就可以很快地显示所有可用的 Python 模块，在上方的文本框中输入 pyqt5，按 Enter 键，即可筛选出所有与 pyqt5 相关的模块，分别选中 pyqt5、pyqt5-tools、pyqt5designer，并单击"Install Package"进行安装，如图 3.18 所示。

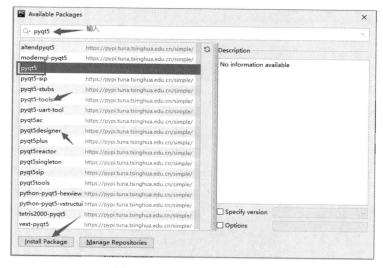

图 3.18　安装 PyQt5 相关模块

（6）安装完以上 3 个模块后，关闭"Available Packages"窗口，在"Project Interpreter"窗口中即可看到安装的 PyQt5 相关模块及依赖包，如图 3.19 所示。

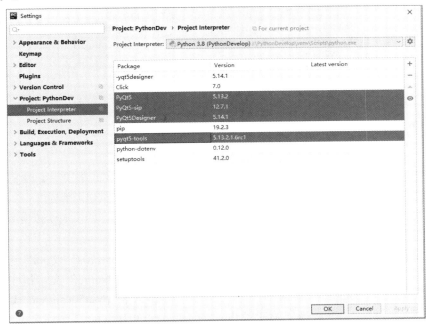

图 3.19　安装的 PyQt5 相关模块及依赖包

安装完 PyQt5 后，其相关的文件都存放在当前虚拟环境的"Lib\site-packages"文件夹下，如图 3.20 所示。

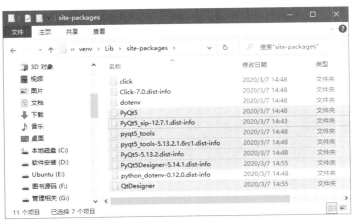

图 3.20　安装完的 PyQt5 相关模块及依赖包所在文件夹

说明

以上是安装 PyQt5 的步骤，将 PyQt5 模块安装到了 PyCharm 项目下的虚拟目录中，如果想要在全局 Python 环境中安装 PyQt5 模块，可以直接在系统的 CMD 命令窗口中使用"pip install PyQt5"命令进行安装，如图 3.21 所示（pyqt5-tools 和 pyqt5designer 模块的安装与此类似）。

图 3.21　在全局 Python 环境中安装 PyQt5 模块

3.2.2　配置 PyQt5 设计器及转换工具

由于使用 PyQt5 创建 GUI 图形用户界面程序时，会生成扩展名为.ui 的文件，该文件需要转换为.py 文件后才可以被 Python 识别，所以需要对 PyQt5 与 PyCharm 开发工具进行配置。

接下来配置 PyQt5 的设计器，及将.ui 文件（使用 PyQt5 设计器设计的文件）转换为.py 文件（Python 脚本文件）的工具，具体步骤如下。

（1）在 PyCharm 开发工具的设置窗中依次选择"Tools"→"External Tools"选项，然后在右侧单击"+"按钮，弹出"Create Tool"窗口。在该窗口中，首先在"Name"文本框中填写工具名称为 Qt Designer，然后单击"Program"后面的文件夹图标，选择安装 pyqt5designer 模块时自动安装的 designer.exe 文件，该文件位于当前虚拟环境的"Lib\site-packages\QtDesigner\"文件夹中，最后在"Working directory"文本框中输入$ProjectFileDir$，表示项目文件目录，单击 OK 按钮，如图 3.22 所示。

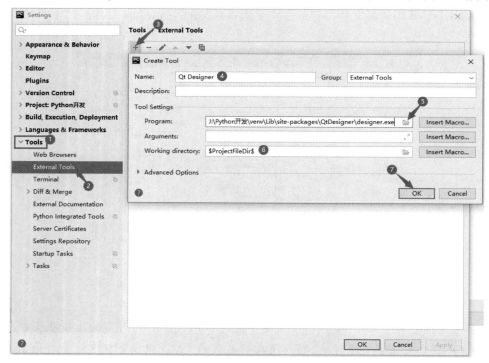

图 3.22　配置 QT 设计器

注意

在"Program"文本框中输入的是自己的 QT 开发工具安装路径，记住在尾部必须加上 designer.exe 文件名；另外，路径中一定不要含有中文，以避免路径无法识别的问题。

（2）按照上面的步骤配置将.ui 文件转换为.py 文件的转换工具，在"Name"文本框中输入工具名称为 PyUIC，然后单击"Program"后面的文件夹图标，选择虚拟环境目录下的 pyuic5.exe 文件，该文件位于当前虚拟环境的"Scripts"文件夹中，接下来在"Arguments"文本框中输入将.ui 文件转换为.py 文件的命令：-o $FileNameWithoutExtension$.py $FileName$；最后在"Working directory"文本框中输入$ProjectFileDir$，它表示 UI 文件所在的路径，单击 OK 按钮，如图 3.23 所示。

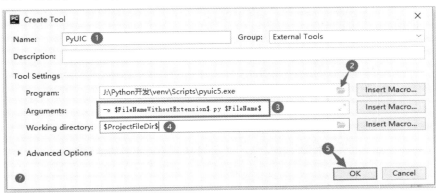

图 3.23　添加将.ui 文件转换为.py 文件的快捷工具

注意

在"Program"文本框中输入或者选择的路径一定不要含有中文，以避免路径无法识别的问题。

技巧

在配置 PyQt5 设计器及转换工具时，用到了几个系统默认的变量，这些变量所表示的含义如下。

✓　$ProjectFileDir$：表示文件所在的项目路径。
✓　$FileDir$：表示文件所在的路径。
✓　$FileName$：表示文件名（不带路径）。
✓　$FileNameWithoutExtension$：表示没有扩展名的文件名。

完成以上配置后，在 PyCharm 开发工具的菜单中展开"Tools"→"External Tools"菜单，即可看到配置的 Qt Designer 和 PyUIC 工具，如图 3.24 所示，这两个菜单的使用方法如下。

☑　选择"Qt Designer"菜单，可以打开 QT 设计器。
☑　选择一个.ui 文件，单击"PyUIC"菜单，即可将选中的.ui 文件转换为.py 代码文件。

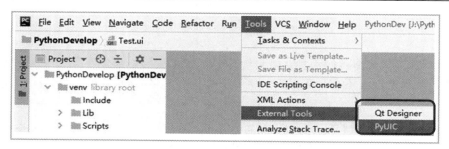

图 3.24　配置完成的 PyQt5 设计器及转换工具菜单

注意

　　使用"PyUIC"菜单时，必须首先选择一个 .ui 文件，否则，可能会出现如图 3.25 所示的错误提示，表示没有指定 .ui 文件。

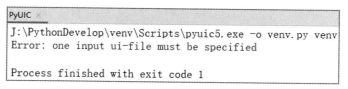

图 3.25　没有选择 .ui 文件，单击"PyUIC"菜单时的错误提示

3.3　小　　结

　　本章主要对 PyCharm 开发工具的下载与安装，以及如何在 PyCharm 开发工具中配置 PyQt5 环境进行了详细讲解。本章所讲解的知识是进行 PyQt5 程序开发的基础，读者在学习时，一定要熟练掌握。

第 4 章

Python 语言基础

掌握一门编程语言是学习算法的基础。学习编程语言是为了与计算机交流，只有正确的格式才能被计算机识别。学习编程语言的起点就是了解这门语言的语法，并且掌握这门语言的基础知识。本章将介绍 Python3 的基础知识。

4.1　变　　量

在 Python 中，严格意义上应该称变量为"名字"，也可以理解为标签。例如：

```
python="学会 Python 还可以飞"
```

这行的 python 就是变量。在大多数编程语言中，都把这一过程称为"把值存储在变量中"，意思是存储在计算机内存中的某个位置。字符串序列"学会 Python 还可以飞"已经存在。你不需要准确地知道它们到底在哪里，只要告诉 Python 这个字符串序列的名字是 python，就可以通过这个名字来引用这个字符串序列了。例如，引用 python 这个名字，代码如下：

```
print(python)
```

4.1.1　变量的命名和赋值

在 Python 中，不需要先声明变量名及其类型，直接赋值即可创建各种类型的变量。但是变量的命名并不是任意的，应遵循以下几条规则。

☑　变量名必须是一个有效的标识符，如 height、m_name、h1 等。

☑　变量名不能使用 Python 中的保留字。例如不能是 int、print 等。

☑　慎用小写字母 l 和大写字母 O（以防和数字 1 和 0 混淆）。

☑ 应选择有意义的单词作为变量名，如 number、weight 等。

为变量赋值可以通过等号（=）来实现。语法格式为：

变量名 = value

例如，创建一个整型变量，并为其赋值为 521，可以使用下面的语句：

```
number = 521                    # 创建变量 number 并赋值为 521，该变量为数值型
```

这样创建的变量就是数值型的变量。如果直接为变量赋值一个字符串值，那么该变量即为字符串类型。例如下面的语句：

```
martial = "乾坤大挪移"            # 字符串类型的变量
```

另外，Python 是一种动态类型的语言，也就是说，变量的类型可以随时变化。例如，在 IDLE 中，创建变量 martial，并赋值为字符串"乾坤大挪移"，然后输出该变量的类型，可以看到该变量为字符串变量为字符串类型，再将变量赋值为 521，并输出该变量的类型，可以看到该变量为整型。执行过程如下：

```
>>> martial= "乾坤大挪移"          # 字符串类型的变量
>>> print(type(martial))
<calss 'str'>
>>> martial = 521               # 整型的变量
>>> print(type(martial))
<calss 'str'>
```

说明

在 Python 语言中，使用内置函数 type() 可以返回变量类型。

在 Python 中，允许多个变量指向同一个值。例如，将两个变量都赋值为数字 2048，再分别应用内置函数 id() 获取变量的内存地址，将得到相同的结果。执行过程如下：

```
>>> no = number = 2048          #赋值数值
>>> id(no)
49364880
>>> id(number)
49364880
```

说明

在 Python 语言中，使用内置函数 id() 可以返回变量所指的内存地址。

4.1.2　变量的基本类型

变量的数据类型有很多种，本文就介绍数字类型、字符串类型、布尔类型三种，例如，一个人的名字、性别可以用字符型存储；年龄、身高可以使用数值存储；而婚否可以使用布尔类型存储，如

图 4.1 所示。这些都是 Python 中提供的基本数据类型，下面将对这些基本类型进行介绍。

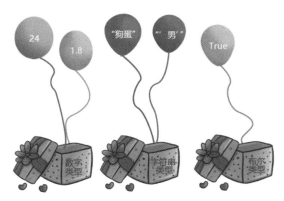

图 4.1　几个数据类型

1. 数字类型

数字类型主要包含整数、浮点数和复数，接下来分别介绍。

☑　整数

整数用来表示整数数值，即没有小数部分的数值。在 Python 中，整数包括正整数、负整数和 0，并且它的位数是任意的（当超过计算机自身的计算功能时，会自动转用高精度计算），如果要指定一个非常大的整数，只需要写出其所有位数即可。

例如，以下的数字都是整数：

```
1314
3456789532900653
-2020
0
```

☑　浮点数

浮点数由整数部分和小数部分组成，主要用于处理包括小数的数，如 1.414、0.5、-1.732、3.1415926535897932384626 等。浮点数也可以使用科学计数法表示，如 3.7e2、-3.14e5 和 6.16e-2 等。

例如，以下的数字都是浮点数：

```
1.314
0.3456789532900653
-1.7
5.2e2
```

📢 **注意**

　　在使用浮点数进行计算时，可能会出现小数位数不确定的情况。例如，计算 0.1+0.1 时，将得到想要的 0.2，而计算 0.1+0.2 时，将得到 0.30000000000000004（想要的结果为 0.3），执行过程如下：

```
>>> 0.1+0.1
0.2
>>> 0.1+0.2
0.30000000000000004
```

这种问题存在于所有语言中，导致问题的原因是计算机精度存在误差，因此忽略多余的小数位即可。

☑ 复数

Python 中的复数与数学中的复数的形式完全一致，都是由实部和虚部组成，并且使用 j 或 J 表示虚部。当表示一个复数时，可以将其实部和虚部相加，例如，一个复数的实部为 5.21，虚部为 13.14j，则这个复数为 5.21+13.14j。

2. 字符串类型

字符串就是连续的字符序列，是计算机所能表示的一切字符的集合。在 Python 中，字符串属于不可变序列，通常使用单引号' '、双引号" "或者三引号""" """（或""" """）将其括起来。这三种引号形式在语义上没有差别，只是在形式上有些差别。其中单引号和双引号中的字符序列必须在同一行，而三引号内的字符序列可以分布在连续的多行中。

例如：

```
'你怎么对待生活，生活就会怎样反馈给你'    #使用单引号，字符串内容必须在同一行
"一生只爱一个人"                          #使用双引号，字符串内容必须在同一行
'''借一抹临别黄昏悠悠斜阳，
为这慢慢余生添一道光'''                    #使用三引号，字符串内容可以不在同一行
```

3. 布尔类型

布尔类型主要用来表示真值或假值。在 Python 中，标识符 True 和 False 被解释为布尔值。另外，Python 中的布尔值可以转化为数值，True 表示 1，False 表示 0。

说明

Python 中的布尔类型的值可以进行数值运算，例如，"False + 1"的结果为 1。但是不建议对布尔类型的值进行数值运算。

在 Python 中，所有的对象都可以进行真值测试。其中，只有下面列出的几种情况得到的值为假，其他对象在 if 或者 while 语句中都表现为真。

☑ False 或 None。
☑ 数值中的零，包括 0、0.0、虚数 0。
☑ 空序列，包括字符串、空元组、空列表、空字典。
☑ 自定义对象的实例，该对象的__bool__方法返回 False 或者__len__方法返回 0。

4.1.3　变量的输入与输出

变量的输入与输出是计算机最基本的操作。基本的输入是指从键盘上输入数据的操作，用 input() 函数输入数据。基本的输出是指在屏幕上显示输出结果的操作，用 print() 函数输出。

1．用 input() 函数输入

使用内置函数 input() 可以接收用户的键盘输入。input() 函数的基本用法如下：

```
variable = input("提示文字")
```

其中，variable 为保存输入结果的变量，双引号内的文字用于提示要输入的内容。例如，想要接收用户输入的内容，并保存到变量 tip 中，可以使用下面的代码：

```
tip =input("请输入文字：")
```

在 Python 3.X 中，无论输入的是数字还是字符都将被作为字符串读取。如果想要接收数值，需要把接收到的字符串进行类型转换。例如，想要接收整型的数字并保存到变量 age 中，可以使用下面的代码：

```
age =int(input("请输入数字："))          #接收输入整型的数字
```

说明

在 Python 3.X 中，input() 函数接收内容时，直接输入数值即可，并且接收后的内容是数字类型；而如果要输入字符串类型的内容，需要使用引号将对应的字符串括起来，否则会报错。

2．用 print() 函数输出

在默认的情况下，使用内置的 print() 函数可以将结果输出到 IDLE 或者标准控制台上。其基本语法格式如下：

```
print("输出内容")
```

其中，输出内容可以是数字和字符串（需要使用引号将字符串括起来），此类内容将直接输出，也可以是包含运算符的表达式，此类内容将计算结果输出。例如：

```
a = 10                          # 变量 a，值为 10
b = 6                           # 变量 b，值为 6
print(6)                        # 输出数字 6
print(a*b)                      # 输出变量 a*b 的结果 60
print(a if a>b else b)          # 输出条件表达式的结果 10
print("三分靠运气，七分靠努力")   # 输出字符串"三分靠运气，七分靠努力"
```

技巧

默认情况下，一条 print() 语句输出后会自动换行，如果想要一次输出多个内容且不换行，可以将要输出的内容用英文半角的逗号分隔。例如，下面的代码将在同一行中输出变量 a 和 b 的值：

```
print(a,b) # 输出变量 a 和 b，结果为：10 6
```

【实例 4.1】 输出你的年龄（实例位置：资源包\Code\04\01）

用 input() 函数输入你的年龄，用 print() 函数输出数据。

具体代码如下：

```
age=input("请输入您的年龄：")          #输入年龄
print("您输入的年龄是"+age)            #输出年龄
```

运行结果如图 4.2 所示。

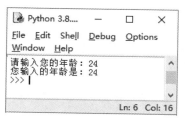

图 4.2　数据输入输出

【实例 4.2】 用 print() 函数输出字符画（实例位置：资源包\Code\04\02）

具体代码如下：

```
print("'
       ,--^----------,--------,-----,-------^--,
       | |||||||| `-------' |          O
       `+---------------------------^----------|
       \ \_,---------,----------------------.
         / XXXXXX /`|         /
         / XXXXXX /  `\      /
         / XXXXXX / \   \   (
         / XXXXXX /
         / XXXXXX /
         (_____(
          `------'
"')
```

说明

代码中的字符是使用搜狗输入法的特殊符号编写的。

运行结果如图 4.3 所示。

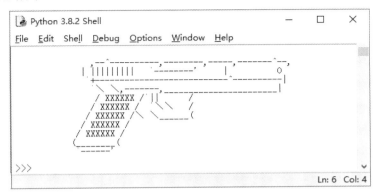

图 4.3 输出字符画

4.2 运 算 符

运算符是一些特殊的符号，主要用于数学计算、比较大小和逻辑运算等。Python 的运算符主要包括算术运算符、赋值运算符、比较（关系）运算符、逻辑运算符。使用运算符将不同类型的数据按照一定的规则连接起来的式子，称为表达式。例如，使用算术运算符连接起来的式子称为算术表达式，使用逻辑运算符连接起来的式子称为逻辑表达式。下面介绍一些常用的运算符。

4.2.1 算术运算符

算术运算符是处理四则运算的符号，在数字的处理中应用得最多。常用的算术运算符如表 4.1 所示。

表 4.1 常用的算术运算符

运 算 符	说 明	实 例	结 果
+	加	13.45+15	27.45
−	减	4.56−0.26	4.3
*	乘	5*3.6	18.0
/	除	7/2	3.5
%	求余，即返回除法的余数	7%2	1
//	取整除，即返回商的整数部分	7//2	3
**	幂，即返回 x 的 y 次方	2**4	16，即 2^4

【实例 4.3】 计算 a,b 的各种表达式（实例位置：资源包\Code\04\03）

具体代码如下：

```
a=5
b=3
```

```
print("a+b =",(a+b))                    #使用"+"运算
print("a-b =",(a-b))                    #使用"-"运算
print("a*b =",(a*b))                    #使用"*"运算
print("a/b =",(a/b))                    #使用"/"运算
print("a%b =",(a%b))                    #使用"%"运算
print("a//b =",(a//b))                  #使用"//"运算
print("a**b =",(a**b))                  #使用"**"运算
```

运行结果如图 4.4 所示。

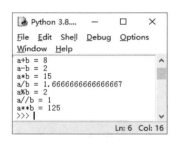

图 4.4　算术表达式结果

 技巧

在 Python 中，"+"运算符还具有拼接功能，可以将字符串与字符串拼接。例如：

```
chart1 = 'www'
Chart2 = 'mingrisoft'
print(chart1+Chart2)                    # 拼接后输出的字符串
print(chart1+Chart2+'com')              # 拼接后输出的字符串
```

也可以将字符串与数值拼接，例如：

```
add1=30
chart1="95"
chart2="200.15"
chart3 = "mate"
print(add1+int(chart1))                 # 转换数值型字符串为整数再拼接输出结果
print(add1+float(chart2))               # 转换数值型字符串为浮点数再拼接输出结果
print(str(add1)+chart2)                 # 将整数转为字符串进行拼接输出结果
print(chart3+str(add1))                 # 将整数转为字符串进行拼接输出结果
```

4.2.2　赋值运算符

赋值运算符主要用来为变量等赋值。使用时，可以直接把基本赋值运算符"="右边的变量值赋给左边的变量，也可以进行某些运算后再赋值给左边的变量。Python 中常用的赋值运算符如表 4.2 所示。

表 4.2　常用的赋值运算符

运　算　符	说　　明	举　　例	展　开　形　式
=	简单的赋值运算	x=y	x=y

续表

运　算　符	说　　明	举　　例	展　开　形　式
+=	加赋值	x+=y	x=x+y
−=	减赋值	x−=y	x=x−y
*=	乘赋值	x*=y	x=x*y
/=	除赋值	x/=y	x=x/y
%=	取余数赋值	x%=y	x=x%y
**=	幂赋值	x**=y	x=x**y
//=	取整除赋值	x//=y	x=x//y

注意

将运算符=和==混淆是编程中最常见的错误之一。很多语言（不只是 Python）都使用了这两个符号，另外很多程序员也经常会用错这两个符号。

4.2.3　比较（关系）运算符

比较运算符，也称关系运算符，用于对变量或表达式的结果进行大小、真假等比较。如果比较结果为真，则返回 True，如果为假，则返回 False。比较运算符通常用在条件语句中作为判断的依据。Python 中的比较运算符如表 4.3 所示。

表 4.3　Python 中的比较运算符

运　算　符	作　　用	举　　例	结　　果
>	大于	'a' > 'b'	False
<	小于	156 < 456	True
==	等于	'c' == 'c'	True
!=	不等于	'y' != 't'	True
>=	大于或等于	479 >= 426	True
<=	小于或等于	63.45 <= 45.5	False

技巧

在 Python 中，当需要判断一个变量是否介于两个值之间时，可以采用"值 1<变量<值 2"的形式，例如"0 <a<100"。

【实例 4.4】　比较物理、化学、数学成绩（实例位置：资源包\Code\04\04）

具体代码如下：

```
chemi= 91                              # 定义变量，存储化学成绩的分数
physi = 75                             # 定义变量，存储物理成绩的分数
```

```
biolog = 84                                                          # 定义变量，存储生物成绩的分数
math = 84                                                            # 定义变量，存储数学成绩的分数
print("化学：" + str(chemi) + " 物理:" +str(physi) + " 数学:" +str(math) + " 生物:" +str(biolog)+"\n")
print("物理、化学" + str(chemi > physi))                              # 大于操作
print("数学>化学" + str(physi < biolog))                             # 小于操作
print("数学 == 生物的结果：" + str(math == biolog))                    # 等于操作
print("物理不等于生物的结果：" + str(physi != biolog))                  # 不等于操作
print("数学小于等于化学的结果：" + str(math<= chemi))                   # 小于等于操作
print("生物大于等于物理的结果：" + str(biolog >= physi))                # 大于等于操作
```

运行结果如图 4.5 所示。

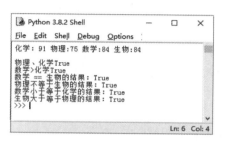

图 4.5　比较表达式结果

说明

比较运算符多用在条件分支结构以及循环结构作为判断条件。

4.2.4　逻辑运算符

逻辑运算符是对真和假两种布尔值进行运算，运算后的结果仍是一个布尔值，逻辑运算符主要包括 and（逻辑与）、or（逻辑或）、not（逻辑非）。逻辑运算符的用法和说明如表 4.4 所示。

表 4.4　逻辑运算符

运　算　符	含　义	用　法	结 合 方 向
and	逻辑与	op1 and op2	从左到右
or	逻辑或	op1 or op2	从左到右
not	逻辑非	not op	从右到左

使用逻辑运算符进行逻辑运算时，其运算结果如表 4.5 所示。

表 4.5　使用逻辑运算符进行逻辑运算的结果

表达式 1	表达式 2	表达式 1 and 表达式 2	表达式 1 or 表达式 2	not 表达式 1
True	True	True	True	False
True	False	False	True	False
False	False	False	False	True
False	True	False	True	True

【实例 4.5】 参加手机店的打折活动（实例位置：资源包\Code\04\05）

通过逻辑运算符模拟实现"参加手机店的打折活动"：某手机店在每周二的上午 10 点至 11 点和每周五的 14 点至 15 点，对华为 Mate10 系列手机进行折扣让利活动，想参加折扣活动的顾客，就要在时间上满足两个条件：周二 10:00 a.m.-11:00 a.m.，或者周五 2:00 p.m.-3:00 p.m.。

具体代码如下：

```
print("\n 手机店正在打折，活动进行中……")              # 输出提示信息
strWeek = input("请输入中文星期（如星期一）：")           # 输入星期，例如，星期一
intTime = int(input("请输入时间中的小时（范围：0~23）："))   # 输入时间
# 判断是否满足活动参与条件（使用了 if 条件语句）
if (strWeek == "星期二" and  (intTime >= 10 and intTime <= 11)) or (strWeek == "星期五"
and (intTime >= 14 and intTime <= 15)):
    print("恭喜您，获得了折扣活动参与资格，快快选购吧！")   # 输出提示信息
else:
    print("对不起，您来晚一步，期待下次活动……")          # 输出提示信息
```

代码解析如下。

（1）第 2 行代码：input()函数用于接收用户输入的字符序列。

（2）第 3 行代码：由于 input()函数返回的结果为字符串类型，所以需要进行类型转换。

（3）第 5~7 行代码使用了 if…else 条件判断语句，该语句主要用来判断程序是否满足某种条件。该语句将在第 4.3 节进行详细讲解，这里只需要了解即可。而第 5 行代码中对条件进行判断时，使用了逻辑运算符 and、or 和比较运算符==、>=、<=。

按快捷键 F5 运行实例，首先输入星期为"星期五"，然后输入时间为 19，将显示如图 4.6 所示的结果；再次运行实例，输入星期为"星期二"，时间为 10，将显示如图 4.7 所示的结果。

图4.6 不符合条件的运行效果

图4.7 符合条件的运行效果

> **说明**
>
> 本实例未对输入错误信息进行校验，所以为保证程序的正确性，请输入合法的星期和时间。另外，有兴趣的读者可以自行添加校验功能。

4.2.5 位运算

位运算符是把数字看作二进制数来进行计算的一种运算方式，因此，需要先将要执行运算的数据转换为二进制数，然后才能执行运算。Python 中的位运算符有位与（&）、位或（｜）、位异或（^）、取反（~）、左移位（<<）和右移位（>>）运算符。

整型数据在内存中以二进制的形式表示，如 7 的 32 位二进制形式如下：

0 表示正数

00000000 00000000 00000000 00000111

其中，左边最高位是符号位，最高位是 0 表示正数，若为 1 则表示负数。负数采用补码表示，如-7 的 32 位二进制形式如下：

1 表示负数

11111111 11111111 11111111 11111001

1．"位与"运算

"位与"运算的运算符为"&"，"位与"运算的运算法则是：两个操作数据的二进制表示，只有对应数位都是 1 时，结果数位才是 1，否则为 0。如果两个操作数的精度不同，则结果的精度与精度高的操作数相同，如图 4.8 所示。

2．"位或"运算

"位或"运算的运算符为"|"，"位或"运算的运算法则是：两个操作数据的二进制表示，只有对应数位都是 0，结果数位才是 0，否则为 1。如果两个操作数的精度不同，则结果的精度与精度高的操作数相同，如图 4.9 所示。

```
    0000 0000 0000 1100    12              0000 0000 0000 0100    4
&   0000 0000 0000 1000    8          |    0000 0000 0000 1000    8
    0000 0000 0000 1000    8              0000 0000 0000 1100    12
```

图 4.8　12&8 的运算过程　　　　　　　　　　图 4.9　4|8 的运算过程

3．"位异或"运算

"位异或"运算的运算符是"^"，"位异或"运算的运算法则是：当两个操作数的二进制表示相同（同时为 0 或同时为 1）时，结果为 0，否则为 1。若两个操作数的精度不同，则结果数的精度与精度高的操作数相同，如图 4.10 所示。

4．"位取反"运算

"位取反"运算也称"位非"运算，运算符为"~"。"位取反"运算就是将操作数中对应的二进制数 1 修改为 0，将 0 修改为 1，如图 4.11 所示。

```
    0000 0000 0001 1111    31
^   0000 0000 0001 0110    22          ~    0000 0000 0111 1011    123
    0000 0000 0000 1001    9               1111 1111 1000 0100    -124
```

图 4.10　31^22 的运算过程　　　　　　　　　图 4.11　~123 的运算过程

【实例 4.6】 输出位运算的结果（实例位置：资源包\Code\04\06）

使用 print()函数输出如图 4.8～图 4.11 所示的运算结果，具体代码如下：

```python
print("12&8 = "+str(12&8))        # 位与计算整数的结果
print("4|8 = "+str(4|8))          # 位或计算整数的结果
print("31^22 = "+str(31^22))      # 位异或计算整数的结果
print("~123 = "+str(~123))        # 位取反计算整数的结果
```

运算结果如图 4.12 所示。

5．左移位运算符<<

左移位运算符<<是将一个二进制操作数向左移动指定的位数，左边（高位端）溢出的位被丢弃，右边（低位端）的空位用 0 补充。左移位运算相当于乘以 2 的 n 次幂。

例如，int 类型数据 48 对应的二进制数为 00110000，将其左移 1 位，根据左移位运算符的运算规则可以得出(00110000<<1)=01100000，所以转换为十进制数就是 96（48*2）；将其左移 2 位，根据左移位运算符的运算规则可以得出(00110000<<2)=11000000，所以转换为十进制数就是 192（48*2^2），其执行过程如图 4.13 所示。

图 4.12　图 4.8~图 4.11 的运算结果

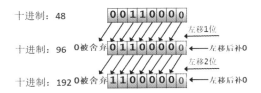

图 4.13　左移位运算

具体代码如下：

```python
# 打印将十进制的 48 左移 1 位后，获取的十进制数字
print("十进制的 48 左移 1 位后,获取的十进制数字为：",48<<1)
# 打印将十进制的 48 左移 2 位后，获取的十进制数字
print("十进制的 48 左移 2 位后,获取的十进制数字为：",48<<2)
```

运行结果如图 4.14 所示。

图 4.14　左移位运算符<<的结果

6．右移位运算符>>

右移位运算符>>是将一个二进制操作数向右移动指定的位数，右边（低位端）溢出的位被丢弃，而在填充左边（高位端）的空位时，如果最高位是 0（正数），左侧空位填入 0；如果最高位是 1（负数），左侧空位填入 1。右移位运算相当于除以 2 的 n 次幂。

正数 48 右移 1 位的运算过程如图 4.15 所示。

负数-80 右移 2 位的运算过程如图 4.16 所示。

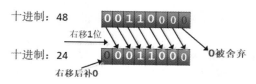

图 4.15　正数 48 右移 1 位的运算过程

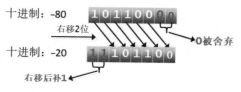

图 4.16　负数-80 右移 2 位的运算过程

技巧

由于移位运算的速度很快，在程序中遇到表达式乘以或除以 2 的 n 次幂的情况时，一般采用移位运算来代替。

具体代码如下：

```
# 打印将十进制的 48 右移 1 位后，获取的十进制数字
print("十进制的 48 右移 1 位后，获取的十进制数字为：", 48>>1)
# 打印将十进制的-80 右移 2 位后，获取的十进制数字
print("十进制的-80 右移 2 位后，获取的十进制数字为：", -80>>2)
```

运行结果如图 4.17 所示。

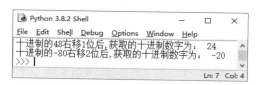

图 4.17　右移位运算符>>的结果

4.3　流程控制语句

Python 语言中有三大结构：顺序结构、条件分支结构以及循环结构。这三种结构分别适用于不同情况，一个复杂的程序常常同时包含这三种结构。

4.3.1　顺序结构

顺序结构就是按程序内语句的排列顺序运行程序的一种结构。我们之前所举的例子都是顺序结构的。这也是 Python 中最简单的结构。顺序结构的执行过程如图 4.18 所示。

例如：

```
a=521                              #定义变量赋值
```

```
b=1314                          #定义变量赋值
c=int(input("请输入 c 的值："))   #用
print("a+b+c=",(a+b+c))
```

在这段程序中，先执行第一行赋值语句，再执行第二行赋值语句，然后执行第三行 input 输入语句，最后执行 print 输出语句。从描述上看，排在前面的语句先执行，依次按顺序执行，这就是一个顺序结构的程序。

4.3.2　条件分支结构

在 Python 中，分支语句有 if 语句以及 if 语句的多种形式，具体有单个 if 语句、if...else 语句以及 if...else if...else 语句。这些 if 相关语句根据一条或者多条语句的判定结果（True 和 False）来执行对应操作的语句，从而实现"分支"的效果。接下来分别介绍这几种分支结构形式。

1. 简单 if 语句

Python 中使用 if 保留字来组成选择语句，简单的语法格式如下：

if 表达式:
　　语句块

其中，表达式可以是一个单纯的布尔值或变量，也可以是比较表达式或逻辑表达式（例如，a > b and a != c）。如果表达式的值为真，则执行"语句块"；如果表达式的值为假，就跳过"语句块"，继续执行后面的语句，这种形式的 if 语句相当于汉语里的关联词语"如果……就……"，if 语句的执行流程图如图 4.19 所示。

图 4.18　顺序结构流程图

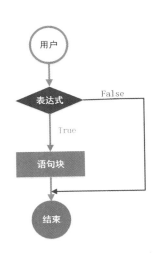

图 4.19　if 语句的执行流程图

【实例 4.7】 判断成绩是否及格（实例位置：资源包\Code\04\07）

判断成绩是否及格，如果成绩大于等于 60 分，则表示通过考试；如果小于 60 分，则表示没有通过考试。具体代码如下：

```
grade=int(input("请输入成绩："))          #输入成绩
if grade>=60:                            #判断成绩大于等于 60 分，表示通过考试
    print("成绩是：",grade,"，通过考试")
if grade<60:                             #判断成绩小于 60 分，表示没有通过考试
    print("成绩是：",grade,"，没有通过考试")
```

当输入数字 45 和 98 时，程序运行结果如图 4.20 和图 4.21 所示。

2．if...else 语句

if...else 语句也可以解决类似实例 4.7 的问题。其语法格式如下：

```
if 表达式：
    语句块 1
else:
    语句块 2
```

使用 if...else 语句时，表达式可以是一个单纯的布尔值或变量，也可以是比较表达式或逻辑表达式。如果表达式结果为真，则执行 if 后面的语句块；如果表达式结果为假，则跳过 if 后语句，而去执行 else 后面的语句块，这种形式的选择语句相当于汉语里的关联词语"如果……否则……"，其流程如图 4.22 所示。

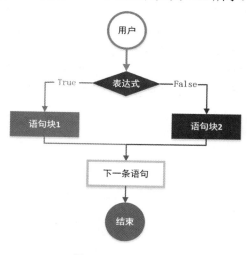

图 4.20　没有通过考试

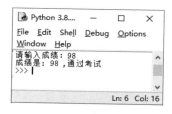

图 4.21　通过考试

图 4.22　if...else 流程图

【实例 4.8】　改版判断成绩是否及格（实例位置：资源包\Code\04\08）

依然用考试是否通过这个例子，如果成绩大于等于 60 分，则表示通过考试；否则，则表示没有通过考试。具体代码如下：

```
grade=int(input("请输入成绩："))          #输入成绩
if grade>=60:                            #判断成绩大于等于 60 分，表示通过考试
    print("成绩是：",grade,"，通过考试")
else:                                    #判断成绩小于 60 分，表示没有通过考试
    print("成绩是：",grade,"，没有通过考试")
```

当输入数字 55 和 95 时，程序运行结果分别如图 4.23 和图 4.24 所示。

图 4.23　成绩不超过 60 分

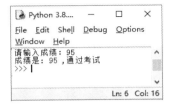

图 4.24　成绩超过 60 分

3．if…elif…else 语句

if…elif…else 语句，该语句是一个多分支选择语句，通常表现为"如果满足某种条件，就会进行某种处理，否则，如果满足另一种条件，则执行另一种处理……"。if…elif…else 语句的语法格式如下：

```
if 表达式 1:
    语句块 1
elif 表达式 2:
    语句块 2
elif 表达式 3:
    语句块 3
…
else:
    语句块 n
```

使用 if…elif…else 语句时，表达式可以是一个单纯的布尔值或变量，也可以是比较表达式或逻辑表达式，如果表达式为真，执行语句；而如果表达式为假，则跳过该语句，进行下一个 elif 的判断，只有在所有表达式都为假的情况下，才会执行 else 中的语句。if…elif…else 语句的流程如图 4.25 所示。

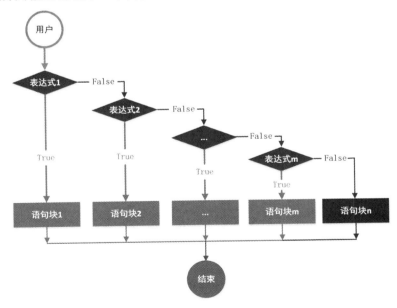

图 4.25　if…elif…else 语句的流程

【实例4.9】 再改版判断成绩是否及格（实例位置：资源包\Code\04\09）

依然用考试这个例子，如果分数在 90～100，是优秀；如果分数在 70～89，是良好，如果分数在 60~69，是及格，否则，是不及格。具体代码如下：

```python
grade=int(input("请输入成绩："))
if grade>=90 and grade<=100:
print("成绩是:",grade,",优秀")
elif grade>=70 and grade<=89:
    print("成绩是:",grade,",良好")
elif grade>=60 and grade<=69:
    print("成绩是:",grade,",及格")
else:
    print("成绩是:",grade,",不及格")
```

当输入数字 48、89 和 96 时，程序运行结果分别如图 4.26～图 4.28 所示。

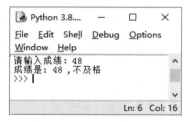

图 4.26　不及格

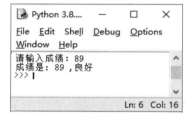

图 4.27　良好

图 4.28　优秀

4．if 语句嵌套

前面介绍了 3 种形式的 if 选择语句，这 3 种形式的选择语句之间都可以互相嵌套。

在最简单的 if 语句中嵌套 if…else 语句。形式如下：

```
if 表达式 1:
    if 表达式 2:
        语句块 1
    else:
        语句块 2
```

在 if…else 语句中嵌套 if…else 语句。形式如下：

```
if 表达式 1:
    if 表达式 2:
        语句块 1
    else:
        语句块 2
    else:
        if 表达式 3:
        语句块 3
    else:
        语句块 4
```

说明

　　if选择语句可以有多种嵌套方式，开发程序时，可以根据自身需要选择合适的嵌套方式，但一定要严格控制好不同级别代码块的缩进量。

【实例 4.10】　模拟人生的不同阶段（实例位置：资源包\Code\04\10）

设置一个变量 age 的值，编写 if 嵌套结构，根据 age 的值判断人生处于哪个阶段：

☑　　如果年龄在 0～13（含）岁，就打印一条消息，"您是儿童"。

☑　　如果年龄在 13～20（含）岁，就打印一条消息，"您是青少年"。

☑　　如果年龄在 20～65（含）岁，就打印一条消息，"您是成年人"。

☑　　如果年龄在 65 岁以上，就打印一条消息，"您是老年人"。

具体代码如下：

```
age=int(input("请输入年龄："))                    #定义变量 age
if age>0 and age<=20:                            #判断年龄在 0～20
    if age>0 and age<=13:                        #嵌套的 if 判断年龄在 0～13
        print("您的年龄是:",age,",您是儿童")       #输出提示
    else:                                        #嵌套的 else 判断年龄在 13～20
        print("您的年龄是:",age,",您是青少年")     #输出提示
else:                                            #else 判断年龄大于 20
    if age>20 and age<=65:                       #嵌套的 if 判断年龄在 20～65
        print("您的年龄是:",age,",您是成年人")     #输出提示
    else:                                        #嵌套的 else 判断年龄在 65 以上
        print("您的年龄是:",age,",您是老年人")     #输出提示
```

当输入数字 16 和 45 时，程序运行结果分别如图 4.29 和图 4.30 所示。

图 4.29　青少年

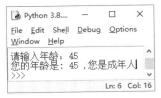

图 4.30　成年人

4.3.3　循环结构

　　循环结构是可以多次执行同一段代码的语句结构。在 Python 中有两种循环语句，即 while 语句和 for 语句。接下来详细讲解这两种循环语句。

1. while 语句

while 循环是通过一个条件来控制是否要继续反复执行循环体中的语句。

语法如下：

```
while 条件表达式:
    循环体
```

说明

循环体是指一组被重复执行的语句。

当条件表达式的返回值为真时，则执行循环体中的语句，执行完毕后，重新判断条件表达式的返回值，直到表达式返回的结果为假时，退出循环。while 循环语句的执行流程如图 4.31 所示。

【实例 4.11】　计算 1×2×3×4×5 的值（实例位置：资源包\Code\04\11）

具体代码如下：

```
i=1
sum1=1
while i<=5:                          # while 循环
    sum1*=i                          # 计算表达式的值
    i+=1                             # 使得变量 i 加 1
print("1*2*3*4*5=",sum1)            # 输出结果
```

最终运行的结果如图 4.32 所示。

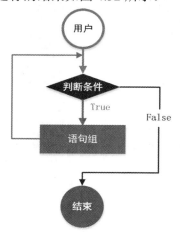

图 4.31　while 语句的执行流程

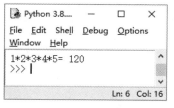

图 4.32　while 语句运行结果

这段代码的执行过程如下。

（1）循环检验条件为：i<=5，当 i=1 时，结果为真，此时执行循环体（sum1*=i，i+=1）内容，即 sum1=sum1*i=1*1=1，i+=1 之后，i=2；

（2）当 i=2，再通过 i<=5 进行检测，结果为真，执行（sum1*=i，i+=1）内容，即 sum=sum*i=1*2=2，i+=1 之后，i=3；如此循环下去；

（3）到 i=6 时，再通过 i<=5 进行检测，结果为假，此时，不执行（sum1*=i，i+=1）内容，跳出循环，最后执行 print 语句，输出 sum1 的值。

2．for 语句

for 循环是一个依次重复执行的循环。通常适用于枚举、遍历序列以及迭代对象中的元素。
语法如下：

```
for 迭代变量 in 对象:
    循环体
```

其中，迭代变量用于保存读取出的值；对象为要遍历或迭代的对象，该对象可以是任何有序的序列对象，如字符串、列表和元组等；循环体为一组被重复执行的语句。

for 循环语句的执行流程如图 4.33 所示。

【实例 4.12】 打印 5 个*（实例位置：资源包\Code\04\12）

用 for 循环打印 5 个*。具体代码如下：

```
i=0                      #初始化变量
for i in range(0,5):     #从 0~5 遍历 i
    print("*")           #每遍历一次输出一个*
```

运行结果如图 4.34 所示。

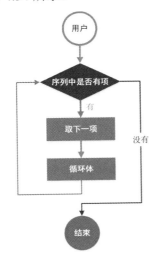

图 4.33　for 语句循环流程

图 4.34　for 运行结果

在上面的代码中，使用了 range()函数，该函数是 Python 内置的函数，用于生成一系列连续的整数，多用于 for 循环语句中。其语法格式如下：

```
range(start,end,step)
```

参数说明如下。

☑　start：用于指定计数的起始值，可以省略，如果省略则从 0 开始。
☑　end：用于指定计数的结束值（但不包括该值，如 range(7)，则得到的值为 0~6，不包括 7），不能省略。当 range()函数中只有一个参数时，即表示指定计数的结束值。

☑ step：用于指定步长，即两个数之间的间隔，可以省略，如果省略则表示步长为 1。例如，rang(1,7) 将得到 1、2、3、4、5、6。

注意

在使用 range() 函数时，如果只有一个参数，那么表示指定的是 end；如果有两个参数，则表示指定的是 start 和 end；如果 3 个参数都存在时，最后一个参数才表示步长。

3．嵌套循环

在 Python 中，for 循环和 while 循环都可以进行循环嵌套。

例如，在 while 循环中套用 while 循环的格式如下：

```
while 条件表达式 1:
    while 条件表达式 2:
        循环体 2
    循环体 1
```

在 for 循环中套用 for 循环的格式如下：

```
for 迭代变量 1 in 对象 1:
    for 迭代变量 2 in 对象 2:
        循环体 2
    循环体 1
```

在 while 循环中套用 for 循环的格式如下：

```
while 条件表达式:
    for 迭代变量 in 对象:
        循环体 2
    循环体 1
```

在 for 循环中套用 while 循环的格式如下：

```
for 迭代变量 in 对象:
    while 条件表达式:
        循环体 2
    循环体 1
```

除了上面介绍的 4 种嵌套格式外，还可以实现更多层的嵌套，因为与上面的嵌套方法类似，这里就不再一一列出了。

【实例 4.13】 打印九九乘法表（实例位置：资源包\Code\04\13）

使用嵌套的 for 循环打印九九乘法表。具体代码如下：

```
for i in range(1, 10):                                    # 输出 9 行
    for j in range(1, i + 1):                             # 输出与行数相等的列
        print(str(j) + "×" + str(i) + "=" + str(i * j) + "\t", end=' ')
    print('')                                             # 换行
```

运行结果如图 4.35 所示。

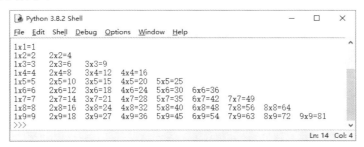

图 4.35　九九乘法表

本实例的代码使用了双层 for 循环，第一个循环可以看成是对乘法表行数的控制，同时也是每一个乘法公式的第二个因数；第二个循环控制乘法表的列数，列数的最大值应该等于行数，因此第二个循环的条件应该是在第一个循环的基础上建立的。

4．跳转语句——break、continue 语句

当循环条件一直满足时，程序将会一直执行下去，就像一辆迷路的车，在某个地方不停地转圈。如果希望程序在 for 循环结束重复之前，或者 while 循环找到结束条件之前就离开循环的话，有以下两种方法。

☑　使用 break 完全中止循环。

☑　使用 continue 语句直接跳到循环的下一次迭代。

（1）break 语句

break 语句可以终止当前的循环，包括 while 和 for 在内的所有控制语句。

说明

　　break 语句一般会结合 if 语句进行搭配使用，表示在某种条件下，跳出循环。如果使用嵌套循环，break 语句将跳出最内层的循环。

在 while 语句中使用 break 语句的形式如下：

```
while 条件表达式 1:
        执行代码
        if 条件表达式 2:
          break
```

其中，条件表达式 2 用于判断何时调用 break 语句跳出循环。在 while 语句中使用 break 语句的流程如图 4.36 所示。

在 for 语句中使用 break 语句的形式如下：

```
for 迭代变量 in 对象:
        if 条件表达式:
        break
```

其中，条件表达式用于判断何时调用 break 语句跳出循环。在 for 语句中使用 break 语句的流程如图 4.37 所示。

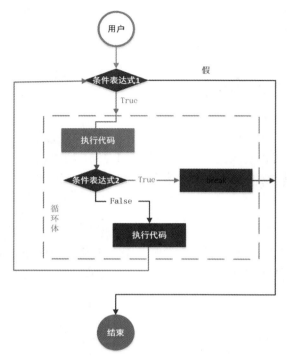

图 4.36　在 while 语句中使用 break 语句的流程

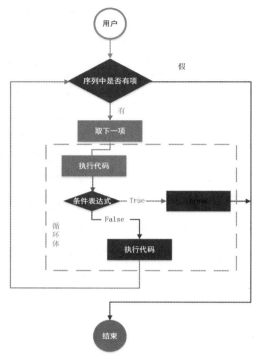

图 4.37　在 for 语句中使用 break 语句的流程

【实例 4.14】　为比萨加配料（实例位置：资源包\Code\04\14）

编写一个程序，提示用户输入比萨配料，当用户输入 quit 时，结束循环，每当用户输入一个配料，就打印出添加配料的情况。具体代码如下：

```
while True:                              # while 循环
    material=input("请加入比萨配料：")    # 输入配料
    if material =='quit':                # 用 if 判断输入的是 quit
        break                            # break 跳出循环
    else:
        print("您为比萨添加",matial,"配料")  # 输出添加的配料
```

运行结果如图 4.38 所示。

从运行结果来看，当用户输入 quit 时，跳出循环并结束运行程序，这就是 break 语句的作用。

（2）continue 语句

continue 语句的作用没有 break 语句强大，它只能终止本次循环而提前进入下一次循环中。continue 语句的语法比较简单，只需要在相应的 while 或 for 语句中加入即可。

图 4.38　break 语句应用

说明

  continue 语句一般会结合 if 语句进行搭配使用，表示在某种条件下，跳过当前循环的剩余语句，然后继续进行下一轮循环。如果使用嵌套循环，continue 语句将只跳过最内层循环中的剩余语句。

  在 while 语句中使用 continue 语句的形式如下：

while 条件表达式 1：
  执行代码
  if 条件表达式 2：
    continue

  其中，条件表达式 2 用于判断何时调用 continue 语句跳出循环。在 while 语句中使用 continue 语句的流程如图 4.39 所示。

  在 for 语句中使用 continue 语句的形式如下：

for 迭代变量 **in** 对象：
  if 条件表达式：
    continue

  其中，条件表达式用于判断何时调用 continue 语句跳出循环。在 for 语句中使用 continue 语句的流程如图 4.40 所示。

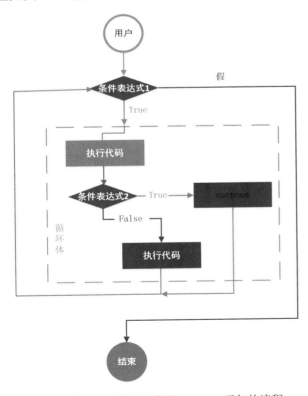

图 4.39　在 while 语句中使用 continue 语句的流程

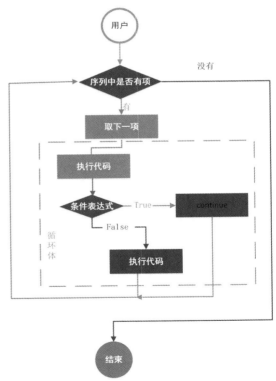

图 4.40　在 for 语句中使用 continue 语句的流程

【实例 4.15】 改版为比萨加配料（实例位置：资源包\Code\04\15）

沿用"比萨加料"的示例，将代码中的 break 换成 continue。具体代码如下：

```
while True:                                        # while 循环
    material =input("请加入比萨配料：")              # 输入配料
    if material =='quit':                          # 用 if 判断输入的是 quit
        continue                                   # continue 语句
    else:
        print("您为比萨添加", material,"配料")        # 输出添加的配料
```

运行结果如图 4.41 所示。

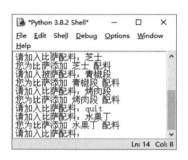

图 4.41　coutinue 语句

从运行结果来看，当输入 quit 时，程序并没有结束循环，只是跳过当前循环，继续执行未执行的循环，这就是 continue 语句的作用。

4.4　小　　结

本章主要对 Python 语言的语法基础进行了讲解，包含变量的类型、运算符，以及常用的几种流程控制语句等。这些知识在使用 Python 编写各种程序时都需要用到，希望读者朋友能够熟练掌握。

第 5 章

Python 中的序列

在数学里，序列也称为数列，是指按照一定顺序排列的一列数，而在程序设计中,序列是一种常用的数据存储方式，几乎每一种程序设计语言都提供了类似的数据结构。在 Python 中，序列是最基本的数据结构，它是一块用于存放多个值的连续内存空间，常用的序列有列表、元组、字典、集合等，本章将分别对它们的使用方法进行讲解。

5.1　列表与元组

列表是由一系列按特定顺序排列的元素组成。它是 Python 中内置的可变序列。在形式上，列表的所有元素都放在一对中括号 "[]" 中，两个相邻元素间使用逗号 ","分隔。在内容上，可以将整数、实数、字符串、列表、元组等任何类型的内容放入列表中，并且同一个列表中，元素的类型可以不同，因为它们之间没有任何关系。由此可见，Python 中的列表是非常灵活的，这一点与其他语言是不同的。

5.1.1　列表的创建

在 Python 中提供了多种创建列表的方法，下面分别进行介绍。

1. 使用赋值运算符直接创建列表

同其他类型的 Python 变量赋值一样，创建列表时，也可以使用赋值运算符 "=" 直接将一个列表赋值给变量。具体的语法格式如下：

```
listname = [element 1,element 2,element 3,…,element n]
```

参数说明如下。

☑ Listname：表示列表的名称，可以是任何符合 Python 命名规则的标识符。

☑ elemnet 1、elemnet 2、elemnet 3，…，elemnet n：表示列表中的元素，个数没有限制，并且只要是 Python 支持的数据类型就可以。

例如，下面定义的都是合法的列表：

```
num = [7,14,21,28,35,42,49,56,63]
verse = ["自古逢秋悲寂寥","我言秋日胜春朝","晴空一鹤排云上","便引诗情到碧霄"]
untitle = ['Python',28,"人生苦短，我用 Python",["爬虫","自动化运维","云计算","Web 开发"]]
python = ['优雅',"明确","简单"]
```

说明

在使用列表时，虽然可以将不同类型的数据放入同一个列表中，但是通常情况下，我们不这样做，而是在一个列表中只放入一种类型的数据。这样可以提高程序的可读性。

2．创建空列表

在 Python 中，可以创建空列表，例如，要创建一个名称为 emptylist 的空列表，可以使用下面的代码：

```
emptylist = []
```

3．创建数值列表

在 Python 中，数值列表很常用。例如，在考试系统中，记录学生的成绩，或者在游戏中，记录每个角色的位置、各个玩家的得分情况等，都可以应用数值列表来保存对应的数据。

list()函数的基本语法如下：

```
list(data)
```

其中，data 表示可以转换为列表的数据，其类型可以是 range 对象、字符串、元组或者其他可迭代类型的数据。

例如，创建一个 10～20（不包括 20）所有偶数的列表，可以使用下面的代码：

```
list(range(10, 20, 2))                    # 10～20（不包括 20）所用偶数的列表
```

运行上面的代码后，将得到下面的列表。

```
[10, 12, 14, 16, 18]
```

说明

使用 list()函数不仅能通过 range 对象创建列表，还可以通过其他对象创建列表。

5.1.2　检测列表元素

在 Python 中，可以直接使用 print()函数输出列表的内容。例如，要想打印上面创建的 untitle 列表，则可以使用下面的代码：

```
print(untitle)
```

执行结果如下：

```
['Python', 28, '人生苦短，我用 Python', ['爬虫', '自动化运维', '云计算', 'Web 开发', '游戏']]
```

从上面的执行结果可以看出，在输出列表时，是包括左右两侧的中括号。如果不想要输出全部的元素，也可以通过列表的索引获取指定的元素。例如，要获取列表 untitle 中索引为 2 的元素，可以使用下面的代码。

```
print(untitle[2])
```

执行结果如下：

```
人生苦短，我用 Python
```

从上面的执行结果可以看出，在输出单个列表元素时，不包括中括号；如果是字符串，也不包括左右的引号。

5.1.3　列表截取——切片

列表的截取就是切片操作，它可以访问一定范围内的元素并通过切片操作可以生成一个新的序列。实现切片操作的语法格式如下：

```
sname[start : end : step]
```

参数说明如下。
- ☑　sname：表示序列的名称。
- ☑　start：表示切片的开始位置（包括该位置），如果不指定，则默认为 0。
- ☑　end：表示切片的截止位置（不包括该位置），如果不指定，则默认为序列的长度。
- ☑　step：表示切片的步长，如果省略，则默认为 1，当省略该步长时，最后一个冒号也要省略。

说明

　　在进行切片操作时，如果指定了步长，那么将按照该步长遍历序列的元素，否则将一个一个地遍历序列。

例如，通过切片获取热门综艺名称列表中的第 2 个到第 5 个元素，以及获取第 1 个、第 3 个和第 5

个元素，可以使用下面的代码。

```
arts = ["向往的生活","歌手","中国好声音","巧手神探", "欢乐喜剧人","笑傲江湖","奔跑吧","王牌对王牌","吐槽大会",
"奇葩说"]
print(arts[1:5])                    # 获取第 2 个到第 5 个元素
print(arts[0:5:2])                  # 获取第 1 个、第 3 个和第 5 个元素
```

运行上面的代码，将输出以下内容：

```
['歌手', '中国好声音', '巧手神探', '欢乐喜剧人']
['向往的生活', '中国好声音', '欢乐喜剧人']
```

说明

如果想复制整个序列，可以省略 start 和 end 参数，但是需要保留中间的冒号。例如，verse[:] 就表示复制整个名称为 verse 的序列。

5.1.4 列表的拼接

在 Python 中，支持两种相同类型的列表相加操作，即将两个列表进行连接，使用加（+）运算符实现。例如，将两个列表相加，可以使用下面的代码。

```
art1 = ["快乐大本营","天天向上","中餐厅","跨界喜剧王"]
art2 = ["向往的生活","歌手","中国好声音","巧手神探", "欢乐喜剧人", "笑傲江湖","奔跑吧","王牌对王牌","吐槽大会",
"奇葩说"]
print(art1+art2)
```

运行上面的代码，将输出以下内容：

```
['快乐大本营', '天天向上', '中餐厅', '跨界喜剧王', '向往的生活', '歌手', '中国好声音', '巧手神探', '欢乐喜剧人', '笑傲
江湖', '奔跑吧', '王牌对王牌', '吐槽大会', '奇葩说']
```

从上面的输出结果可以看出，两个列表被合为一个列表了。

说明

在进行序列相加时，相同类型的序列是指同为列表、元组、集合等，序列中的元素类型可以不同。例如，下面的代码也是正确的。

```
num = [7,14,21,28,35,42,49,56]
art = ["快乐大本营","天天向上","中餐厅","跨界喜剧王"]
print(num + art)
```

相加后的结果如下。

```
[7, 14, 21, 28, 35, 42, 49, 56, '快乐大本营', '天天向上', '中餐厅', '跨界喜剧王']
```

但是不能是列表和元组相加，或者列表和字符串相加。例如，下面的代码就是错误的。

```
num = [7,14,21,28,35,42,49,56,63]
print(num + "输出是 7 的倍数的数")
```

上面的代码，在运行后，将产生如图 5.1 所示的异常信息。

```
Traceback (most recent call last):
  File "E:\program\Python\Code\datatype_test.py", line 2, in <module>
    print(num + "输出是7的倍数的数")
TypeError: can only concatenate list (not "str") to list
>>>
```

图 5.1　将列表和字符串相加产生的异常信息

5.1.5　遍历列表

遍历列表中的所有元素是常用的一种操作，在遍历的过程中可以完成查询、处理等功能。在 Python 中遍历列表的方法有多种，下面介绍两种常用的方法。

1. 直接使用 for 循环实现

直接使用 for 循环遍历列表，只能输出元素的值。它的语法格式如下：

```
for item in listname:
    # 输出 item
```

参数说明如下。

- ☑　item：用于保存获取的元素值，要输出元素内容时，直接输出该变量即可。
- ☑　listname：为列表名称。

【实例 5.1】　输出热门综艺名称（实例位置：资源包\Code\05\01）

定义一个保存热门综艺名称的列表，然后通过 for 循环遍历该列表，并输出各个综艺名称。具体代码如下：

```
print("热门综艺名称：")
art = ["向往的生活","歌手","中国好声音","巧手神探","欢乐喜剧人","笑傲江湖","奔跑吧","王牌对王牌","吐槽大会","奇葩说"]
for item in art:
    print(item)
```

执行上面的代码，将显示如图 5.2 所示的结果。

2. 使用 for 循环和 enumerate()函数实现

使用 for 循环和 enumerate()函数可以实现同时输出索引值和元素内容。它的语法格式如下：

图 5.2　通过 for 循环遍历列表

```
for index,item in enumerate(listname):
    # 输出 index 和 item
```

参数说明如下。

☑　index：用于保存元素的索引。

☑　item：用于保存获取的元素值，要输出元素内容时，直接输出该变量即可。

☑　listname：为列表名称。

例如，定义一个保存热门综艺名称的列表，然后通过 for 循环和 enumerate()函数遍历该列表，并输出索引和各个综艺的名称。代码如下：

```
print("热门综艺名称：")
art= ["向往的生活","歌手","中国好声音","巧手神探","欢乐喜剧人","笑傲江湖","奔跑吧","王牌对王牌","吐槽大会","奇葩说"]
for index,item in enumerate(art):
    print(index + 1,item)
```

执行上面的代码，将显示下面的结果。

```
热门综艺名称：
1 向往的生活
2 歌手
3 中国好声音
4 巧手神探
5 欢乐喜剧人
6 笑傲江湖
7 奔跑吧
8 王牌对王牌
9 吐槽大会
10 奇葩说
```

如果想实现分两列（两个综艺一行）显示热门综艺名称，请看下面的实例。

【实例 5.2】 升级输出热门综艺名称（实例位置：资源包\Code\05\02）

在 IDLE 中创建一个文件，并且在该文件中先输出标题，然后定义一个列表（保存综艺名称），再应用 for 循环和 enumerate()函数遍历列表，在循环体中通过 if…else 语句判断是否为偶数，如果为偶数则不换行输出，否则换行输出。具体代码如下：

```
print("热门综艺名称如下：\n")
art = ["向往的生活","歌手","中国好声音","巧手神探","欢乐喜剧人","笑傲江湖","王牌对王牌","奔跑吧","吐槽大会","奇葩说"]
for index,item in enumerate(art):
if index%2 == 0:                                          # 判断是否为偶数，为偶数时不换行
        print(item +"\t\t", end='')
    else:
        print(item + "\n")                                # 换行输出
```

说明

在上面的代码中，print()函数中的"，end=''"表示不换行输出，即下一条 print()函数的输出内容会和这个内容在同一行输出。

运行结果如图 5.3 所示。

图 5.3　分两列显示热门综艺名称

5.1.6　列表排序

在实际开发时，经常需要对列表进行排序。Python 提供了两种常用的对列表进行排序的方法，下面分别进行介绍。

1. 使用列表对象的 sort()方法实现

列表对象提供了 sort()方法用于对原列表中的元素进行排序，排序后原列表中的元素顺序将发生改变。列表对象的 sort()方法的语法格式如下：

```
listname.sort(key=None, reverse=False)
```

参数说明如下。

- ☑　listname：表示要进行排序的列表。
- ☑　key：表示指定从每个列表元素中提取一个比较键（例如，设置"key=str.lower"表示在排序时不区分字母大小写）。
- ☑　reverse：可选参数。如果将其值指定为 True，则表示降序排列；如果为 False，则表示升序排列。默认为升序排列。

例如，定义一个保存 10 名学生语文成绩的列表，然后应用 sort()方法对其进行排序。代码如下：

```
grade = [98,99,97,100,100,96,94,89,95,100]        # 10 名学生语文成绩列表
print("原列表：",grade)
grade.sort()                                       # 进行升序排列
print("升　序：",grade)
grade.sort(reverse=True)                           # 进行降序排列
print("降　序：",grade)
```

执行上面的代码，将显示以下内容。

```
原列表：　[98, 99, 97, 100, 100, 96, 94, 89, 95, 100]
升　序：　[89, 94, 95, 96, 97, 98, 99, 100, 100, 100]
降　序：　[100, 100, 100, 99, 98, 97, 96, 95, 94, 89]
```

使用 sort()方法进行数值列表的排序比较简单，但是使用 sort()方法对字符串列表进行排序时，采用的规则是先对大写字母进行排序，然后再对小写字母进行排序。如果想对字符串列表进行排序（不区分大小写时），需要指定其 key 参数。例如，定义一个保存英文字符串的列表，然后应用 sort()方法对其进行升序排列，可以使用下面的代码。

```
char = ['cat','Tom','Angela','pet']
char.sort()                              # 默认区分字母大小写
print("区分字母大小写：",char)
char.sort(key=str.lower)                 # 不区分字母大小写
print("不区分字母大小写：",char)
```

运行上面的代码，将显示以下内容。

```
区分字母大小写：  ['Angela', 'Tom', 'cat', 'pet']
不区分字母大小写：  ['Angela', 'cat', 'pet', 'Tom']
```

 说明

采用 sort()方法对列表进行排序时，对于中文支持不好。排序的结果与我们常用的按拼音或者笔画都不一致。如果需要实现对中文内容的列表排序，还需要重新编写相应的程序进行处理，不能直接使用 sort()方法。

2．使用内置的 sorted()函数实现

Python 提供了一个内置的 sorted()函数用于对列表进行排序。storted()函数的语法格式如下：

```
sorted(iterable, key=None, reverse=False)
```

参数说明如下。

☑　iterable：表示要进行排序的列表名称。

☑　key：表示指定一个从每个列表元素中提取一个比较键（例如，设置"key=str.lower"表示在排序时不区分字母大小写）。

☑　reverse：可选参数。如果将其值指定为 True，则表示降序排列；如果为 False，则表示升序排列。默认为升序排列。

例如，定义一个保存 10 名学生语文成绩的列表，然后应用 sorted()函数对其进行排序，代码如下：

```
grade = [98,99,97,100,100,96,94,89,95,100]      # 10 名学生语文成绩列表
grade_as = sorted(grade)                        # 进行升序排列
print("升序：",grade_as)
grade_des = sorted(grade,reverse = True)         # 进行降序排列
print("降序：",grade_des)
print("原序列：",grade)
```

执行上面的代码，将显示以下内容。

```
升序：  [89, 94, 95, 96, 97, 98, 99, 100, 100, 100]
降序：  [100, 100, 100, 99, 98, 97, 96, 95, 94, 89]
```

原序列：　[98, 99, 97, 100, 100, 96, 94, 89, 95, 100]

> **说明**
>
> 　　列表对象的 sort()方法和内置 sorted()函数的作用基本相同，所不同的就是使用 sort()方法时，会改变原列表的元素排列顺序，但是使用 storted()函数时，会建立一个原列表的副本，该副本为排序后的列表。

5.1.7　元组

　　元组（tuple）是 Python 中另一个重要的序列结构，与列表类似，也是由一系列按特定顺序排列的元素组成。但是它是不可变序列。因此，元组也可以称为不可变的列表。在形式上，元组的所有元素都放在一对小括号 "()" 中，两个相邻元素间使用逗号 "，" 分隔。在内容上，可以将整数、实数、字符串、列表、元组等任何类型的内容放入元组中，并且在同一个元组中，元素的类型可以不同，因为它们之间没有任何关系。通常情况下，元组用于保存程序中不可修改的内容。

1．元组的创建

　　在 Python 中提供了多种创建元组的方法，下面分别进行介绍。

　　（1）使用赋值运算符直接创建元组

　　同其他类型的 Python 变量赋值一样，创建元组时，也可以使用赋值运算符 "=" 直接将一个元组赋值给变量。具体的语法格式如下：

```
tuplename = (element 1,element 2,element 3,…,element n)
```

参数说明如下。

☑　　tuplename：表示元组的名称，可以是任何符合 Python 命名规则的标识符。

☑　　elemnet 1、elemnet 2、elemnet 3，…，elemnet n：表示元组中的元素，个数没有限制，并且只要是 Python 支持的数据类型就可以。

> **注意**
>
> 　　创建元组的语法与创建列表的语法类似，只是创建列表时使用的是中括号 "[]"，而创建元组时使用的是小括号 "()"。

　　例如，下面定义的都是合法的元组：

```
num = (7,14,21,28,35,42,49,56,63)
ukguzheng = ("渔舟唱晚","高山流水","出水莲","汉宫秋月")
untitle = ('Python',28,("人生苦短","我用 Python"),["爬虫","自动化运维","云计算","Web 开发"])
python = ('优雅','明确',"简单'")
```

　　在 Python 中，虽然元组是使用一对小括号将所有的元素括起来，但是实际上，小括号并不是必需的，只要将一组值用逗号分隔开，就可以认为它是元组。例如，下面的代码定义的也是元组：

```
ukguzheng = "渔舟唱晚","高山流水","出水莲","汉宫秋月"
```

在 IDLE 中输出该元组后，将显示以下内容。

```
('渔舟唱晚', '高山流水', '出水莲', '汉宫秋月')
```

如果要创建的元组只包括一个元素，则需要在定义元组时在元素的后面加一个逗号"，"。例如，下面的代码定义的就是包括一个元素的元组：

```
verse = ("一片冰心在玉壶",)
```

在 IDLE 中输出 verse，将显示以下内容：

```
('一片冰心在玉壶',)
```

而下面的代码则表示定义一个字符串：

```
verse = ("一片冰心在玉壶")
```

在 IDLE 中输出 verse，将显示以下内容：

```
一片冰心在玉壶
```

说明

> 在 Python 中，可以使用 type()函数测试变量的类型。例如下面的代码：
>
> ```
> verse1 = ("一片冰心在玉壶",)
> print("verse1 的类型为",type(verse1))
> verse2 = ("一片冰心在玉壶")
> print("verse2 的类型为",type(verse2))
> ```

在 IDLE 中执行上面的代码，将显示以下内容。

```
verse1 的类型为  <class 'tuple'>
verse2 的类型为  <class 'str'>
```

（2）创建空元组

在 Python 中，也可以创建空元组，例如，要创建一个名称为 emptytuple 的空元组，可以使用下面的代码：

```
emptytuple = ()
```

空元组可以应用在为函数传递一个空值或者返回空值时。例如，定义一个函数必须传递一个元组类型的值，而我们还不想为它传递一组数据，那么就可以创建一个空元组并传递给它。

（3）创建数值元组

在 Python 中，可以使用 tuple()函数将一组数据转换为元组。tuple()函数的基本语法如下：

```
tuple(data)
```

其中，data 表示可以转换为元组的数据，其类型可以是 range 对象、字符串、元组或者其他可迭代类型的数据。

例如，创建一个 10～20（不包括 20）所用偶数的元组，可以使用下面的代码：

```
tuple(range(10, 20, 2))
```

运行上面的代码后，将得到下面的元组：

```
(10, 12, 14, 16, 18)
```

说明

使用 tuple()函数不仅能通过 range 对象创建元组，还可以通过其他对象创建元组。

2．访问元组元素

在 Python 中，如果想将元组的内容输出也比较简单，可以直接使用 print()函数。例如，要想打印上面创建的 untitle 元组，则可以使用下面的代码：

```
print(untitle)
```

执行结果如下：

```
('Python', 28, ('人生苦短', '我用 Python'), ['爬虫', '自动化运维', '云计算', 'Web 开发'])
```

从上面的执行结果可以看出，在输出元组时，是包括左右两侧的小括号的。如果不想输出全部元素，也可以通过元组的索引获取指定的元素。例如，要获取元组 untitle 中索引为 0 的元素，可以使用下面的代码。

```
print(untitle[0])
```

执行结果如下：

```
Python
```

从上面的执行结果可以看出，在输出单个元组元素时，不包括小括号；如果是字符串，还不包括左右的引号。

另外，对于元组也可以采用切片方式获取指定的元素。例如，要访问元组 untitle 中前 3 个元素，可以使用下面的代码：

```
print(untitle[:3])
```

执行结果如下：

```
('Python', 28, ('人生苦短', '我用 Python'))
```

同列表一样，元组也可以使用 for 循环进行遍历。

5.2　字典与集合

字典是 Python 中的一种数据结构，它是无序可变的，保存的内容是以"键-值对"的形式存放的。这类似于我们的新华字典，它可以把拼音和汉字关联起来。通过音节表可以快速找到想要的汉字。其中新华字典里的音节表相当于键（key），而对应的汉字，相当于值（value）。键是唯一的，而值可以有多个。字典在定义一个包含多个命名字段的对象时很有用。

说明

Python 中的字典相当于 Java 或者 C++中的 Map 对象。

字典的主要特征如下。

☑　通过键而不是通过索引来读取

字典有时也称为关联数组或者散列表（hash）。它是通过键将一系列的值联系起来的，这样就可以通过键从字典中获取指定项，但不能通过索引来获取。

☑　字典是任意对象的无序集合

字典是无序的，各项是从左到右随机排序的，即保存在字典中的项没有特定的顺序。这样可以提高查找顺序。

☑　字典是可变的，并且可以任意嵌套

字典可以在原处增长或者缩短（无须生成一份拷贝）。并且它支持任意深度的嵌套（即它的值可以是列表或者其他的字典）。

☑　字典中的键必须唯一

不允许同一个键出现两次，如果出现两次，则后一个值会被记住。

☑　字典中的键必须不可变

字典中的键是不可变的，所以可以使用数字、字符串或者元组，但不能使用列表。

5.2.1　字典的定义

定义字典时，每个元素都包含两个部分——"键"和"值"。以水果名称和价钱的字典为例，键为水果名称，值为水果价格，如图 5.4 所示。

创建字典时，在"键"和"值"之间使用冒号分隔，相邻两个元素使用逗号分隔，所有元素放在一对大括号"{}"中。语法格式如下：

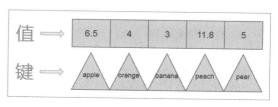

图 5.4　字典

```
dictionary = {'key1':'value1', 'key2':'value2', …, 'keyn':'valuen',}
```

参数说明如下。

☑　dictionary：表示字典名称。

☑　key1, key2, …, keyn：表示元素的键，必须是唯一的，并且不可变，例如，可以是字符串、数字或者元组。

☑　value1, value2, …, valuen：表示元素的值，可以是任何数据类型，不是必须唯一。

例如，创建一个保存通讯录信息的字典，可以使用下面的代码：

```
dictionary = {'qq':'84978981','明日科技':'84978982','无语':'0431-84978981'}
print(dictionary)
```

执行结果如下：

```
{'qq': '84978981', 'mr': '84978982', '无语': '0431-84978981'}
```

同列表和元组一样，也可以创建空字典。在 Python 中，可以使用下面两种方法创建空字典。

```
dictionary = {}
或者
dictionary = dict()
```

Python 的 dict()方法除了可以创建一个空字典外，还可以通过已有数据快速创建字典。主要表现为以下三种形式：

1．通过映射函数创建字典

语法如下：

```
dictionary = dict(zip(list1,list2))
```

参数说明如下。

☑　dictionary：表示字典名称。

☑　zip()函数：用于将多个列表或元组对应位置的元素组合为元组，并返回包含这些内容的 zip 对象。如果想得到元组，可以将 zip 对象使用 tuple()函数转换；如果想得到列表，则可以使用 list()函数将其转换为列表。

✎ **说明**

> 在 Python 3.X 中，zip()函数返回的内容为包含元组的列表。

☑　list1：一个列表，用于指定要生成字典的键。

☑　list2：一个列表，用于指定要生成字典的值。如果 list1 和 list2 的长度不同，则与最短的列表长度相同。

2．通过给定的关键字参数创建字典

语法如下：

```
dictionary = dict(key1=value1,key2=value2,…,keyn=valuen)
```

参数说明如下。

☑ dictionary：表示字典名称。

☑ key1, key2, ..., keyn：表示参数名，必须是唯一的，并且符合 Python 标识符的命名规则，该参数会转换为字典的键。

☑ value1, value2, ..., valuen：表示参数值，可以是任何数据类型，不是必须唯一，该参数将被转换为字典的值。

例如，将名字和星座以关键字参数的形式创建一个字典，可以使用下面的代码。

```
dictionary =dict(绮梦 = '水瓶座', 冷伊一 = '射手座', 香凝 = '双鱼座', 黛兰 = '双子座')
print(dictionary)
```

执行结果如下：

```
{'绮梦': '水瓶座', '冷伊一': '射手座', '香凝': '双鱼座', '黛兰': '双子座'}
```

3．fromkeys()方法创建

还可以使用 dict 对象的 fromkeys()方法创建值为空的字典，语法如下：

```
dictionary = dict.fromkeys(list1)
```

参数说明如下。

☑ dictionary：表示字典名称。

☑ list1：作为字典的键的列表。

例如，创建一个只包括名字的字典，可以使用下面的代码。

```
name_list = ['绮梦','冷伊一','香凝','黛兰']      # 作为键的列表
dictionary = dict.fromkeys(name_list)
print(dictionary)
```

执行结果如下。

```
{'绮梦': None, '冷伊一': None, '香凝': None, '黛兰': None}
```

另外，还可以通过已经存在的元组和列表创建字典。例如，创建一个保存名字的元组和保存星座的列表，通过它们创建一个字典，可以使用下面的代码。

```
name_tuple = ('绮梦','冷伊一', '香凝', '黛兰')       # 作为键的元组
sign = ['水瓶座','射手座','双鱼座','双子座']           # 作为值的列表
dict1 = {name_tuple:sign}                        # 创建字典
print(dict1)
```

执行结果如下。

```
{('绮梦', '冷伊一', '香凝', '黛兰'): ['水瓶座', '射手座', '双鱼座', '双子座']}
```

如果将作为键的元组修改为列表，再创建一个字典，代码如下：

```
name_list = ['绮梦','冷伊一', '香凝', '黛兰']                # 作为键的列表
```

```
sign = ['水瓶座','射手座','双鱼座','双子座']          # 作为值的列表
dict1 = {name_list:sign}                           # 创建字典
print(dict1)
```

执行结果如图 5.5 所示。

```
Traceback (most recent call last):
  File "H:/untitled/hello.py", line 3, in <module>
    dict1 = {name_list:sign}                       # 创建字典
TypeError: unhashable type: 'list'
```

图 5.5　将列表作为字典的键产生的异常

发现错误出现在代码的第 3 行，用列表作为字典的键值产生了异常。

5.2.2　遍历字典

字典是以"键-值"对的形式存储数据的。所以就可能需要对"键-值"进行获取。Python 提供了遍历字典的方法，通过遍历可以获取字典中的全部"键-值"对。

使用字典对象的 items() 方法可以获取字典的"键-值对"列表。其语法格式如下：

```
dictionary.items()
```

参数说明如下。

dictionary 为字典对象；返回值为可遍历的"键-值对"的元组列表。想要获取具体的"键-值对"，可以通过 for 循环遍历该元组列表。

例如，定义一个字典，然后通过 items() 方法获取"键-值对"的元组列表，并输出全部"键-值对"。代码如下：

```
dictionary = {'qq':'84978981','明日科技':'84978982','无语':'0431-84978981'}    # 创建字典
for item in dictionary.items():                    # 遍历字典
    print(item)                                     # 输出字典的内容
```

执行结果如下：

```
('qq', '84978981')
('明日科技', '84978982')
('无语', '0431-84978981')
```

上面的示例得到的是元组中的各个元素，如果想获取具体的每个键和值，可以使用下面的代码进行遍历：

```
dictionary = {'qq':'4006751066','明日科技':'0431-84978982','无语':'0431-84978981'}
for key,value in dictionary.items():
    print(key,"的联系电话是",value)
```

执行结果如下：

```
qq 的联系电话是 4006751066
```

明日科技 的联系电话是 0431-84978982
无语 的联系电话是 0431-84978981

说明

在 Python 中，字典对象还提供了 values()和 keys()方法，用于返回字典的"值"和"键"列表，它们的使用方法同 items()方法类似，也需要通过 for 循环遍历该字典列表，获取对应的值和键。

5.2.3 集合简介

Python 提供了两种创建集合的方法，一种是直接使用{}创建；另一种是通过 set()函数将列表、元组等可迭代对象转换为集合。下面分别进行介绍。

1. 直接使用{}创建

在 Python 中，创建 set 集合也可以像列表、元组和字典一样，直接将集合赋值给变量，从而实现创建集合。语法格式如下：

```
setname = {element 1,element 2,element 3,…,element n}
```

参数说明如下。

- ☑ setname：表示集合的名称，可以是任何符合 Python 命名规则的标识符。
- ☑ elemnet 1, elemnet 2, elemnet 3, …, elemnet n：表示集合中的元素，个数没有限制，并且只要是 Python 支持的数据类型就可以。

注意

在创建集合时，如果输入了重复的元素，Python 会自动只保留一个。

例如，下面的每一行代码都可以创建一个集合。

```
set1 = {'水瓶座','射手座','双鱼座','双子座'}
set2 = {3,1,4,1,5,9,2,6}
set3 = {'Python', 28, ('人生苦短', '我用 Python')}
```

执行结果如下：

```
{'水瓶座', '双子座', '双鱼座', '射手座'}
{1, 2, 3, 4, 5, 6, 9}
{'Python', ('人生苦短', '我用 Python'), 28}
```

说明

Python 中的 set 集合是无序的，所以每次输出时元素的排列顺序可能与上面的不同。

2．使用 set()函数创建

在 Python 中，可以使用 set()函数将列表、元组等其他可迭代对象转换为集合。set()函数的语法格式如下：

```
setname = set(iteration)
```

参数说明如下。

☑　setname：表示集合名称。

☑　iteration：表示要转换为集合的可迭代对象，可以是列表、元组、range 对象等。另外，也可以是字符串，如果是字符串，返回的集合将是包含全部不重复字符的集合。

例如，下面的每一行代码都可以创建一个集合。

```
set1 = set("命运给予我们的不是失望之酒，而是机会之杯。")
set2 = set([1.414,1.732,3.14159,3.236])
set3 = set(('人生苦短', '我用 Python'))
```

执行结果如下：

```
{'不', '的', '望', '是', '给', '，', ' ', '我', '。', '酒', '会', '杯', '运', '们', '予', '而', '失', '机', '命', '之'}
{1.414, 3.236, 3.14159, 1.732}
{'人生苦短', '我用 Python'}
```

从上面创建的集合结果可以看出，在创建集合时，如果出现了重复元素，那么将只保留一个，如在第一个集合中的"是"和"之"都只保留了一个。

注意

在创建空集合时，只能使用 set()函数实现，而不能使用一对大括号"{}"实现，这是因为在 Python 中，直接使用一对大括号"{}"表示创建一个空字典。

说明

在 Python 中，创建集合时推荐采用 set()函数实现。

5.3　小　　结

本章主要对 Python 中常用的几种序列结构进行了介绍，包括列表、元组、字典、集合等。其中，列表是由一系列按特定顺序排列的元素组成的可变序列，而元组可以理解为被上了"枷锁"的列表，即元组中的元素不可以修改；字典和列表有些类似，区别是字典中的元素是由"键-值对"组成的；集合的主要作用就是去重。序列在 Python 程序开发中非常重要，通过它们，可以存储或者处理各种数据，因此读者学习本章内容时，一定要熟练掌握。

第 6 章

Python 面向对象基础

面向对象程序设计是在面向过程程序设计的基础上发展而来的，它比面向过程编程具有更强的灵活性和扩展性。面向对象程序设计也是一个程序员发展的"分水岭"，很多的初学者和略有成就的开发者都不能很好地理解"面向对象"这一概念。Python 从设计之初就是一门面向对象的语言，它可以很方便地创建类和对象。本章将对 Python 面向对象的基础知识进行详细讲解。

6.1 函　　数

提到函数，大家会想到数学函数吧，函数是数学最重要的一个模块，贯穿整个数学。在 Python 中，函数的应用非常广泛。在前面我们已经多次接触过函数。例如，用于输出的 print()函数、用于输入的 input()函数，以及用于生成一系列整数的 range()函数等。这些都是 Python 内置的标准函数，可以直接使用。除了可以直接使用的标准函数外，Python 还支持自定义函数，即通过将一段有规律的、重复的代码定义为函数，一次编写、多次调用，提高代码的重复利用率。

6.1.1 函数的定义

创建函数也称为定义函数，可以理解为创建一个具有某种用途的工具，使用 def 关键字实现。具体的语法格式如下：

```
def functionname([parameterlist]):
    ['''comments''']
    [functionbody]
```

参数说明如下。

☑　functionname：函数名称，在调用函数时使用。

☑　parameterlist：可选参数，用于指定向函数中传递的参数。如果有多个参数，各参数间使用逗号 "," 分隔。如果不指定，则表示该函数没有参数。在调用时，也不指定参数。

注意

即使函数没有参数时，也必须保留一对空的小括号 "()"，否则将显示如图 6.1 所示的提示对话框。

☑　"'comments'"：可选参数，表示为函数指定注释，注释的内容通常是说明该函数的功能、要传递的参数的作用等，可以为用户提供友好提示和帮助的内容。

说明

在定义函数时，如果指定了 "'comments'" 参数，那么在调用函数时，输入函数名称及左侧的小括号时，就会显示该函数的帮助信息，如图 6.2 所示。这些帮助信息就是通过定义的注释提供的。

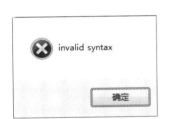

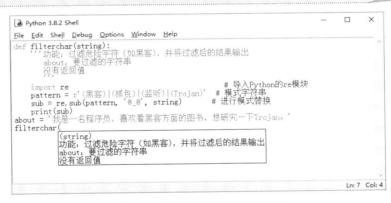

图 6.1　语法错误对话框　　　　　　　图 6.2　调用函数时显示友好提示

注意

如果在输入函数名和左侧括号后，没有显示友好提示，那么就检查函数本身是否有误，检查方法可以是在未调用该方法时，先按快捷键 F5 执行一遍代码。

☑　functionbody：可选参数，用于指定函数体，即该函数被调用后，要执行的功能代码。如果函数有返回值，可以使用 return 语句返回。

注意

函数体 "functionbody" 和注释 ""comments"" 相对于 def 关键字必须保持一定的缩进。

说明

如果想定义一个什么也不做的空函数，可以使用 pass 语句作为占位符。

例如，定义一个过滤危险字符的函数 filterchar()，代码如下：

```python
def filterchar(string):
    '''功能：过滤危险字符（如黑客），并将过滤后的结果输出
        about：要过滤的字符串
        没有返回值
    '''
    import re                                    # 导入 Python 的 re 模块
    pattern = r'(黑客)|(抓包)|(监听)|(Trojan)'    # 模式字符串
    sub = re.sub(pattern, '@_@', string)         # 进行模式替换
    print(sub)
```

运行上面的代码，将不显示任何内容，也不会抛出异常，因为 filterchar() 函数还没有被调用。

6.1.2 调用函数

调用函数也就是执行函数。如果把创建的函数理解为创建一个具有某种用途的工具，那么调用函数就相当于使用该工具。调用函数的基本语法格式如下：

```
functionname([parametersvalue])
```

参数说明如下。

- ☑ functionname：函数名称，要调用的函数名称，必须是已经创建好的。
- ☑ parametersvalue：可选参数，用于指定各个参数的值。如果需要传递多个参数值，则各参数值间使用逗号"，"分隔。如果该函数没有参数，则直接写一对小括号即可。

例如，调用在 6.6.1 节创建的 filterchar() 函数，可以使用下面的代码：

```python
about = '我是一名程序员，喜欢看黑客方面的图书，想研究一下 Trojan。'
filterchar(about)
```

调用 filterchar() 函数后，将显示如图 6.3 所示的结果。

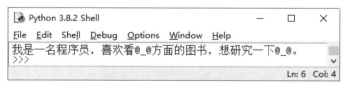

图 6.3 调用 filterchar() 函数的结果

【实例 6.1】 输出励志文字（实例位置：资源包\Code\06\01）

在 IDLE 中创建一个名称为 function_tips.py 的文件，然后在该文件中，创建一个名称为 function_tips

的函数，在该函数中，从励志文字列表中获取一条励志文字并输出，最后再调用函数 function_tips()。具体代码如下：

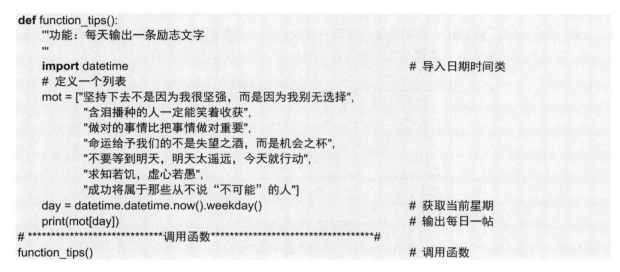

```
def function_tips():
    '''功能：每天输出一条励志文字
    '''
    import datetime                                          # 导入日期时间类
    # 定义一个列表
    mot = ["坚持下去不是因为我很坚强，而是因为我别无选择",
           "含泪播种的人一定能笑着收获",
           "做对的事情比把事情做对重要",
           "命运给予我们的不是失望之酒，而是机会之杯",
           "不要等到明天，明天太遥远，今天就行动",
           "求知若饥，虚心若愚",
           "成功将属于那些从不说"不可能"的人"]
    day = datetime.datetime.now().weekday()                  # 获取当前星期
    print(mot[day])                                          # 输出每日一帖
# ****************************调用函数*****************************#
function_tips()                                              # 调用函数
```

运行结果如图 6.4 所示。

图 6.4 调用函数输出励志文字

6.1.3 参数传递

在调用函数时，在大多数情况下，主调函数和被调函数之间有数据传递关系，这就是有参数的函数形式。函数参数的作用是传递数据给函数使用，函数利用接收的数据进行具体的操作处理。

在定义函数时，函数参数放在函数名称后面的一对小括号中，如图 6.5 所示。

图 6.5 函数参数

1. 了解形式参数和实际参数

在使用函数时，经常会用到形式参数和实际参数，二者都叫作参数，它们的区别将先通过形式参数与实际参数的作用来进行讲解，再通过一个比喻和实例进行深入探讨。

（1）通过作用理解

形式参数和实际参数在作用上的区别如下。

☑ 形式参数：在定义函数时，函数名后面括号中的参数为"形式参数"。

☑ 实际参数：在调用一个函数时，函数名后面括号中的参数为"实际参数"，也就是将函数的调用者提供给函数的参数称为实际参数。通过图 6.6 可以更好地理解。

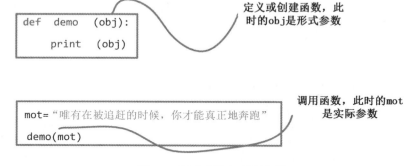

图 6.6　形式参数与实际参数

根据实际参数的类型不同，可以分为将实际参数的值传递给形式参数和将实际参数的引用传递给形式参数两种情况。其中，当实际参数为不可变对象时，进行值传递；当实际参数为可变对象时，进行的是引用传递。实际上，值传递和引用传递的基本区别就是，进行值传递后，改变形式参数的值，实际参数的值不变；而进行引用传递后，改变形式参数的值，实际参数的值也一同改变。

例如，定义一个名称为demo 的函数，然后为demo() 函数传递一个字符串类型的变量作为参数（代表值传递），并在函数调用前后分别输出该字符串变量，再为demo() 函数传递一下列表类型的变量作为参数（代表引用传递），并在函数调用前后分别输出该列表。代码如下：

```python
# 定义函数
def demo(obj):
    print("原值： ",obj)
    obj += obj
# 调用函数
print("=========值传递========")
mot = "唯有在被追赶的时候，你才能真正地奔跑。"
print("函数调用前： ",mot)
demo(mot)                                    # 采用不可变对象 — 字符串
print("函数调用后： ",mot)
print("=========引用传递 =======")
list1 = ['绮梦','冷伊一','香凝','黛兰']
print("函数调用前： ",list1)
demo(list1)                                  # 采用可变对象 — 列表
print("函数调用后： ",list1)
```

上面代码的执行结果如下：

```
=========值传递========
函数调用前： 唯有在被追赶的时候，你才能真正地奔跑。
原值： 唯有在被追赶的时候，你才能真正地奔跑。
```

函数调用后：　唯有在被追赶的时候，你才能真正地奔跑。
=========引用传递 =========
函数调用前：　['绮梦', '冷伊一', '香凝', '黛兰']
原值：　['绮梦', '冷伊一', '香凝', '黛兰']
函数调用后：　['绮梦', '冷伊一', '香凝', '黛兰', '绮梦', '冷伊一', '香凝', '黛兰']

从上面的执行结果可以看出，在进行值传递时，改变形式参数的值后，实际参数的值不改变；在进行引用传递时，改变形式参数的值后，实际参数的值也发生改变。

（2）通过一个比喻来理解形式参数和实际参数

函数定义时，参数列表中的参数就是形式参数，而函数调用时传递进来的参数就是实际参数。就像剧本选主角一样，剧本的角色相当于形式参数，而演员就相当于实际参数。

接下来用实例 6.2 实现 BMI 指数的计算。

【实例 6.2】　根据身高、体重计算 BMI 指数（实例位置：资源包\Code\06\02）

在 IDLE 中创建一个名称为 function_bmi.py 的文件，然后在该文件中定义一个名称为 fun_bmi 的函数，该函数包括 3 个参数，分别用于指定姓名、身高和体重，再根据公式[BMI= 体重/（身高×身高）]计算 BMI 指数，并输出结果，最后在函数体外调用两次 fun_bmi 函数。代码如下：

```python
def fun_bmi(person, height, weight):
    print(person + "的身高：" + str(height) + "米 \t 体重：" + str(weight) + "千克")
    bmi = weight / (height * height)              # 用于计算 BMI 指数，公式为：BMI=体重/身高的平方
    print(person + "的 BMI 指数为：" + str(bmi))       # 输出 BMI 指数
    # 判断身材是否合理
    if bmi < 18.5:
        print("您的体重过轻 ~@_@~\n")
    if bmi >= 18.5 and bmi < 24.9:
        print("正常范围，注意保持 (-_-)\n")
    if bmi >= 24.9 and bmi < 29.9:
        print("您的体重过重 ~@_@~\n")
    if bmi >= 29.9:
        print("肥胖 ^@_@^\n")


# *****************************调用函数***************************** #
fun_bmi("路人甲", 1.83, 60)                          # 计算路人甲的 BMI 指数
fun_bmi("路人乙", 1.60, 50)                          # 计算路人乙的 BMI 指数
```

运行结果如图 6.7 所示。

图 6.7　BMI 指数计算

2．位置参数

位置参数也称必备参数，是必须按照正确的顺序传到函数中，即调用时的数量和位置必须和定义时是一样的。

（1）数量必须与定义时一致

在调用函数时，指定的实际参数的数量必须与形式参数的数量一致，否则将抛出 TypeError 异常，提示缺少必要的位置参数。例如，调用实例 6.2 中编写的根据身高、体重计算 BMI 指数的函数 fun_bmi(person,height,weight)，将参数少传一个，即只传递两个参数。代码如下：

```
fun_bmi("路人甲",1.83) # 计算路人甲的BMI指数
```

调用函数之后，运行结果将显示如图 6.8 所示的提示。

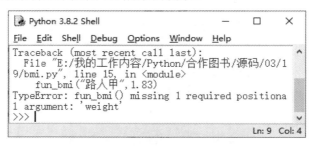

图 6.8　缺少必要的参数时抛出的异常

在如图 6.8 所示的异常信息中，抛出的异常类型为 TypeError，具体是指"fun_bmi() 方法缺少一个必要的位置参数 weight"。

（2）位置必须与定义时一致

在调用函数时，指定的实际参数的位置必须与形式参数的位置一致，否则将产生以下两种结果。

☑　抛出 TypeError 异常

抛出异常的情况主要是因为实际参数的类型与形式参数的类型不一致，并且在函数中，这两种类型还不能正常转换。

例如，调用实例 6.2 中编写的 fun_bmi(person,height,weight) 函数，将第 1 个参数和第 2 个参数位置调换。代码如下：

```
fun_bmi(60,"路人甲",1.83) # 计算路人甲的BMI指数
```

函数调用后，将显示如图 6.9 所示的异常信息，主要是因为传递的整型数值不能与字符串进行连接操作。

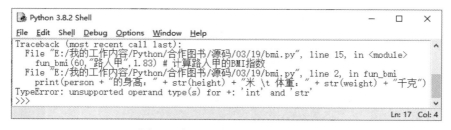

图 6.9　提示不支持的操作数类型

☑　产生的结果与预期不符

在调用函数时，如果指定的实际参数与形式参数的位置不一致，但是它们的数据类型一致，那么就不会抛出异常，而是产生结果与预期不符的问题。

例如，调用实例 6.2 中编写的 fun_bmi(person,height,weight) 函数，将第 2 个参数和第 3 个参数位置调换，代码如下：

```
fun_bmi("路人甲",60,1.83)  # 计算路人甲的 BMI 指数
```

函数调用后，将显示如图 6.10 所示的结果。从结果可以看出，虽然没有抛出异常，但是得到的结果与预期不一致。

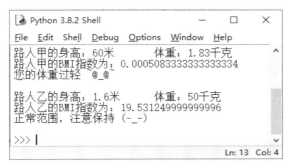

图 6.10　结果与预期不符

说明

在调用函数时，由于传递的实际参数的位置与形式参数的位置不一致并不会总是抛出异常，所以在调用函数时一定要确定好位置，否则产生 Bug，还不容易被发现。

3．关键字参数

关键字参数是指使用形式参数的名字来确定输入的参数值。通过该方式指定实际参数时，不再需要与形式参数的位置完全一致。只要将参数名写正确即可。这样可以使函数的调用和参数传递更加灵活方便。

例如，调用实例 6.2 中编写的 fun_bmi(person,height,weight) 函数，通过关键字参数指定各个实际参数。代码如下：

```
fun_bmi( height = 1.83, weight = 60, person = "路人甲")   # 计算路人甲的 BMI 指数
```

函数调用后，将显示以下结果：

```
路人甲的身高：1.83 米  体重：60 千克
路人甲的 BMI 指数为：17.916330735465376
您的体重过轻  ~@_@~
```

从上面的结果可以看出，虽然在指定实际参数时，顺序与定义函数时不一致，但是运行结果与预期是一致的。

6.2　面向对象编程基础

面向对象（Object Oriented）的英文缩写是OO，它是一种设计思想。从20 世纪60 年代提出面向对象的概念到现在，它已经发展成为一种比较成熟的编程思想，并且逐步成为目前软件开发领域的主流技术。例如，我们经常听说的面向对象编程（Object Oriented Programming，即OOP）就是主要针对大型软件设计而提出的，它可以使软件设计更加灵活，并且能更好地进行代码复用。

面向对象中的对象（Object）通常是指客观世界中存在的对象，具有唯一性，对象之间各不相同，各有各的特点，每一个对象都有自己的运动规律和内部状态；对象与对象之间又是可以相互联系、相互作用的。另外，对象也可以是一个抽象的事物，例如，可以从圆形、正方形、三角形等图形抽象出一个简单图形，简单图形就是一个对象，它有自己的属性和行为，图形中边的个数是它的属性，图形的面积也是它的属性，输出图形的面积就是它的行为。概括地讲，面向对象技术是一种从组织结构上模拟客观世界的方法。

6.2.1　面向对象概述

1．对象

对象，是一个抽象概念，英文称作"Object"，表示任意存在的事物。世间万物皆对象！在现实世界中，随处可见的一种事物就是对象，对象是事物存在的实体，如一个人，如图 6.11 所示。

通常将对象划分为两个部分，即静态部分与动态部分。静态部分被称为"属性"，任何对象都具备自身属性，这些属性不仅是客观存在的，而且是不能被忽视的，如人的性别，如图 6.12 所示；动态部分指的是对象的行为，即对象执行的动作，如人可以跑步，如图 6.13 所示。

图 6.11　对象"人"

图 6.12　静态属性"性别"

图 6.13　动态属性"跑步"

说明

> 在 Python 中，一切都是对象，即不仅把具体的事物称为对象，字符串、函数等也都是对象。这说明 Python 天生就是面向对象的。

2．类

类是封装对象的属性和行为的载体，反过来说，具有相同属性和行为的一类实体被称为类。例如，把雁群比作大雁类，那么大雁类就具备了喙、翅膀和爪等属性，觅食、飞行和睡觉等行为，而一只要从北方飞往南方的大雁则被视为大雁类的一个对象。大雁类和大雁对象的关系如图 6.14 所示。

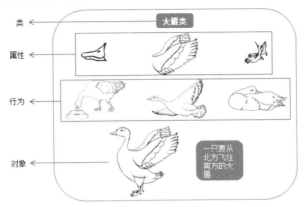

图 6.14　大雁类和大雁对象的关系

在 Python 语言中，类是一种抽象概念，如定义一个大雁类（Geese），在该类中，可以定义每个对象共有的属性和方法；而一只要从北方飞往南方的大雁则是大雁类的一个对象（wildGeese），对象是类的实例。有关类的具体实现将在 6.2.2 节进行详细介绍。

3．面向对象程序设计的特点

面向对象程序设计具有三大基本特征：封装、继承和多态。

（1）封装

封装是面向对象编程的核心思想，将对象的属性和行为封装起来，其载体就是类，类通常会对客户隐藏其实现细节，这就是封装的思想。例如，用户使用计算机，只需要使用手指敲击键盘就可以实现一些功能，而不需要知道计算机内部是如何工作的。

采用封装思想保证了类内部数据结构的完整性，使用该类的用户不能直接看到类中的数据结构，　而只能执行类允许公开的数据，这样就避免了外部对内部数据的影响，提高了程序的可维护性。

使用类实现封装特性如图 6.15 所示。

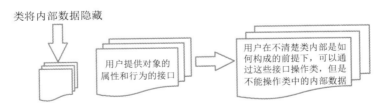

图 6.15　封装特性示意图

（2）继承

矩形、菱形、平行四边形和梯形等都是四边形。因为四边形与它们具有共同的特征：拥有 4 条边。

只要将四边形适当地延伸，就会得到矩形、菱形、平行四边形和梯形 4 种图形。以平行四边形为例，如果把平行四边形看作四边形的延伸，那么平行四边形就复用了四边形的属性和行为，同时添加了平行四边形特有的属性和行为，如平行四边形的对边平行且相等。在Python 中，可以把平行四边形类看作是继承四边形类后产生的类，其中，将类似于平行四边形的类称为子类，将类似于四边形的类称为父类或超类。值得注意的是，在阐述平行四边形和四边形的关系时，可以说平行四边形是特殊的四边形，但不能说四边形是平行四边形。同理，在 Python 中，可以说子类的实例都是父类的实例，但不能说父类的实例是子类的实例，四边形类层次结构如图 6.16 所示。

综上所述，继承是实现重复利用的重要手段，子类通过继承复用了父类的属性和行为的同时又添加了子类特有的属性和行为。

（3）多态

将父类对象应用于子类的特征就是多态。例如，创建一个螺丝类，螺丝类有两个属性：粗细和螺纹密度；然后再创建两个类，一个长螺丝类，一个短螺丝类，并且它们都继承了螺丝类。这样长螺丝类和短螺丝类不仅具有相同的特征（粗细相同，且螺纹密度也相同），还具有不同的特征（一个长，一个短，长的可以用来固定大型支架，短的可以用来固定生活中的家具）。综上所述，一个螺丝类衍生出不同的子类，子类继承父类特征的同时，也具备了自己的特征，并且能够实现不同的效果，这就是多态化的结构。螺丝类层次结构如图 6.17 所示。

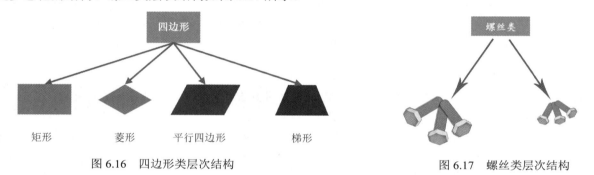

图 6.16　四边形类层次结构　　　　　　　　　　图 6.17　螺丝类层次结构

6.2.2　类的定义和使用

在 Python 中，类表示具有相同属性和方法的对象的集合。在使用类时，需要先定义类，然后创建类的实例，通过类的实例就可以访问类中的属性的方法了。

1．定义类

在 Python 中，类的定义使用 class 关键字来实现。语法如下：

```
class ClassName:
    '''类的帮助信息'''           # 类文档字符串
    statement                    # 类体
```

参数说明如下。

☑　ClassName：用于指定类名，一般使用大写字母开头，如果类名中包括两个单词，第二个单词的首字母也大写，这种命名方法也称为"驼峰式命名法"，这是惯例。当然，也可根据自己的习惯命名，但是一般推荐按照惯例来命名。

☑ '"类的帮助信息'"：用于指定类的文档字符串，定义该字符串后，在创建类的对象时，输入类
　名和左侧的括号"("后，将显示该信息。

☑ statement：类体，主要由类变量（或类成员）、方法和属性等定义语句组成。如果在定义类时
　没想好类的具体功能，也可以在类体中直接使用 pass 语句代替。

例如，下面以大雁为例声明一个类。代码如下：

```
class Geese:
'"大雁类'"
    pass
```

2．创建类的实例

定义完类后，并不会真正创建一个实例。这有点儿像一个汽车的设计图。设计图可以告诉你汽车
看上去怎么样，但设计图本身不是一个汽车。你不能开走它，它只能用来建造真正的汽车，而且可以
使用它制造很多汽车。那么如何创建实例呢？

class 语句本身并不创建该类的任何实例。所以在类定义完成以后，可以创建类的实例，即实例化
该类的对象。创建类的实例的语法如下：

```
ClassName(parameterlist)
```

其中，ClassName 是必选参数，用于指定具体的类；parameterlist 是可选参数，当创建一个类时，
没有创建 __init__() 方法，或者 __init__() 方法只有一个 self 参数时，parameterlist 可以省略。

例如，创建 Geese 类的实例，可以使用下面的代码：

```
wildGoose = Geese() #  创建大雁类的实例
print(wildGoose)
```

执行上面的代码后，将显示类似下面的内容：

```
<__main__.Geese object at 0x0000000002F47AC8>
```

从上面的执行结果可以看出，wildGoose 是 Geese 类的实例。

3．创建 __init__() 方法

在创建类后，通常会创建一个 __init__() 方法。该方法是一个特殊的方法，类似 Java 语言中的
构造方法。每当创建一个类的新实例时，Python 都会自动执行它。__init__() 方法必须包含一个 self 参
数，并且必须是第一个参数。self 参数是一个指向实例本身的引用，用于访问类中的属性和方法。在
方法调用时会自动传递实际参数 self，因此当 __init__() 方法只有一个参数时，在创建类的实例时，
就不需要指定实际参数了。

✎说明

在 __init__() 方法的名称中，开头和结尾处是两个下画线（中间没有空格），这是一种约定，
旨在区分 Python 默认方法和普通方法。

例如，下面仍然以大雁为例声明一个类，并且创建 __init__() 方法。代码如下：

```
class Geese:
    '''大雁类'''
    def __init__(self):                              # 构造方法
            print("我是大雁类！")
wildGoose = Geese()                                   # 创建大雁类的实例
```

运行上面的代码，将输出以下内容：

我是大雁类！

从上面的运行结果可以看出，在创建大雁类的实例时，虽然没有为 __init__() 方法指定参数，但是该方法会自动执行。

在 __init__() 方法中，除了 self 参数外，还可以自定义一些参数，参数间使用逗号 "," 进行分隔。
例如，下面的代码将在创建__init__() 方法时，再指定 3 个参数，分别是 beak、wing 和 claw。

```
class Geese:
        '''大雁类'''
        def __init__(self,beak,wing,claw):           # 构造方法
            print("我是大雁类！我有以下特征：")
            print(beak)                              # 输出喙的特征
            print(wing)                              # 输出翅膀的特征
            print(claw)                              # 输出爪子的特征
beak_1 = "喙的基部较高，长度和头部的长度几乎相等"        # 喙的特征
wing_1 = "翅膀长而尖"                                 # 翅膀的特征
claw_1 = "爪子是蹼状的"                               # 爪子的特征
wildGoose = Geese(beak_1,wing_1,claw_1)              # 创建大雁类的实例
```

执行上面的代码，将显示如图 6.18 所示的运行结果。

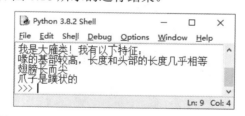

图 6.18　创建__init__() 方法时，指定 4 个参数

4．创建类的成员并访问

类的成员主要由实例方法和数据成员组成。在类中创建了类成员后，可以通过类的实例进行访问。
（1）创建实例方法并访问
所谓实例方法是指在类中定义的函数。该函数是一种在类的实例上操作的函数。同__init__() 方法一样，实例方法的第一个参数必须是 self，并且必须包含一个 self 参数。创建实例方法的语法格式如下：

```
def functionName(self,parameterlist):
    block
```

参数说明如下。

☑ functionName：用于指定方法名，一般使用小写字母开头。

☑ self：必要参数，表示类的实例，其名称可以是 self 以外的单词，使用 self 只是一个惯例而已。

☑ parameterlist：用于指定除 self 参数以外的参数，各参数间使用逗号 "," 进行分隔。

☑ block：方法体，实现的具体功能。

说明

> 实例方法和 Python 中的函数的主要区别就是，函数实现的是某个独立的功能，而实例方法是实现类中的一个行为，是类的一部分。

实例方法创建完成后，可以通过类的实例名称和点（.）操作符进行访问，语法格式如下：

```
instanceName.functionName(parametervalue)
```

参数说明如下。

☑ instanceName ： 是类的实例名称。

☑ functionName ： 为要调用的方法名称。

☑ parametervalue：表示为方法指定对应的实际参数，其值的个数为 parameterlist 的个数减一。

下面通过一个具体的实例演示创建实例的方法并访问。

【实例 6.3】 创建大雁类并定义飞行方法（实例位置：资源包\Code\06\03）

具体代码如下：

```python
class Geese:                                              # 创建大雁类
    '''大雁类'''
    def __init__(self, beak, wing, claw):                 # 构造方法
        print("我是大雁类！我有以下特征：")
        print(beak)                                       # 输出喙的特征
        print(wing)                                       # 输出翅膀的特征
        print(claw)                                       # 输出爪子的特征
    def fly(self, state):                                 # 定义飞行方法
        print(state)
    '''**************调用方法********************'''
beak_1 = "喙的基部较高，长度和头部的长度几乎相等"            # 喙的特征
wing_1 = "翅膀长而尖"                                      # 翅膀的特征
claw_1 = "爪子是蹼状的"                                    # 爪子的特征
wildGoose = Geese(beak_1, wing_1, claw_1)                 # 创建大雁类的实例
wildGoose.fly("我飞行的时候，一会儿排成个人字，一会排成个一字")  # 调用实例方法
```

运行结果如图 6.19 所示。

（2）创建数据成员并访问

数据成员是指在类中定义的变量，即属性，根据定义位置，又可以分为类属性和实例属性。

图 6.19　创建大雁类并定义飞行方法

☑　类属性

类属性是指定义在类中，并且在函数体外的属性。类属性可以在类的所有实例之间共享值，也就是在所有实例化的对象中公用。

> 类属性可以通过类名称或者实例名访问。

例如，定义一个雁类 Geese，在该类中定义 3 个类属性，用于记录雁类的特征。代码如下：

```
class Geese:
    '''雁类'''
    neck = "脖子较长"                          # 定义类属性（脖子）
    wing = "振翅频率高"                        # 定义类属性（翅膀）
    leg = "腿位于身体的中心支点，行走自如"       # 定义类属性（腿）
    def __init__(self):                      # 实例方法（相当于构造方法）
        print("我属于雁类！我有以下特征：")
        print(Geese.neck)                    # 输出脖子的特征
        print(Geese.wing)                    # 输出翅膀的特征
        print(Geese.leg)                     # 输出腿的特征
```

创建上面的类 Geese，然后创建该类的实例，代码如下：

```
geese = Geese()                              # 实例化一个雁类的对象
```

应用上面的代码创建 Geese 类的实例后，将显示以下内容：

```
我是雁类！我有以下特征：
脖子较长
振翅频率高
腿位于身体的中心支点，行走自如
```

下面通过一个具体的实例演示类属性在类的所有实例之间共享值的应用。

情景模拟：春天来了，有一群大雁从南方返回北方。现在想要输出每只大雁的特征以及大雁的数量。

【实例 6.4】　创建大雁类并定义飞行方法（实例位置：资源包\Code\06\04）

在 IDLE 中创建一个文件，然后在该文件中定义一个雁类 Geese，并在该类中定义 4 个类属性，前 3 个用于记录雁类的特征，第 4 个用于记录实例编号，然后定义一个构造方法，在该构造方法中将记录实例编号的类属性进行加 1 操作，并输出 4 个类属性的值，最后通过 for 循环创建 4 个雁类的实例。代码如下：

```
class Geese:
    neck = "脖子较长"                                    # 类属性（脖子）
    wing = "振翅频率高"                                  # 类属性（翅膀）
    leg = "腿位于身体的中心支点，行走自如"              # 类属性（腿）
    number = 0                                          # 编号
    def __init__(self):                                 # 构造方法
        Geese.number += 1                               # 将编号加 1
        print("\n 我是第"+str(Geese.number)+"只大雁，我属于雁类！我有以下特征：")
        print(Geese.neck)                               # 输出脖子的特征
        print(Geese.wing)                               # 输出翅膀的特征
        print(Geese.leg)                                # 输出腿的特征
# 创建 4 个雁类的对象（相当于有 4 只大雁）
list1 = []
for i in range(4):                                      # 循环 4 次
    list1.append(Geese())                               # 创建一个雁类的实例
print("一共有"+str(Geese.number)+"只大雁")
```

运行结果如图 6.20 所示。

图 6.20　通过类属性统计类的实例个数

在 Python 中，除了可以通过类名称访问类属性，还可以动态地为类和对象添加属性。例如，在实例 6.4 的基础上为雁类添加一个 beak 属性，并通过类的实例访问该属性，可以在上面代码的后面再添加以下代码：

```
Geese.beak = "喙的基部较高，长度和头部的长度几乎相等"      # 添加类属性
print("第 2 只大雁的喙：",list1[1].beak)                    # 访问类属性
```

说明

上面的代码只是以第 2 只大雁为例进行演示，读者也可以换成其他的大雁试试。运行后，将在原来的结果后面再显示以下内容：

第 2 只大雁的喙：喙的基部较高，长度和头部的长度几乎相等

说明

除了可以动态地为类和对象添加属性，也可以修改类属性，修改结果将作用于该类的所有实例。

☑ 实例属性

实例属性是指定义在类的方法中的属性，只作用于当前实例中。

例如，定义一个雁类 Geese，在该类的 __init__() 方法中定义 3 个实例属性，用于记录雁类的特征。代码如下：

```
class Geese:
 '''雁类'''
  def __init__(self):                        # 实例方法（相当于构造方法）
      self.neck = "脖子较长"                  # 定义实例属性（脖子）
      self.wing = "振翅频率高"                # 定义实例属性（翅膀）
      self.leg = "腿位于身体的中心支点，行走自如"   # 定义实例属性（腿）
      print("我属于雁类！我有以下特征：")
      print(self.neck)                        # 输出脖子的特征
      print(self.wing)                        # 输出翅膀的特征
      print(self.leg)                         # 输出腿的特征
```

创建上面的类 Geese，然后创建该类的实例。代码如下：

```
geese = Geese()                              # 实例化一个雁类的对象
```

应用上面的代码创建 Geese 类的实例后，将显示以下内容：

```
我是雁类！我有以下特征：
脖子较长
振翅频率高
腿位于身体的中心支点，行走自如
```

对于实例属性也可以通过实例名称修改，与类属性不同，通过实例名称修改实例属性后，并不影响该类的另一个实例中相应的实例属性的值。例如，定义一个雁类，并在 __init__() 方法中定义一个实例属性，然后创建两个 Geese 类的实例，并且修改第一个实例的实例属性，最后分别输出实例 6.3 和实例 6.4 的实例属性。代码如下：

```
class Geese:
    def __init__(self):                      # 实例方法（相当于构造方法）
         self.neck = "脖子较长"               # 定义实例属性（脖子）
          print(self.neck)                    # 输出脖子的特征
goose1 = Geese()                             # 创建 Geese 类的实例 1
goose2 = Geese()                             # 创建 Geese 类的实例 2
goose1.neck = "脖子没有天鹅的长"               # 修改实例属性
print("goose1 的 neck 属性：",goose1.neck)
print("goose2 的 neck 属性：",goose2.neck)
```

运行上面的代码，将显示以下内容：

```
脖子较长
脖子较长
goose1 的 neck 属性： 脖子没有天鹅的长
goose2 的 neck 属性： 脖子较长
```

5．访问限制

在类的内部可以定义属性和方法，而在类的外部则可以直接调用属性或方法来操作数据，从而隐藏了类内部的复杂逻辑。但是 Python 并没有对属性和方法的访问权限进行限制。为了保证类内部的某些属性或方法不被外部所访问，可以在属性或方法名前面添加单下画线（_foo）、双下画线（__foo）或首尾加双下画线（__foo__），从而限制访问权限。其中，单下画线、双下画线、首尾双下画线的作用如下：

（1）首尾双下画线表示定义特殊方法，一般是系统定义名字，如 __init__()。

（2）以单下画线开头的表示 protected（保护）类型的成员，只允许类本身和子类进行访问，但不能使用"from module import *"语句导入。

例如，创建一个 Swan 类，定义保护属性_neck_swan，并使用__init__()方法访问该属性，然后创建 Swan 类的实例，并通过实例名输出保护属性_neck_swan。代码如下：

```
class Swan:
        '''天鹅类'''
        _neck_swan = '天鹅的脖子很长'              # 定义私有属性
        def __init__(self):
                print("__init__():", Swan._neck_swan)   # 在实例方法中访问私有属性
swan = Swan()                                          # 创建 Swan 类的实例
print("直接访问:" , swan._neck_swan)                    # 保护属性可以通过实例名访问
```

执行上面的代码，将显示以下内容：

```
__init__(): 天鹅的脖子很长
直接访问: 天鹅的脖子很长
```

从上面的运行结果可以看出，保护属性可以通过实例名访问。

（3）双下画线表示 private（私有）类型的成员，只允许定义该方法的类本身进行访问，而且也不能通过类的实例进行访问，但是可以通过"类的实例名._ 类名__×××"方式访问。

例如，创建一个 Swan 类，定义私有属性__neck_swan，并使用__init__()方法访问该属性，然后创建 Swan 类的实例，并通过实例名输出私有属性__neck_swan。代码如下：

```
class Swan:
        __neck_swan = '天鹅的脖子很长'              # 定义私有属性
        def __init__(self):
                print("__init__():", Swan.__neck_swan)   # 在实例方法中访问私有属性
swan = Swan()                                          # 创建 Swan 类的实例
print("加入类名:" , swan._Swan__neck_swan)              # 私有属性，可以通过"实例名._类名__xxx"方式访问
print("直接访问:" , swan.__neck_swan)                    # 私有属性不能通过实例名访问，出错
```

执行上面的代码后，将输出如图 6.21 所示的结果。

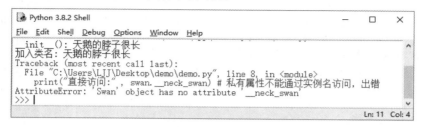

图 6.21　访问私有属性

从上面的运行结果可以看出：私有属性不能直接通过实例名 + 属性名访问，可以在类的实例方法中访问，也可以通过"实例名._ 类名__×××"方式访问。

6.3　小　　结

本章主要对 Python 面向对象编程的基础知识进行了讲解，包含函数的定义及使用、面向对象的基本概念、类的定义及使用等。本章所讲解的只是面向对象编程的基础知识，要想真正明白面向对象思想，必须要注意平时多动脑思考、多动手实践、多积累等。

第 7 章

创建第一个 **PyQt5** 程序

设计 PyQt5 窗口程序需要使用 Qt Designer 设计器，本章将首先带领大家认识 PyQt5 中常见的几种窗口类型，并熟悉 Qt Designer 设计器的窗口区域；然后详细讲解使用 Qt Designer 设计 PyQt5 窗口程序的完整过程。

7.1　认识 Qt Designer

Qt Designer，中文名称为 Qt 设计师，它是一个强大的可视化 GUI 设计工具，通过使用 Qt Designer 设计 GUI 程序界面，可以大大提高开发效率，本节先对 Qt Designer 及其支持的几种窗口类型进行介绍。

7.1.1　几种常用的窗口类型

按照 3.2.2 节的步骤在 PyCharm 开发工具中配置完 Qt Designer 后，即可通过 PyCharm 开发工具中的"External Tools"（扩展工具）菜单方便地打开 Qt Designer，步骤如下。

（1）在 PyCharm 的菜单栏中依次选择"Tools"→"External Tools"→"Qt Designer"菜单，如图 7.1 所示。

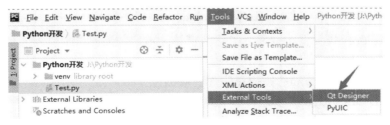

图 7.1　在 PyCharm 菜单中选择"Qt Designer"菜单

除了在 PyCharm 中通过扩展工具打开 Qt Designer 设计器，还可以通过可执行文件打开，Qt Designer 的可执行文件安装在当前虚拟环境下的"Lib\site-packages\QtDesigner"路径下，名称为 designer.exe，通过双击该文件，也可以打开 Qt Designer 设计器；另外，为了使用方便，可以为其创建一个桌面快捷方式，具体方法为：选中 designer.exe 文件，单击右键，在弹出的快捷菜单中依次选择"发送到"→"桌面快捷方式"，如图 7.2 所示，创建 designer.exe 文件在系统桌面上的快捷方式，这样，以后就可以直接在桌面上通过双击该快捷方式打开 Qt Designer 设计器了。

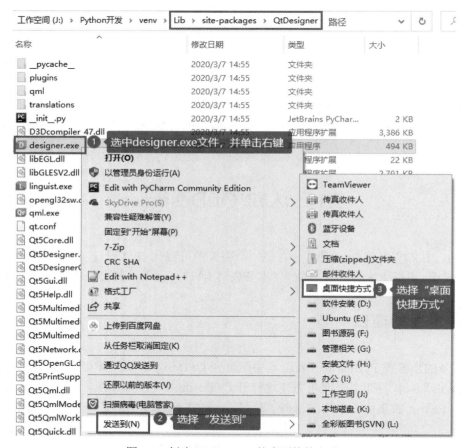

图 7.2　创建 Qt Designer 的桌面快捷方式

（2）打开 Qt Designer 设计器，并显示"新建窗体"窗口，该窗口中以列表形式列出 Qt 支持的几种窗口类型，分别如下。

☑　Dialog with Buttons Bottom：按钮在底部的对话框窗口，效果如图 7.3 所示。

☑　Dialog with Buttons Right：按钮在右上角的对话框窗口，效果如图 7.4 所示。

☑　Dialog without Buttons：没有按钮的对话框窗口，效果如图 7.5 所示。

☑　Main Window：一个带菜单、停靠窗口和状态栏的主窗口，效果如图 7.6 所示。

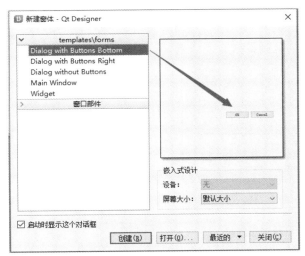

图 7.3　Dialog with Buttons Bottom 窗口及预览效果

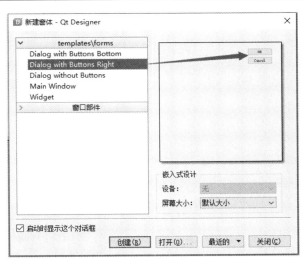

图 7.4　Dialog with Buttons Right 窗口及预览效果

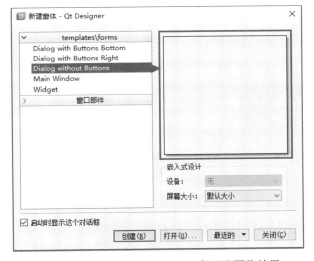

图 7.5　Dialog without Buttons 窗口及预览效果

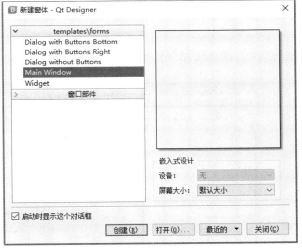

图 7.6　Main Window 窗口及预览效果

说明

　　Main Window 窗口是使用 PyQt5 设计 GUI 程序时最常用的窗口，本书所有案例都将以创建 Main Window 窗口为基础进行讲解。

　　☑　Widget：通用窗口，效果如图 7.7 所示。

说明

　　如图 7.6 和图 7.7 所示，Widget 窗口和 Main Window 窗口看起来是一样的，但它们其实是有区别的，Main Window 窗口会自带一个菜单栏和一个状态栏，而 Widget 窗口没有，默认就是一个空窗口。

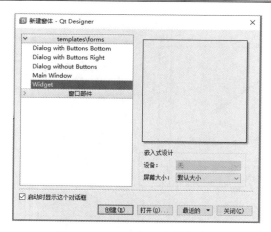

图 7.7　Widget 窗口及预览效果

7.1.2　熟悉 Qt Designer 窗口区域

在 Qt Designer 设计器的"新建窗体"窗口中选择"Main Window",即可创建一个主窗口,Qt Designer 设计器的主要组成部分如图 7.8 所示。

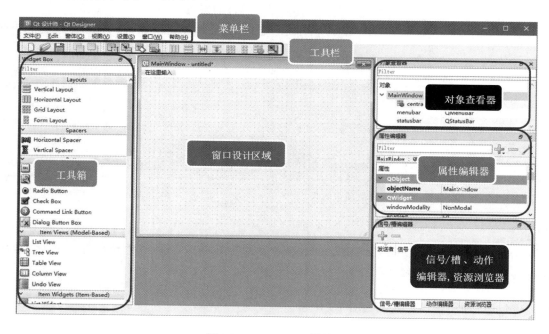

图 7.8　Qt Designer 设计器

下面对 Qt Designer 设计器的主要区域进行介绍。

1. 菜单栏

菜单栏显示了所有可用的 Qt 命令,Qt Designer 的菜单栏如图 7.9 所示。

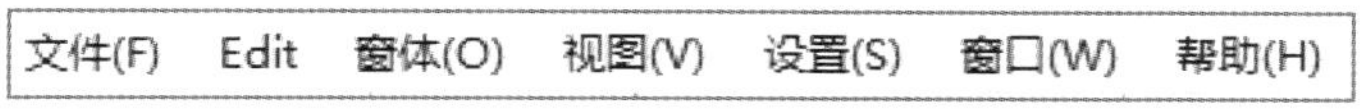

文件(F) Edit 窗体(O) 视图(V) 设置(S) 窗口(W) 帮助(H)

图 7.9 Qt Designer 的菜单栏

　　在 Qt Designer 的菜单栏中，最常用的是前面 4 个菜单，即"文件""Edit（编辑）""窗体"和"视图"，其中，"文件"菜单主要提供基本的"新建""保存""关闭"等功能菜单，如图 7.10 所示；"Eidt（编辑）"菜单除了提供常规的"复制""粘贴""删除"等操作外，还提供了特定于 Qt 的几个菜单，即"编辑窗口部件""编辑信号/槽""编辑伙伴""编辑 Tab 顺序"，这 4 个菜单主要用来切换 Qt 窗口的设计状态，"Eidt（编辑）"菜单如图 7.11 所示。

　　"窗体"菜单提供布局及预览窗体效果、C++代码和 Python 代码相关的功能，如图 7.12 所示；而"视图"菜单主要用来提供 Qt 常用窗口的快捷打开方式，如图 7.13 所示。

图 7.10 "文件"菜单　　图 7.11 Edit（编辑）菜单　　图 7.12 "窗体"菜单　　图 7.13 "视图"菜单

2. 工具栏

　　为了操作更方便、快捷，将菜单项中常用的命令放入了工具栏。通过工具栏可以快速地访问常用的菜单命令，Qt Designer 的工具栏如图 7.14 所示。

图 7.14 Qt Designer 的工具栏

3．工具箱

工具箱是 Qt Designer 最常用、最重要的一个窗口，每一个开发人员都必须对这个窗口非常熟悉。工具箱提供了进行 PyQt5 GUI 界面开发所必需的控件。通过工具箱，开发人员可以方便地进行可视化的窗体设计，简化程序设计的工作量，提高工作效率。根据控件功能的不同，工具箱分为 8 类，如图 7.15 所示，展开每个分类，都可以看到各个分类下包含的控件，如图 7.16 所示。

图 7.15　工具箱分类　　　　　图 7.16　每个分类包含的控件

 说明

在设计 GUI 界面时，如果需要使用某个控件，可以在工具箱中选中需要的控件，直接将其拖放到设计窗口的指定位置。

4．窗口设计区域

窗口设计区域是 GUI 界面的可视化显示窗口，任何对窗口的改动，都可以在该区域实时显示出来，例如，图 7.17 所示是一个默认的 MainWindow 窗口，该窗口中包含一个默认的菜单和一个状态栏。

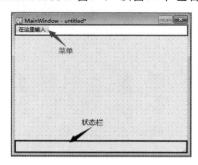

图 7.17　窗口设计区

5．对象查看器

对象查看器主要用来查看设计窗口中放置的对象列表，如图 7.18 所示。

6．属性编辑器

属性编辑器是 Qt Designer 中另一个常用并且重要的窗口，该窗口为 PyQt5 设计的 GUI 界面提供了对窗口、控件和布局等相关属性的修改功能。设计窗口中的各个控件属性都可以在属性编辑器中设置完成，属性编辑器窗口如图 7.19 所示。

图 7.18　对象查看器

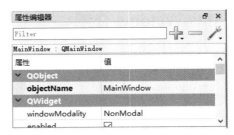

图 7.19　属性编辑器

7．信号/槽编辑器

信号/槽编辑器主要用来编辑控件的信号和槽函数，另外，也可以为控件添加自定义的信号和槽函数，效果如图 7.20 所示。

8．动作编辑器

动作编辑器主要用来对控件的动作进行编辑，包括提示文字、图标及图标主题、快捷键等，如图 7.21 所示。

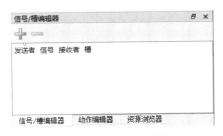

图 7.20　信号/槽编辑器

图 7.21　动作编辑器

9．资源浏览器

在资源浏览器中，开发人员可以为控件添加图片（如 Label、Button 等的背景图片）、图标等资源，如图 7.22 所示。

图 7.22　资源浏览器

7.2 使用 Qt Designer 创建窗口

7.2.1 MainWindow 介绍

PyQt5 中有 3 种最常用的窗口，即 MainWindow、Widget 和 Dialog，它们的说明如下。

- ☑ MainWindows：主窗口，主要为用户提供一个带有菜单栏、工具栏和状态栏的窗口。
- ☑ Widget：通用窗口，在 PyQt5 中，没有嵌入到其他控件中的控件都称为窗口。
- ☑ Dialog：对话框窗口，主要用来执行短期任务，或者与用户进行交互，没有菜单栏、工具栏和状态栏。

下面主要对 MainWindow 主窗口进行介绍。

7.2.2 创建主窗口

创建主窗口的方法非常简单，只需要打开 Qt Designer 设计器，在"新建窗体"中选择 MainWindow 选项，然后单击"创建"按钮即可，如图 7.23 所示。

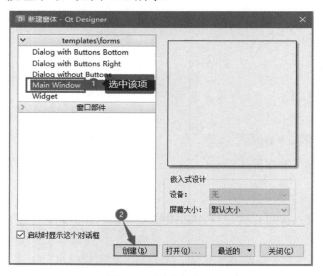

图 7.23 创建主窗口

7.2.3 设计主窗口

创建完主窗口后，主窗口中默认只有一个菜单栏和一个状态栏，我们要设计主窗口，只需要根据自己的需求，在左侧的"Widget Box"工具箱中选中相应的控件，然后按住鼠标左键，将其拖放到主窗口中的指定位置即可，操作如图 7.24 所示。

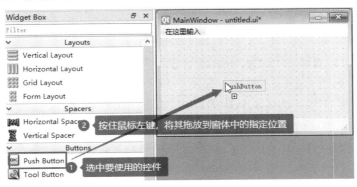

图 7.24　设计主窗口

7.2.4　预览窗口效果

Qt Designer 设计器提供了预览窗口效果的功能，可以预览设计的窗口在实际运行时的效果，以便根据该效果进行调整设计。具体使用方式为：在 Qt Designer 设计器的菜单栏中选择"窗体"→"预览于"选项，然后分别选择相应的菜单项即可，这里提供了 3 种风格的预览方式，如图 7.25 所示。

以上 3 种风格的预览效果分别如图 7.26～图 7.28 所示。

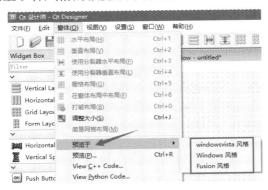

图 7.25　选择预览窗口的菜单

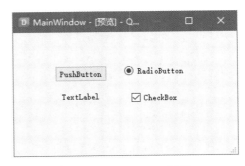

图 7.26　windowsvista 风格

图 7.27　Windows 风格

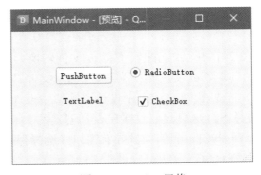

图 7.28　Fusion 风格

7.2.5　查看 Python 代码

设计完窗口之后，可以直接在 Qt Designer 设计器中查看其对应的 Python 代码，方法是选择菜单栏中的"窗体"→"View Python Code"菜单，如图 7.29 所示。

出现一个显示当前窗口对应 Python 代码的窗体，如图 7.30 所示，可以直接单击窗体工具栏中的"复制全部"按钮，将所有代码复制到 Python 开发工具（如 PyCharm）中进行使用。

图 7.29　选择"View Python Code"菜单　　　　图 7.30　查看 PyQt5 窗口对应的 Python 代码

7.2.6　将.ui 文件转换为.py 文件

在 3.2.2 节中，我们配置了将.ui 文件转换为.py 文件的扩展工具 PyUIC，在 Qt Designer 窗口中就可以使用该工具将.ui 文件转换为对应的.py 文件，步骤如下。

（1）首先在 Qt Designer 设计器窗口中设计完的 GUI 窗口中，按 Ctrl + S 快捷键，将窗体 UI 保存到指定路径下，这里我们直接保存到创建的 Python 项目中。

（2）在 PyCharm 的项目导航窗口中选择保存的.ui 文件，然后选择菜单栏中的"Tools"→"External Tool"→"PyUIC"菜单，如图 7.31 所示。

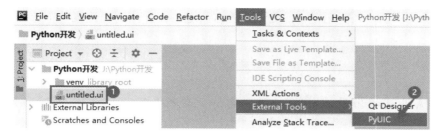

图 7.31　在 PyCharm 中选择.ui 文件，并选择"PyUIC"菜单

（3）自动将选中的.ui 文件转换为同名的.py 文件，双击即可查看代码，如图 7.32 所示。

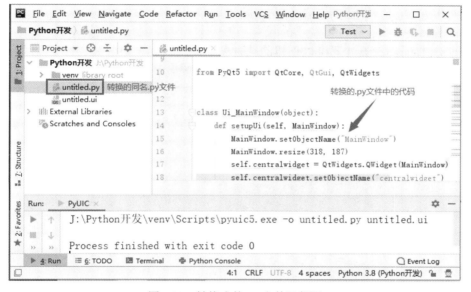

图 7.32　转换成的.py 文件及代码

7.2.7　运行主窗口

通过上面的步骤，已经将在 Qt Designer 中设计的窗体转换为了.py 脚本文件，但还不能运行，因为转换后的文件代码中没有程序入口，因此需要通过判断名称是否为__main__来设置程序入口，并在其中通过 MainWindow 对象的 show()函数来显示窗口。代码如下：

```python
import sys
# 程序入口，程序从此处启动 PyQt 设计的窗体
if __name__ == '__main__':
    app = QtWidgets.QApplication(sys.argv)
    MainWindow = QtWidgets.QMainWindow()          # 创建窗体对象
    ui = Ui_MainWindow()                          # 创建 PyQt 设计的窗体对象
    ui.setupUi(MainWindow)                        # 调用 PyQt 窗体的方法对窗体对象进行初始化设置
    MainWindow.show()                             # 显示窗体
    sys.exit(app.exec_())                         # 程序关闭时退出进程
```

添加完上面的代码后，在当前的.py 文件中单击右键，在弹出的快捷菜单中选择 ▶ Run 'untitled' ，即可运行。

说明

▶ Run 'untitled' 中的"untitled"不固定，它是.py 文件的名称。

7.3　小　　结

本章首先对 Qt Designer 设计器可以创建的几种窗口类型及其窗口区域进行了介绍，然后重点讲解了如何创建一个完整的 PyQt5 程序。创建 PyQt5 程序的步骤是本章学习的重点，读者一定要熟练掌握；另外，由于在设计 PyQt5 程序时，经常会用到 Qt Designer 设计器，因此，读者应该熟悉 Qt Designer 设计器的各个区域及作用，以便使用时能够得心应手。

第 8 章

PyQt5 窗口设计基础

PyQt5 窗口是向用户展示信息的可视化界面，它是 GUI 程序的基本单元。窗口都有自己的特征，可以通过 Qt Designer 可视化编辑器进行设置，也可以通过代码进行设置。本章将对 PyQt5 窗口程序设计的基础进行讲解，包括窗口的个性化设置、PyQt5 中的信号与槽机制，以及多窗口的设计等。

8.1 熟悉窗口的属性

PyQt5 窗口创建完成后，可以在 Qt Designer 设计器中通过属性对窗口进行设置，表 8.1 列出了 PyQt5 窗口常用的一些属性及说明。

表 8.1 PyQt5 窗口常用属性及说明

属　　性	说　　明
objectName	窗口的唯一标识，程序通过该属性调用窗口
gemmetry	使用该属性可以设置窗口的宽度和高度
windowTitle	标题栏文本
windowIcon	窗口的标题栏图标
windowOpacity	窗口的透明度，取值范围为 0～1
windowModality	窗口样式，可选值有 NonModal、WindowModal 和 ApplicationModal
enabled	窗口是否可用
mininumSize	窗口最小化时的大小，默认为 0×0
maximumSize	窗口最大化时的大小，默认为 16777215×16777215
palette	窗口的调色板，可以用来设置窗口的背景

续表

属　　性	说　　明
font	设置窗口的字体，包括字体名称、字体大小、是否为粗体、是否为斜体、是否为有下画线、是否有删除线等
cursor	窗口的鼠标样式
contextMenuPolicy	窗口的快捷菜单样式
acceptDrops	是否接受拖放操作
toolTip	窗口的提示文本
toolTipDuration	窗口提示文本的显示间隔
statusTip	窗口的状态提示
whatsThis	窗口的"这是什么"提示
layoutDirection	窗口的布局方式，可选值有 LeftToRight、RightToLeft 和 LayoutDirectionAuto
autoFillBackground	是否自动填充背景
styleSheet	设置窗口样式，可以用来设置窗口的背景
locale	窗口国际化设置
iconSize	窗口标题栏图标的大小
toolButtonStyle	窗口中的工具栏样式，默认值为 ToolButtonIconOnly，表示默认工具栏中只显示图标，用户可以更改为只显示文本，或者同时显示文本和图标
dockOptions	停靠选项
unifiedTitleAndToolBarOnMac	在 Mac 系统中是否可以定义标题和工具栏

接下来对如何使用属性对窗口进行个性化设置进行讲解。

8.2　对窗口进行个性化设置

8.2.1　基本属性设置

窗口包含一些基本的组成要素，如对象名称、图标、标题、位置和背景等，这些要素可以通过窗口的"属性编辑器"窗口进行设置，也可以通过代码实现。下面详细介绍窗口的常见属性设置。

1. 设置窗口的对象名称

窗口的对象名称相当于窗口的标识，是唯一的。编写代码时，对窗口的任何设置和使用都是通过该名称来操作的。在 Qt Designer 设计器中，窗口的对象名称是通过"属性编辑器"中的 objectName 属性来设置的，默认名称为 MainWindow，如图 8.1 所示，用户可以根据实际情况更改，但要保证在当前窗口中唯一。

除了可以在 Qt Designer 设计器的属性编辑器中对其进行修改之外，还可以通过 Python 代码进行设置，设置时需要使用 setObjectName()函数。使用方法如下：

图 8.1　通过 objectName 属性设置窗口的对象名称

```
MainWindow.setObjectName("MainWindow")
```

2. 设置窗口的标题栏名称

在窗口的属性中，通过 windowTitle 属性设置窗口的标题栏名称，标题栏名称就是显示在窗口标题上的文本，windowTitle 属性设置及窗口标题栏预览效果分别如图 8.2 和图 8.3 所示。

图 8.2　windowTitle 属性设置

图 8.3　窗口标题栏预览效果

在 Python 代码中使用 setWindowTitle()函数也可以设置窗口标题栏。代码如下：

```
MainWindow.setWindowTitle(_translate("MainWindow", "标题栏"))
```

3. 修改窗口的大小

在窗口的属性中，通过展开 geometry 属性，可以设置窗口的大小。修改窗口的大小，只需更改宽度和高度的值即可，如图 8.4 所示。

geometry	[(0, 0), 252 x 100]
X	0
Y	0
宽度	252
高度	100

图 8.4　通过 geometry 属性修改窗口的大小

 说明

在设置窗口的大小时，其值只能是整数，不能是小数。

在 Python 代码中使用 resize()函数也可以设置窗口的大小。代码如下：

```
MainWindow.resize(252, 100)
```

技巧

PyQt5 窗口运行时，默认居中显示在屏幕中，如果想自定义 PyQt5 窗口的显示位置，可以根据窗口大小和屏幕大小来进行设置，其中，窗口的大小使用 geometry()方法即可获取到，而获取屏幕大小可以使用 QDesktopWidget 类的 screenGeometry()方法，QDesktopWidget 类是 PyQt5 中提供的一个与屏幕相关的类，其 screenGeometry()方法用来获取屏幕的大小。例如，下面代码用来获取当前屏幕的大小（包括宽度和高度）：

```
from PyQt5.QtWidgets import QDesktopWidget          # 导入屏幕类
screen=QDesktopWidget().screenGeometry()           # 获取屏幕大小
width=screen.width()                               # 获取屏幕的宽
height=screen.height()                             # 获取屏幕的高
```

8.2.2　更换窗口的图标

添加一个新的窗口后，窗口的图标是系统默认的 QT 图标。如果想更换窗口的图标，可以在"属性编辑器"中设置窗口的 windowIcon 属性，系统默认图标和更换后的新图标如图 8.5 所示。

图 8.5　系统默认图标与更换后的新图标

更换窗口图标的过程非常简单，具体操作如下。

（1）选中窗口，然后在"属性编辑器"中选中 windowIcon 属性，会出现 ▼ 按钮，如图 8.6 所示。

（2）单击 ▼ 按钮，在下拉列表中选择"选择文件"菜单，如图 8.7 所示。

图 8.6　窗口的 windowIcon 属性

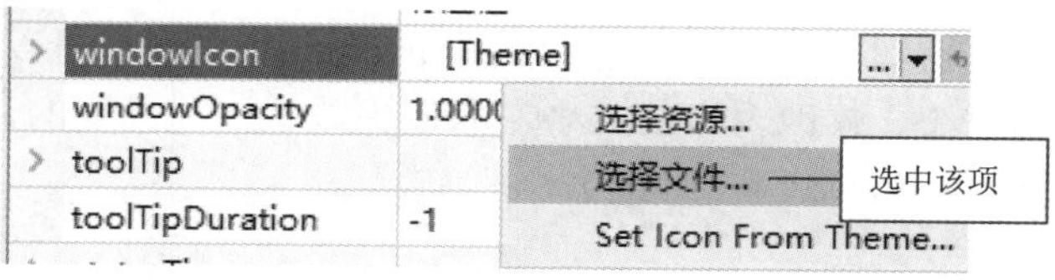

图 8.7　选择"选择文件"菜单

（3）弹出"选择一个像素映射"对话框，在该对话框中选择新的图标文件，单击"打开"按钮，将选择的图标文件作为窗口的图标，如图 8.8 所示。

图 8.8　选择图标文件的窗口

通过上面的方式修改窗口图标对应的 Python 代码如下：

```
icon = QtGui.QIcon()
icon.addPixmap(QtGui.QPixmap("K:/F 盘/例图/图标/32×32(像素）/ICO/图标 (7).ico"), QtGui.QIcon.Normal,
QtGui.QIcon.Off)
MainWindow.setWindowIcon(icon)
```

技巧

通过上面代码可以看出，使用选择图标文件的方式设置窗口图标时，使用的是图标的绝对路径，这样做的缺点是，如果用户使用你的程序时，没有上面的路径，就无法正常显示，那么如何解决该问题呢？可以将要使用的图标文件复制到项目的目录下，如图 8.9 所示。

图 8.9　将图标文件复制到项目文件夹下

这时就可以直接通过图标文件名进行使用，上面的代码可以更改如下：

```
icon = QtGui.QIcon()
icon.addPixmap(QtGui.QPixmap("图标 (7).ico"), QtGui.QIcon.Normal, QtGui.QIcon.Off)
MainWindow.setWindowIcon(icon)
```

8.2.3　设置窗口的背景

为使窗口设计更加美观，通常会设置窗口的背景，在 PyQt5 中设置窗口的背景有 3 种常用的方法，下面分别介绍。

1. 使用 setStyleSheet()函数设置窗口背景

使用 setStyleSheet()函数设置窗口背景时，需要以 background-color 或者 border-image 的方式来进行设置，其中 background-color 可以设置窗口背景颜色，而 border-image 可以设置窗口背景图片。

使用 setStyleSheet()函数设置窗口背景颜色的代码如下：

```
MainWindow.setStyleSheet("#MainWindow{background-color:red}")
```

效果如图 8.10 所示。

图 8.10　使用 setStyleSheet()函数设置窗口背景颜色

说明

　　使用 setStyleSheet()函数设置窗口背景色之后，窗口中的控件会继承窗口的背景色，如果想要为控件设置背景图片或者图标，需要使用 setPixmap()或者 setIcon()函数来完成。

　　使用 setStyleSheet()函数设置窗口背景图片时，首先需要存在要作为背景的图片文件，因为代码中需要用到图片的路径，这里将图片文件放在与.py 文件同一目录层级下的 image 文件夹中，存放位置如图 8.11 所示。

图 8.11　图片文件的存放位置

存放完图片文件后，接下来就可以使用 setStyleSheet()函数设置窗口的背景图片了。代码如下：

```
MainWindow.setStyleSheet("#MainWindow{border-image:url(image/back.jpg)}")          # 设置背景图片
```

效果如图 8.12 所示。

说明

　　除了在 setStyleSheet()函数中使用 border-image 方式设置窗口背景图片外，还可以使用 background-image 方式设置，但使用这种方式设置的背景图片会平铺显示。代码如下：

```
MainWindow.setStyleSheet("#MainWindow{background-image:url(image/back.jpg)}")        # 设置背景图片
```

使用 background-image 方式设置的窗口背景图片效果如图 8.13 所示。

2．使用 QPalette 设置窗口背景

　　QPalette 类是 PyQt5 提供的一个调色板，专门用于管理控件的外观显示，每个窗口和控件都包含一个 QPalette 对象。通过 QPalette 对象的 setColor()函数可以设置颜色，而通过该对象的 setBrush()函数可

以设置图片，最后使用 MainWindow 对象的 setPalette()函数即可为窗口设置背景图片或者背景。

图 8.12　使用 setStyleSheet()函数设置窗口背景图片　　　图 8.13　使用 background-image 设置的窗口背景图片

使用 QPalette 对象为窗口设置背景颜色的代码如下：

```
MainWindow.setObjectName("MainWindow")
palette=QtGui.QPalette()
palette.setColor(QtGui.QPalette.Background,Qt.red)
MainWindow.setPalette(palette)
```

 说明

使用 Qt.red 时，需要使用下面的代码导入 Qt 模块：

from PyQt5.QtCore import Qt

运行效果与使用 setStyleSheet()函数设置窗口背景颜色的效果一样，如图 8.10 所示。

使用 QPalette 对象为窗口设置背景图片的代码如下：

```
# 使用 QPalette 设置窗口背景图片
MainWindow.resize(252, 100)
palette = QtGui.QPalette()
palette.setBrush(QtGui.QPalette.Background, QBrush(QPixmap("./image/back.jpg")))
MainWindow.setPalette(palette)
```

说明

上面代码中用到了 QBrush 和 QPixmap，因此需要进行导入。代码如下：

from PyQt5.QtGui import QBrush,QPixmap

使用 QPalette 对象为窗口设置背景图片的效果如图 8.14 所示。

技巧

观察图 8.14，发现背景图片没有显示全，这是因为在使用 QPalette 对象为窗口设置背景图片时，默认是平铺显示的，那么，如何使背景图片能够自动适应窗口的大小呢？想要使图片能够自动适应窗口的大小，需要在设置背景时，对 setBrush()方法中的 QPixmap 对象参数进行设置，具体设置方法是在生成 QPixmap 窗口背景图对象参数时，使用窗口大小、QtCore.Qt.IgnoreAspectRatio 值和 QtCore.Qt.SmoothTransformation 值进行设置。关键代码如下：

```
# 使用 QPalette 设置窗口背景图片（自动适应窗口大小）
MainWindow.resize(252, 100)
palette = QtGui.QPalette()
palette.setBrush(MainWindow.backgroundRole(), QBrush(
    QPixmap("./image/back.jpg").scaled(MainWindow.size(), QtCore.Qt.IgnoreAspectRatio,
                                        QtCore.Qt.SmoothTransformation)))
MainWindow.setPalette(palette)
```

运行程序，效果如图 8.15 所示，对比图 8.14，可以看到图 8.15 中的背景图片自动适应了窗口大小。

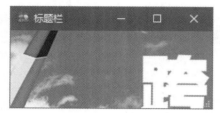

图 8.14　使用 QPalette 为窗口设置背景图片

图 8.15　使用 QPalette 设置背景图片，并自适应窗口大小

3. 通过资源文件设置窗口背景

除了以上两种设置窗口背景的方式，PyQt5 还推荐使用资源文件的方式对窗口背景进行设置，下面介绍具体的实现过程。

（1）在 Qt Designer 创建并使用资源文件

在 Qt Designer 工具中设计程序界面时，是不可以直接使用图片和图标等资源的，而是需要通过资源浏览器添加图片或图标等资源，具体步骤如下。

① 在 Python 的项目路径中创建一个名称为"images"文件夹，然后将需要测试的图片保存在该文件夹中，打开 Qt Designer 工具，在右下角的资源浏览器中单击"编辑资源"按钮，如图 8.16 所示。

② 在弹出的"编辑资源"对话框中，单击左下角的第一个按钮"新建资源文件"，如图 8.17 所示。

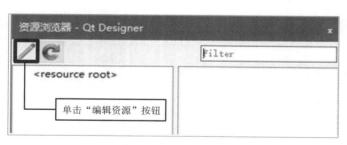

图 8.16　单击"编辑资源"按钮

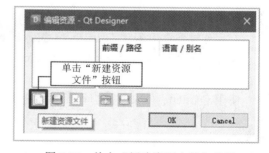

图 8.17　单击"新建资源文件"按钮

③ 在"新建资源文件"的对话框中，选择该资源文件保存的路径为当前 Python 项目的路径，然后设置文件名称为"img"，保存类型为"资源文件（*.qrc）"，最后单击"保存"按钮，如图 8.18 所示。

④ 单击"保存"按钮后，将自动返回至"编辑资源"对话框中，然后在该对话框中单击"添加前缀"按钮，设置前缀为"png"，再单击"添加文件"按钮，如图 8.19 所示。

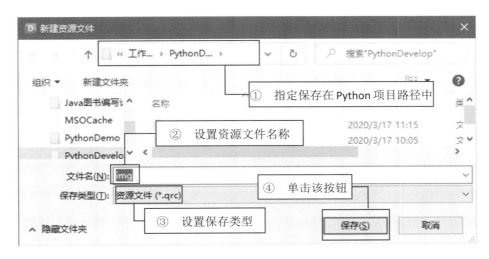

图 8.18　新建资源文件

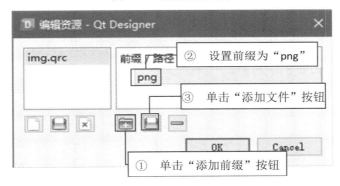

图 8.19　单击"添加前缀"按钮

⑤ 在"添加文件"的对话框中选择需要添加的图片文件，然后单击"打开"按钮即可，如图 8.20 所示。

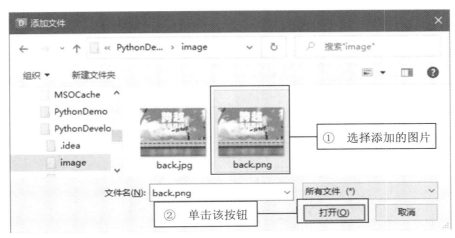

图 8.20　选择添加的图片

⑥ 图片添加完成以后，将自动返回至"编辑资源"对话框，在该对话框中直接单击"OK"按钮即可，然后资源浏览器将显示添加的图片资源，效果如图 8.21 所示。

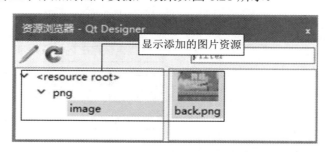

图 8.21　显示添加的图片资源

 说明

设置的前缀，是我们自己定义的路径前缀，用于区分不同的资源文件。

⑦ 选中主窗口，找到 styleSheet 属性，单击右边的 按钮，如图 8.22 所示。

⑧ 弹出"编辑样式表"对话框，在该对话框中单击"添加资源"后面的向下箭头，在弹出的菜单中选择"border-image"，如图 8.23 所示。

图 8.22　styleSheet 属性

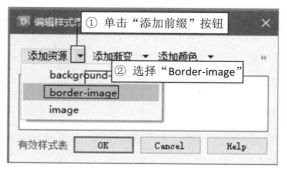

图 8.23　"编辑样式表"对话框

⑨ 弹出"选择资源"对话框，在该对话框中选择创建好的资源，单击"OK"按钮，如图 8.24 所示。

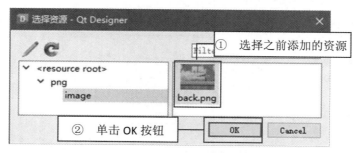

图 8.24　Label 控件显示指定的图片资源

⑩ 返回"编辑样式表"对话框，在该对话框中可以看到自动生成的代码，单击"OK"按钮即可，

如图 8.25 所示。

（2）资源文件的转换

在 Qt Designer 中设计好窗口（该窗口中使用了.qrc 资源文件）之后，将已经设计好的.ui 文件转换为.py 文件，但是转换后的.py 代码中会显示如图 8.26 所示的提示信息。

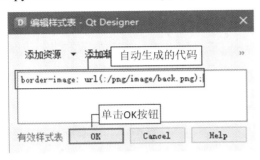

图 8.25　设置完图片资源的"编辑样式表"对话框

图 8.26　转换后的.py 文件

图 8.26 中的提示信息说明 img_rc 模块导入出现异常，所以需要将已经创建好的 img.qrc 资源文件转换为.py 文件，这样在主窗口中才可以正常使用，资源文件转换的具体步骤如下。

① 在 PyCharm 开发工具的设置窗中依次单击"Tools"→"External Tools"选项，然后在右侧单击"+"按钮，弹出"Create Tool"窗口，在该窗口中，首先在"Name"文本框中填写工具名称为 qrcTOpy，然后单击"Program"后面的文件夹图标，选择 Python 安装目录下 Scripts 文件夹中的 pyrcc5.exe 文件，接下来在"Arguments"文本框中输入将.qrc 文件转换为.py 文件的命令：$FileName$ -o $FileNameWithoutExtension$_rc.py；最后在"Working directory"文本框中输入$FileDir$，表示.qrc 文件所在的路径，单击"OK"按钮，如图 8.27 所示。

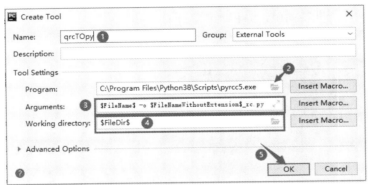

图 8.27　添加将.qrc 文件转换为.py 文件的快捷工具

说明

如图 8.27 所示选择的 pyrcc5.exe 文件位于 Python 安装目录下的 Scripts 文件夹中，如果选择当前项目的虚拟环境路径下的 pyrcc5.exe 文件，有可能会出现无法转换资源文件的问题，所以这里一定要注意。

② 转换资源文件的快捷工具创建完成以后，选中需要转换的.qrc 文件，然后在菜单栏中依次单击"Tools"→"External Tools"→"qrcTOpy"菜单，即可在.qrc 文件的下面自动生成对应的.py 文件，如图 8.28 所示。

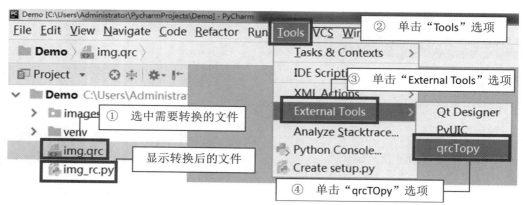

图 8.28　.qrc 转换为.py 文件

③ 文件转换完成以后，图 8.26 中的提示信息即可消失，然后添加程序入口，并在其中通过 MainWindow 对象的 show()函数来显示主窗口，运行效果如图 8.12 所示。

8.2.4　控制窗口透明度

窗口透明度是窗口相对于其他界面的透明显示度，默认不透明，将窗口透明度设置为 0.5 则可以成为半透明，对比效果如图 8.29 所示。

控制窗口透明度的过程非常简单，具体操作如下：

选中窗口，然后在"属性编辑器"中设置 windowOpacity 属性的值即可，如图 8.30 所示。

图 8.29　将透明度设置为 1 和 0.5 时的对比效果

图 8.30　通过 windowOpacity 属性设置窗口透明度

说明

windowOpacity 属性的值为 0~1 的数，其中，0 表示完全透明，1 表示完全不透明。

在 Python 代码中使用 setWindowOpacity()函数也可以设置窗口的透明度。例如，下面代码将窗口的透明度设置为半透明：

```
MainWindow.setWindowOpacity(0.5)
```

8.2.5　设置窗口样式

在 PyQt5 中，使用 setWindowFlags() 函数设置窗口的样式。该函数的语法如下：

`setWindowFlags(Qt.WindowFlags)`

Qt.WindowFlags 参数表示要设置的窗口样式，它的取值分为两种类型，分别如下。

☑　PyQt5 的基本窗口类型，如表 8.2 所示。

表 8.2　PyQt5 的基本窗口类型及说明

参　数　值	说　　明
Qt.Widget	默认窗口，有最大化、最小化和关闭按钮
Qt.Window	普通窗口，有最大化、最小化和关闭按钮
Qt.Dialog	对话框窗口，有问号（？）和关闭按钮
Qt.Popup	无边框的弹出窗口
Qt.ToolTip	无边框的提示窗口，没有任务栏
Qt.SplashScreen	无边框的闪屏窗口，没有任务栏
Qt.SubWindow	子窗口，窗口没有按钮，但有标题

例如，下面的代码用来将名称为 MainWindow 的窗口设置为一个对话框窗口：

`MainWindow.setWindowFlags(QtCore.Qt.Dialog)`　　　　# 显示一个有问号（？）和关闭按钮的对话框

☑　自定义顶层窗口外观，如表 8.3 所示。

表 8.3　自定义顶层窗口外观及说明

参　数　值	说　　明
Qt.MSWindowsFixedSizeDialogHint	无法调整大小的窗口
Qt.FramelessWindowHint	无边框窗口
Qt.CustomizeWindowHint	有边框但无标题栏和按钮，不能移动和拖动的窗口
Qt.WindowTitleHint	添加标题栏和一个关闭按钮的窗口
Qt.WindowSystemMenuHint	添加系统目录和一个关闭按钮的窗口
Qt.WindowMaximizeButtonHint	激活最大化按钮的窗口
Qt.WindowMinimizeButtonHint	激活最小化按钮的窗口
Qt.WindowMinMaxButtonsHint	激活最小化和最大化按钮的窗口
Qt.WindowCloseButtonHint	添加一个关闭按钮的窗口
Qt.WindowContextHelpButtonHint	添加像对话框一样的问号（？）和关闭按钮的窗口
Qt.WindowStaysOnTopHint	使窗口始终处于顶层位置
Qt.WindowStaysOnBottomHint	使窗口始终处于底层位置

例如，下面的代码用来设置名称为 MainWindow 的窗口只有关闭按钮，而没有最大化、最小化按钮：

`MainWindow.setWindowFlags(QtCore.Qt.WindowCloseButtonHint)`　# 只显示关闭按钮

将窗口设置为对话框窗口和只有关闭按钮窗口的效果分别如图 8.31 和图 8.32 所示。

图 8.31　有一个问号和关闭按钮的对话框窗口　　　　　图 8.32　只有关闭按钮的窗口

注意

对窗口样式的设置需要在初始化窗体之后才会起作用，即需要将设置窗口样式的代码放在 setupUi() 函数之后执行。例如：

```
MainWindow = QtWidgets.QMainWindow()          # 创建窗体对象
ui = Ui_MainWindow()                          # 创建 PyQt 设计的窗体对象
ui.setupUi(MainWindow)                        # 调用 PyQt 窗体方法，对窗体对象初始化设置
MainWindow.setWindowFlags(QtCore.Qt.WindowCloseButtonHint)   # 只显示关闭按钮
```

8.3　信号与槽机制

8.3.1　信号与槽的基本概念

信号（signal）与槽（slot）是 Qt 的核心机制，也是进行 PyQt5 编程时对象之间通信的基础。在 PyQt5 中，每一个 QObject 对象（包括各种窗口和控件）都支持信号与槽机制，通过信号与槽的关联，就可以实现对象之间的通信，当信号发射时，连接的槽函数（方法）将自动执行。在 PyQt5 中，信号与槽是通过对象的 signal.connect() 方法进行连接的。

PyQt5 的窗口控件中有很多内置的信号，例如，图 8.33 所示为 MainWindow 主窗口的部分内置信号与槽。

在 PyQt5 中使用信号与槽的主要特点如下。

☑　一个信号可以连接多个槽。

☑　一个槽可以监听多个信号。

☑　信号与信号之间可以互连。

☑　信号与槽的连接可以跨线程。

☑　信号与槽的连接方式即可以是同步，也可以是异步。

☑　信号的参数可以是任何 Python 类型。

信号与槽的连接工作如图 8.34 所示。

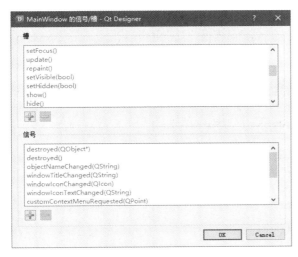

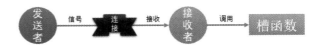

图 8.33　MainWindow 主窗口的部分内置信号与槽　　　图 8.34　信号与槽的连接工作

8.3.2　编辑信号与槽

例如，通过信号（signal）与槽（slot）实现一个单击按钮关闭主窗口的运行效果，具体操作步骤如下。

（1）打开 Qt Designer 设计器，从左侧的工具箱中向窗口中添加一个"PushButton"按钮，并设置按钮的 text 属性为"关闭"，如图 8.35 所示。

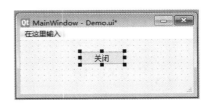

图 8.35　向窗口中添加一个"关闭"按钮

说明

PushButton 是 PyQt5 提供的一个控件，它是一个命令按钮控件，在单击执行一些操作时使用，在第 9 章中将详细讲解该控件的使用方法，这里了解即可。

（2）选中添加的"关闭"按钮，在菜单栏中选择"编辑信号/槽"菜单项，然后按住鼠标左键拖动至窗口空白区域，如图 8.36 所示。

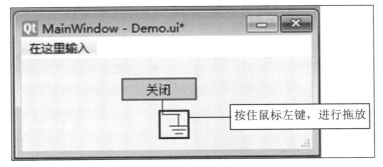

图 8.36　编辑信号/槽

（3）拖动至窗口空白区域松开鼠标后，将自动弹出"配置连接"对话框，首先选中"显示从 QWidget 继承的信号和槽"复选框，然后在上方的信号与槽列表中分别选择 clicked()"和"close()"，如图 8.37 所示。

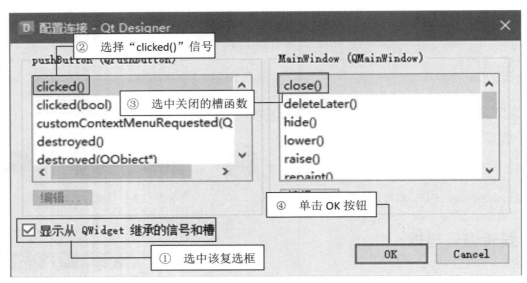

图 8.37　设置信息与槽

说明

如图 8.37 所示，选择的 clicked()为按钮的信号，然后选择的 close()为槽函数（方法），工作逻辑是：单击按钮时发射 clicked 信号，该信号被主窗口的槽函数（方法）close()所捕获，并触发了关闭主窗口的行为。

（4）单击"OK"按钮，即可完成信号与槽的关联，效果如图 8.38 所示。

保存.ui 文件，并使用 PyCharm 中配置的 PyUIC 工具将其转换为.py 文件，转换后实现单击按钮关闭窗口的关键代码如下：

```
self.pushButton.clicked.connect(MainWindow.close)
```

按照 7.2.7 节的内容为转换后的 Python 代码添加__main__方法，然后运行程序，效果如图 8.39 所示，单击"关闭"按钮，即可关闭当前窗口。

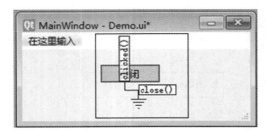

图 8.38　设置完成的信号与槽关联效果

图 8.39　关闭窗口的运行效果

8.3.3　自定义槽

前面我们介绍了如何将控件的信号与 PyQt5 内置的槽函数相关联，除此之外，用户还可以自定义槽，自定义槽本质上就是自定义一个函数，该函数实现相应的功能。

【实例 8.1】　信号与自定义槽的绑定（实例位置：资源包\Code\08\01）

自定义一个槽函数，用来单击按钮时，弹出一个"欢迎进入 PyQt5 编程世界"的信息提示框。代码如下：

```
def showMessage(self):
    from PyQt5.QtWidgets import QMessageBox  # 导入 QMessageBox 类
    # 使用 information()方法弹出信息提示框
    QMessageBox.information(MainWindow,"提示框","欢迎进入 PyQt5 编程世界",QMessageBox.Yes |
QMessageBox.No,QMessageBox.Yes)
```

说明

上面代码中用到了 QMessageBox 类，该类是 PyQt5 中提供的一个对话框类，在第 9 章中将对该类进行详细讲解，这里了解即可。

8.3.4　将自定义槽连接到信号

自定义槽函数之后，即可与信号进行关联，例如，这里与 PushButton 按钮的 clicked 信号关联，即在单击"PushButton"按钮时，弹出信息提示框。将自定义槽连接到信号的代码如下：

```
self.pushButton.clicked.connect(self.showMessage)
```

运行程序，单击窗口中的 PushButton 按钮，即可弹出信息提示框，效果如图 8.40 所示。

图 8.40　将自定义槽连接到信号

8.4　多窗口设计

一个完整的项目一般都是由多个窗口组成，此时，就需要对多窗口设计有所了解。多窗口即向项目中添加多个窗口，在这些窗口中实现不同的功能。下面对多窗口的建立、启动以及如何关联多个窗口进行讲解。

8.4.1 多窗口的建立

多窗口的建立是向某个项目中添加多个窗口。

【实例 8.2】 创建并打开多窗口（实例位置：资源包\Code\08\02）

在 Qt Designer 设计器的菜单栏中选择"文件"→"新建"菜单，弹出"新建窗体"对话框，选择一个模板，单击"创建"按钮，如图 8.41 所示。

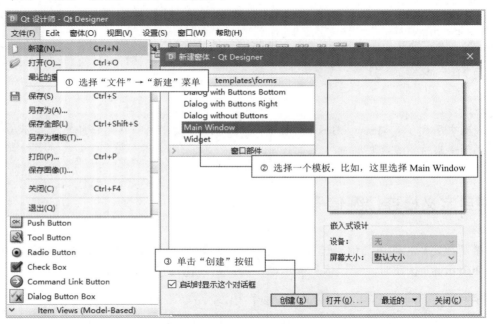

图 8.41　向项目中添加多个窗口的步骤

重复执行以上步骤，即可添加多个窗口，例如，向项目中添加 4 个窗口的效果如图 8.42 所示。

图 8.42　在项目中添加 4 个窗口的效果

> **说明**
>
> 在 Qt Designer 设计器中添加多个窗口后，在保存时，需要分别将鼠标焦点定位到要保存的窗口上，单独为每个进行保存；而在将.ui 文件转换为.py 文件时，也需要分别选中每个.ui 文件，单独进行转换。

8.4.2　设置启动窗口

向项目中添加了多个窗口以后，如果要调试程序，必须要设置先运行的窗口，这样就需要设置项目的启动窗口，其实现方法非常简单，只需要按照 7.2.7 节的步骤为要作为启动窗口的相应.py 文件添加程序入口即可。例如，要将 untitled.py（untitled.ui 文件对应的代码文件）作为启动窗口，则在 untitled.py 文件中添加如下代码：

```python
import sys
# 程序入口，程序从此处启动 PyQt 设计的窗体
if __name__ == '__main__':
    app = QtWidgets.QApplication(sys.argv)
    MainWindow = QtWidgets.QMainWindow()       # 创建窗体对象
    ui = Ui_MainWindow()                        # 创建 PyQt 设计的窗体对象
    ui.setupUi(MainWindow)                      # 调用 PyQt 窗体方法，对窗体对象初始化设置
    MainWindow.show()                           # 显示窗体
    sys.exit(app.exec_())                       # 程序关闭时退出进程
```

8.4.3　窗口之间的关联

多窗口创建完成后，需要将各个窗口进行关联，然后才可以形成一个完整的项目。这里以在启动窗口中打开另外 3 个窗口为例进行讲解。

首先看一下 untitled2.py 文件、untitled3.py 文件和 untitled4.py 文件，在自动转换后的代码中，默认继承自 object 类。代码如下：

```python
class Ui_MainWindow(object):
```

为了执行窗口操作，需要将继承的 object 类修改为 QMainWindow 类，由于 QMainWindow 类位于 PyQt5.QtWidgets 模块中，因此需要进行导入。修改后的代码如下：

```python
from PyQt5.QtWidgets import QMainWindow
class Ui_MainWindow(QMainWindow):
```

修改完 untitled2.py 文件、untitled3.py 文件和 untitled4.py 文件的继承类之后，打开 untitled.py 主窗口文件，在该文件中，首先定义一个槽函数，用来使用 QMainWindow 对象的 show()方法打开 3 个窗口。代码如下：

```
def open(self):
    import untitled2,untitled3,untitled4
    self.second = untitled2.Ui_MainWindow()      # 创建第 2 个窗体对象
    self.second.show()                            # 显示窗体
    self.third = untitled3.Ui_MainWindow()        # 创建第 3 个窗体对象
    self.third.show()                             # 显示窗体
    self.fouth = untitled4.Ui_MainWindow()        # 创建第 4 个窗体对象
    self.fouth.show()                             # 显示窗体
```

然后将 PushButton 按钮的 clicked 信号与自定义的槽函数 open 相关联，代码如下：

```
self.pushButton.clicked.connect(self.open)
```

运行 untitled.py 主窗口，单击"打开"按钮，即可打开其他 3 个窗口。效果如图 8.43 所示。

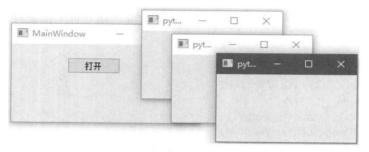

图 8.43　多窗口之间的关联

8.5　小　　结

本章主要对 PyQt5 窗口程序设计的基础知识进行了讲解，包括窗口的属性、个性化设置，以及多窗口程序的创建等；另外，对窗口中数据传输用到的信号与槽机制进行了详细讲解。本章讲解的知识是进行 PyQt5 程序开发的基础，也是非常重要的内容，因此，读者一定要熟练掌握。

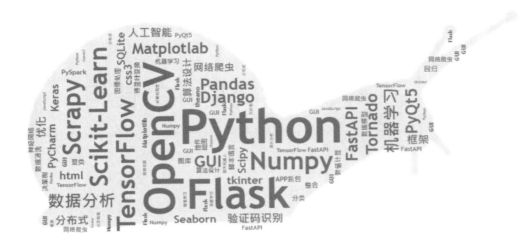

第 2 篇　核心技术

本篇介绍 PyQt5 常用控件的使用，PyQt5 布局管理，菜单、工具栏和状态栏，PyQt5 高级控件的使用，对话框的使用，使用 Python 操作数据库，表格控件的使用等内容。学习完这一部分，能够开发一些小型应用程序。

第 9 章

PyQt5 常用控件的使用

控件是窗口程序的基本组成单位，通过使用控件可以高效地开发窗口应用程序。所以，熟练掌握控件是合理、有效地进行窗口程序开发的重要前提。本章将对开发 PyQt5 窗口应用程序中经常用到的控件进行详细讲解。

9.1 控件概述

控件是用户可以用来输入或操作数据的对象，也就相当于汽车中的方向盘、油门、刹车、离合器等，它们都是对汽车进行操作的控件。在 PyQt5 中，控件的基类位于 QFrame 类，而 QFrame 类继承自 QWidget 类，QWidget 类是所有用户界面对象的基类。

9.1.1 认识控件

Qt Designer 设计器中默认对控件进行了分组，表 9.1 列出了控件的默认分组及其包含的控件。

表 9.1　PyQt5 控件的常用命名规范

控 件 名 称	说　　明	控 件 名 称	说　　明
Layouts——布局管理			
VerticalLayout	垂直布局	HorizontalLayout	水平布局
GridLayout	网格布局	FormLayout	表单布局
Spacers——弹簧			
HorizontalSpacer	水平弹簧	VerticalSpacer	垂直弹簧

续表

控 件 名 称	说　　明	控 件 名 称	说　　明
Buttons——按钮类			
PushButton	按钮	ToolButton	工具按钮
RadioButton	单选按钮	CheckBox	复选框
CommandLinkButton	命令链接按钮	DialogButtonBox	对话框按钮盒
Item Views(Model-Based)——项目视图			
ListView	列表视图	TreeView	树视图
TableView	表格视图	ColumnView	列视图
UndoView	撤销命令显示视图		
Item Widgets(Item-Based)——项目控件			
ListWidget	列表控件	TreeWidget	树控件
TableWidget	表格控件		
Containers——容器			
GroupBox	分组框	ScrollArea	滚动区域
ToolBox	工具箱	TabWidget	选项卡
StackedWidget	堆栈窗口	Frame	帧
Widget	小部件	MDIArea	MDI 区域
DockWidget	停靠窗口		
Input Widgets——输入控件			
ComboBox	下拉组合框	FontComboBox	字体组合框
LineEdit	单行文本框	TextEdit	多行文本框
PlainTextEdit	纯文本编辑框	SpinBox	数字选择控件
DoubleSpinBox	小数选择控件	TimeEdit	时间编辑框
DateEdit	日期编辑框	DateTimeEdit	日期时间编辑框
Dial	旋钮	HorizontalScrollBar	横向滚动条
VerticalScrollBar	垂直滚动条	HorizontalSlider	横向滑块
VerticalSlider	垂直滑块	KeySequenceEidt	按键编辑框
Display Widgets——显示控件			
Label	标签控件	TextBrowser	文本浏览器
GraphicsView	图形视图	CalendarWidget	日期控件
LCDNumber	液晶数字显示	ProgressBar	进度条
HorizontalLine	水平线	VerticalLine	垂直线
OpenGLWidget	开放式图形库工具		

9.1.2　控件的命名规范

在使用控件的过程中,可以通过控件默认的名称调用。如果自定义控件名称,建议按照表 9.2 所示的命名规范对控件进行命名。

表 9.2 PyQt5 控件的常用命名规范

控 件 名 称	命　　名	控 件 名 称	命　　名
Label	lab	ListView	lv
LineEdit	ledit	ListWidget	lw
TextEidt	tedit	TreeView	tv
PlainTextEidt	pedit	TreeWidget	tw
TextBrowser	txt	TableView	tbv
PushButton	pbtn	TableWidget	tbw
ToolButton	tbtn	GroupBox	gbox
CommandLinkButton	linbtn	SpinBox	sbox
RadioButton	rbtn	TabWidget	tab
CheckBox	ckbox	TimeEdit	time
ComboBox	cbox	DateEdit	date
		…	…

说明

控件的命名并不是绝对的，可以根据个人的喜好习惯或者企业要求灵活使用。

9.2 文本类控件

文本类控件主要用来显示或者编辑文本信息，PyQt5 中的文本类控件主要有 Label、LineEdit、TextEdit、SpinBox、DoubleSpinBox、LCDNumber 等，本节将对它们的常用方法及使用方式进行讲解。

9.2.1 Label：标签控件

Label 控件，又称为标签控件，它主要用于显示用户不能编辑的文本，标识窗体上的对象（例如，给文本框、列表框添加描述信息等），它对应 PyQt5 中的 QLabel 类，Label 控件本质上是 QLabel 类的一个对象，Label 控件图标如图 9.1 所示。

1．设置标签文本

可以通过两种方法设置标签控件（Label 控件）显示的文本，第一种是直接在 Qt Designer 设计器的属性编辑器中设置 text 属性，第二种是通过代码设置。在 Qt Designer 设计器的属性编辑器中设置 text 属性的效果如图 9.2 所示。

 Label

图 9.1 Label 控件图标

图 9.2 设置 text 属性

第二种方法是直接通过 Python 代码进行设置，需要用到 QLabel 类的 setText()方法。

【实例 9.1】 Label 标签控件的使用（实例位置：资源包\Code\09\01）

将 PyQt5 窗口中的 Label 控件的文本设置为"用户名："。代码如下：

```
self.label = QtWidgets.QLabel(self.centralwidget)
self.label.setGeometry(QtCore.QRect(30, 30, 81, 41))
self.label.setText("用户名：")
```

说明

将.ui 文件转换为.py 文件时，Lable 控件所对应的类为 QLabel，即在控件前面加了一个"Q"，表示它是 Qt 的控件，其他控件也是如此。

2. 设置标签文本的对齐方式

PyQt5 中支持设置标签中文本的对齐方式，主要用到 alignment 属性，在 Qt Designer 设计器的属性编辑器中展开 alignment 属性，可以看到有两个值，分别为 Horizontal 和 Vertical，其中，Horizontal 用来设置标签文本的水平对齐方式，取值有 4 个，如图 9.3 所示，其说明如表 9.3 所示。

表 9.3 Horizontal 取值及说明

值	说 明
AlignLeft	左对齐，效果如图 9.4 所示
AlignHCenter	水平居中对齐，效果如图 9.5 所示
AlignRight	右对齐，效果如图 9.6 所示
AlignJustify	两端对齐，效果同 AlignLeft

图 9.3 Horizontal 的取值　　　图 9.4 AlignLeft　　图 9.5 AlignHCenter　　图 9.6 AlignRight

Vertical 用来设置标签文本的垂直对齐方式，取值有 3 个，如图 9.7 所示，其说明如表 9.4 所示。

表 9.4 Vertical 取值及说明

值	说 明
AlignTop	顶部对齐，效果如图 9.8 所示
AlignVCenter	垂直居中对齐，效果如图 9.9 所示
AlignBottom	底部对齐，效果如图 9.10 所示

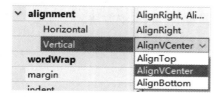

图 9.7　Vertical 的取值　　　　图 9.8　AlignTop　　图 9.9　AlignVCenter　　图 9.10　AlignBottom

使用代码设置 Label 标签文本的对齐方式，需要用到 QLabel 类的 setAlignment()方法。例如，将标签文本的对齐方式设置为水平左对齐、垂直居中对齐。代码如下：

```
self.label.setAlignment(QtCore.Qt.AlignLeft|QtCore.Qt.AlignVCenter)
```

3．设置文本换行显示

假设将标签文本的 text 值设置为"每天编程 1 小时，从菜鸟到大牛"，在标签宽度不足的情况下，系统会默认只显示部分文字，如图 9.11 所示，遇到这种情况，可以设置标签中的文本换行显示，只需要在 Qt Designer 设计器的属性编辑器中，将 wordWrap 属性后面的复选框选中即可，如图 9.12 所示，换行显示后的效果如图 9.13 所示。

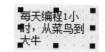

图 9.11　Label 默认显示长文本的一部分　　图 9.12　设置 wordWrap 属性　　图 9.13　换行显示文本

使用代码设置 Label 标签文本换行显示，需要用到 QLabel 类的 setWordWrap()方法。代码如下：

```
self.label.setWordWrap(True)
```

4．为标签设置超链接

为 Label 标签设置超链接时，可以直接在 QLabel 类的 setText()方法中使用 HTML 中的<a>标签设置超链接文本，然后将 Label 标签的 setOpenExternalLinks()设置为 True，以便允许访问超链接。代码如下：

```
self.label.setText("<a href='https://www.mingrisoft.com'>明日学院</a>")
self.label.setOpenExternalLinks(True)              # 设置允许访问超链接
```

效果如图 9.14 所示，当单击"明日学院"时，即可使用浏览器打开<a>标签中指定的网址。

5．为标签设置图片

为 Label 标签设置图片时，需要使用 QLabel 类的 setPixmap()方法，该方法中需要有一个 QPixmap 对象，表示图标对象。代码如下：

```
from PyQt5.QtGui import QPixmap              # 导入 QPixmap 类
self.label.setPixmap(QPixmap('test.png'))   # 为 label 设置图片
```

效果如图 9.15 所示。

图 9.14　Label 标签中设置超链接的效果　　　　　图 9.15　在 Label 标签中显示图片

6．获取标签文本

获取 Label 标签中的文本需要使用 QLabel 类的 text()方法。例如，下面的代码实现在控制台中打印 Label 中的文本：

```
print(self.label.text())
```

9.2.2　LineEdit：单行文本框

LineEdit 是单行文本框，该控件只能输入单行字符串，LineEdit 控件图标如图 9.16 所示。

RB Line Edit

图 9.16　LineEdit 控件图标

LineEdit 控件对应 PyQt5 中的 QLineEdit 类，该类的常用方法及说明如表 9.5 所示。

表 9.5　QLineEdit 类的常用方法及说明

方　　法	说　　明
setText()	设置文本框内容
text()	获取文本框内容
setPlaceholderText()	设置文本框浮显文字
setMaxLength()	设置允许文本框内输入字符的最大长度
setAlignment()	设置文本对齐方式
setReadOnly()	设置文本框只读
setFocus()	使文本框得到焦点
setEchoMode()	设置文本框显示字符的模式，有以下 4 种模式。 ◆ QLineEdit.Normal：正常显示输入的字符，这是默认设置； ◆ QLineEdit.NoEcho：不显示任何输入的字符（不是不输入，只是不显示）； ◆ QLineEdit.Password：显示与平台相关的密码掩码字符，而不是实际输入的字符； ◆ QLineEdit.PasswordEchoOnEdit：在编辑时显示字符，失去焦点后显示密码掩码字符
setValidator()	设置文本框验证器，有以下 3 种模式。 ◆ QIntValidator：限制输入整数； ◆ QDoubleValidator：限制输入小数； ◆ QRegExpValidator：检查输入是否符合设置的正则表达式
setInputMask()	设置掩码，掩码通常由掩码字符和分隔符组成，后面可以跟一个分号和空白字符，空白字符在编辑完成后会从文本框中删除，常用的掩码有以下几种形式。 ◆ 日期掩码：0000-00-00； ◆ 时间掩码：00:00:00； ◆ 序列号掩码：>AAAAA-AAAAA-AAAAA-AAAAA-AAAAA;#
clear()	清除文本框内容

QLineEdit 类的常用信号及说明如表 9.6 所示。

表 9.6　QLineEdit 类的常用信号及说明

信　　号	说　　明
textChanged	当更改文本框中的内容时发射该信号
editingFinished	当文本框中的内容编辑结束时发射该信号，以按下 Enter 为编辑结束标志

【实例 9.2】　包括用户名和密码的登录窗口（实例位置：资源包\Code\09\02）

使用 LineEdit 控件，并结合 Label 控件制作一个简单的登录窗口，其中包含用户名和密码输入框，密码要求是 8 位数字，并且以掩码形式显示，步骤如下。

（1）打开 Qt Designer 设计器，根据需求，从工具箱中向主窗口放入两个 Label 控件与两个 LineEdit 控件，然后分别将两个 Label 控件的 text 值修改为"用户名："和"密码："，如图 9.17 所示。

（2）设计完成后，保存为.ui 文件，并使用 PyUIC 工具将其转换为.py 文件，并在表示密码的 LineEdit 文本框下面使用 setEchoMode()将其设置为密码文本，同时使用 setValidator()方法为其设置验证器，控制只能输入 8 位数字。代码如下：

```
self.lineEdit_2.setEchoMode(QtWidgets.QLineEdit.Password) # 设置文本框为密码
# 设置只能输入 8 位数字
self.lineEdit_2.setValidator(QtGui.QIntValidator(10000000,99999999))
```

（3）为.py 文件添加__main__主方法。代码如下：

```
import sys
# 主方法，程序从此处启动 PyQt 设计的窗体
if __name__ == '__main__':
    app = QtWidgets.QApplication(sys.argv)
    MainWindow = QtWidgets.QMainWindow()        # 创建窗体对象
    ui = Ui_MainWindow()                        # 创建 PyQt 设计的窗体对象
    ui.setupUi(MainWindow)                      # 调用 PyQt 窗体的方法对窗体对象进行初始化设置
    MainWindow.show()                           # 显示窗体
    sys.exit(app.exec_())                       # 程序关闭时退出进程
```

 说明

　　在将.ui 文件转换为.py 文件后，如果要运行.py 文件，必须添加__main__主方法，后面将不再重复提示。

运行程序，效果如图 9.18 所示。

图 9.17　系统登录窗口设计效果

图 9.18　运行效果

> **说明**
>
> 在密码文本框中输入字母或者超过 8 位数字时，系统将自动控制其输入，文本框中不会显示任何内容。

> **技巧**
>
> textChanged 信号在一些要求输入值时实时执行操作的场景下经常使用。例如，上网购物时，更改购买的商品数量或者价格，总价格都会实时变化，如果用 PyQt5 设计类似这样的功能，就可以通过 LineEdit 控件的 textChanged 信号实现。

9.2.3　TextEdit：多行文本框

TextEdit 是多行文本框控件，主要用来显示多行的文本内容，当文本内容超出控件的显示范围时，该控件将显示垂直滚动条；另外，TextEdit 控件不仅可以显示纯文本内容，还支持显示 HTML 网页，TextEdit 控件图标如图 9.19 所示。

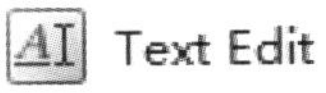

AI Text Edit

图 9.19　TextEdit 控件图标

TextEdit 控件对应 PyQt5 中的 QTextEdit 类，该类的常用方法及说明如表 9.7 所示。

表 9.7　QTextEdit 类的常用方法及说明

方　　法	描　　述
setPlainText()	设置文本内容
toPlainText()	获取文本内容
setTextColor()	设置文本颜色，例如，将文本设置为红色，可以将该方法的参数设置为 QtGui.QColor(255,0,0)
setTextBackgroundColor()	设置文本的背景颜色，颜色参数与 setTextColor() 相同
setHtml()	设置 HTML 文档内容
toHtml()	获取 HTML 文档内容
wordWrapMode()	设置自动换行
clear()	清除所有内容

【实例 9.3】　多行文本和 HTML 文本的对比显示（实例位置：资源包\Code\09\03）

使用 Qt Designer 设计器创建一个 MainWindow 窗口，在其中添加两个 TextEdit 控件，然后保存为 .ui 文件，使用 PyUIC 工具将 .ui 文件转换为 .py 文件，然后分别使用 setPlainText() 方法和 setHtml() 方法为两个 TextEdit 控件设置要显示的文本内容。代码如下：

```
# 设置纯文本显示
self.textEdit.setPlainText('与失败比起来，我对乏味和平庸的恐惧要严重得多。'
                           '对我而言，很好的事要比糟糕的事好，而糟糕的事要比平庸的事好，因为糟糕的事
至少为生活添加了滋味。')
```

```
# 设置 HTML 文本显示
self.textEdit_2.setHtml("与失败比起来，我对乏味和平庸的恐惧要严重得多。"
                        "对我而言，<font color='red' size=12>很好的事要比糟糕的事好，而糟糕的事要比
平庸的事好，</font>因为糟糕的事至少为生活添加了滋味。")
```

为.py 文件添加__main__主方法，然后运行程序，效果如图 9.20 所示。

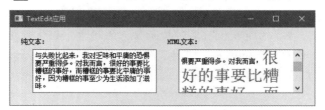

图 9.20　使用 TextEdit 控件显示多行文本和 HTML 文本

9.2.4　SpinBox：整数数字选择控件

SpinBox 是一个整数数字选择控件，该控件提供一对上下箭头，用户可以单击上下箭头选择数值，也可以直接输入。如果输入的数值大于设置的最大值，或者小于设置的最小值，SpinBox 将不会接受输入，SpinBox 控件图标如图 9.21 所示。

图 9.21　SpinBox 控件图标

SpinBox 控件对应 PyQt5 中的 QSpinBox 类，该类的常用方法及说明如表 9.8 所示。

表 9.8　QSpinBox 类的常用方法及说明

方　法	描　述
setValue()	设置控件的当前值
setMaximum()	设置最大值
setMinimum()	设置最小值
setRange()	设置取值范围（包括最大值和最小值）
setSingleStep()	单击上下箭头时的步长值
value()	获取控件中的值

说明

　　默认情况下，SpinBox 控件的取值范围为 0~99，步长值为 1。

在单击 SpinBox 控件的上下箭头时，可以通过发射 valueChanged 信号获取控件中的当前值。

【实例 9.4】　获取 SpinBox 中选择的数字（实例位置：资源包\Code\09\04）

使用 Qt Designer 设计器创建一个 MainWindow 窗口，在其中添加两个 Label 控件和一个 SpinBox 控件，然后保存为.ui 文件，使用 PyUIC 工具将.ui 文件转换为.py 文件，在转换后的.py 文件中，分别设置数字选择控件的最小值、最大值和步长值。有关 SpinBox 控件的关键代码如下：

```
self.spinBox = QtWidgets.QSpinBox(self.centralwidget)
self.spinBox.setGeometry(QtCore.QRect(20, 10, 101, 22))
self.spinBox.setObjectName("spinBox")
self.spinBox.setMinimum(0)                    # 设置最小值
self.spinBox.setMaximum(100)                   # 设置最大值
self.spinBox.setSingleStep(2)                  # 设置步长值
```

 技巧

　　上面代码中的第 4 行和第 5 行分别用来设置最小值和最大值，它们可以使用 setRange()方法代替。代码如下：

```
self.spinBox.setRange(0,100)
```

　　自定义一个 getvalue()方法，使用 value()方法获取 SpinBox 控件中的当前值，并显示在 Label 控件中。代码如下：

```
# 获取 SpinBox 的当前值，并显示在 Label 中
def getvalue(self):
    self.label_2.setText(str(self.spinBox.value()))
```

　　将 SpinBox 控件的 valueChanged 信号与自定义的 getvalue()槽函数相关联。代码如下：

```
# 将 valueChanged 信号与自定义槽函数相关联
self.spinBox.valueChanged.connect(self.getvalue)
```

　　为.py 文件添加__main__主方法，然后运行程序，单击数字选择控件的上下箭头时，在 Label 控件中实时显示数字选择控件中的数值，效果如图 9.22 所示。

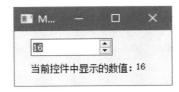

图 9.22　使用 SpinBox 控件选择整数数字

9.2.5　DoubleSpinBox：小数数字选择控件

　　DoubleSpinBox 与 SpinBox 控件类似，区别是，它用来选择小数数字，并且默认保留两位小数，它对应 PyQt5 中的 QDoubleSpinBox 类，DoubleSpinBox 控件图标如图 9.23 所示。

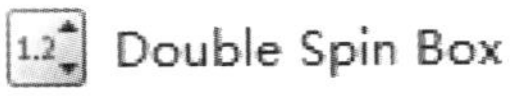

图 9.23　DoubleSpinBox 控件图标

　　DoubleSpinBox 控件的使用方法与 SpinBox 类似，但由于它处理的是小数数字，因此，该控件提供了一个 setDecimals()方法，用来设置小数的位数。

【实例 9.5】 设置 DoubleSpinBox 中的小数位数并获取选择的数字（实例位置：资源包\Code\ 09\05）

使用 Qt Designer 设计器创建一个 MainWindow 窗口，在其中添加两个 Label 控件和一个 DoubleSpinBox 控件，然后保存为.ui 文件，使用 PyUIC 工具将.ui 文件转换为.py 文件，在转换后的.py 文件中，分别设置小数数字选择控件的最小值、最大值、步长值，以及保留 3 位小数。有关 DoubleSpinBox 控件的关键代码如下：

```
self.doubleSpinBox = QtWidgets.QDoubleSpinBox(self.centralwidget)
self.doubleSpinBox.setGeometry(QtCore.QRect(20, 10, 101, 22))
self.doubleSpinBox.setObjectName("doubleSpinBox")
self.doubleSpinBox.setMinimum(0)                        # 设置最小值
self.doubleSpinBox.setMaximum(99.999)                   # 设置最大值
self.doubleSpinBox.setSingleStep(0.001)                 # 设置步长值
self.doubleSpinBox.setDecimals(3)                       # 设置保留 3 位小数
```

自定义一个 getvalue()方法，使用 value()方法获取 DoubleSpinBox 控件中的当前值，并显示在 Label 控件中。代码如下：

```
# 获取 SpinBox 的当前值，并显示在 Label 中
def getvalue(self):
    self.label_2.setText(str(self.doubleSpinBox.value()))
```

将 DoubleSpinBox 控件的 valueChanged 信号与自定义的 getvalue()槽函数相关联。代码如下：

```
# 将 valueChanged 信号与自定义槽函数相关联
self.doubleSpinBox.valueChanged.connect(self.getvalue)
```

为.py 文件添加__main__主方法，然后运行程序，单击小数数字选择控件的上下箭头时，在 Label 控件中实时显示小数数字选择控件中的数值，效果如图 9.24 所示。

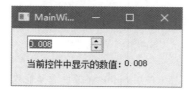

图 9.24　使用 DoubleSpinBox 控件选择小数数字

9.2.6　LCDNumber：液晶数字显示控件

LCDNumber 控件主要用来显示液晶数字，其图标如图 9.25 所示。

LCDNumber 控件对应 PyQt5 中的 QLCDNumber 类，该类的常用方法及说明如表 9.9 所示。

图 9.25　LCDNumber 控件图标

表 9.9　QLCDNumber 类的常用方法及说明

方　　法	描　　述
setDigitCount()	设置可以显示的数字数量
setProperty()	设置
setMode()	设置显示数字的模式，有 4 种模式：Bin（二进制）、Oct（八进制）、Dec（十进制）、Hex（十六进制）
setSegmentStyle()	设置显示样式，有 3 种样式：OutLine、Filled 和 Flat，它们的效果分别如图 9.26～图 9.28 所示
value()	获取显示的数值

图 9.26　OutLine 样式　　　　　图 9.27　Filled 样式　　　　　图 9.28　Flat 样式

【实例 9.6】　液晶显示屏中的数字显示（实例位置：资源包\Code\09\06）

使用 Qt Designer 设计器创建一个 MainWindow 窗口，在其中添加一个 Label 控件、一个 LineEdit 控件和一个 LCDNumber 控件，其中，LineEdit 控件用来输入数字，LCDNumber 控件用来显示 LineEdit 控件中的数字，将设计完成的窗口保存为.ui 文件，使用 PyUIC 工具将.ui 文件转换为.py 文件，在转换后的.py 文件中，设置 LCDNumber 液晶显示控件的最大显示数字位数、显示样式及模式。有关 LCDNumber 控件的关键代码如下：

```
self.lcdNumber = QtWidgets.QLCDNumber(self.centralwidget)
self.lcdNumber.setGeometry(QtCore.QRect(20, 40, 161, 41))
self.lcdNumber.setDigitCount(7)                              # 设置最大显示 7 位数字
self.lcdNumber.setMode(QtWidgets.QLCDNumber.Dec)            # 设置默认以十进制显示数字
self.lcdNumber.setSegmentStyle(QtWidgets.QLCDNumber.Flat)   # 设置数字显示屏的显示样式
self.lcdNumber.setObjectName("lcdNumber")
```

自定义一个 setvalue() 方法，使用 setProperty() 方法为 LCDNumber 控件设置要显示的数字为 LineEdit 文本框中输入的数字。代码如下：

```
# 自定义槽函数，用来在液晶显示屏中显示文本框中的数字
def setvalue(self):
    self.lcdNumber.setProperty("value",self.lineEdit.text())
```

将 LineEdit 控件的 editingFinished 信号与自定义的 setvalue() 槽函数相关联，以便在文本框编辑结束后执行槽函数中定义的操作。代码如下：

```
# 文本框编辑结束时，发射 editingFinished 信号，与自定义槽函数关联
self.lineEdit.editingFinished.connect(self.setvalue)
```

为.py 文件添加__main__主方法，然后运行程序，在文本框中输入数字，按 Enter 键，即可将输入的数字显示在液晶显示控件中，如图 9.29 所示；但当文本框中输入的数字大于 7 位时，则会在液晶显示控件中以科学计数法的形式进行显示，如图 9.30 所示。

图 9.29　数字的正常显示

图 9.30　大于 7 位时以科学计数法形式显示

9.3　按钮类控件

按钮类控件主要用来执行一些命令操作，PyQt5 中的按钮类控件主要有 PushButton、ToolButton、CommandLinkButton、RadioButton 和 CheckBox 等，本节将对它们的常用方法及使用方式进行讲解。

9.3.1　PushButton：按钮

PushButton 是 PyQt5 中最常用的控件之一，它被称为按钮控件，允许用户通过单击来执行操作。PushButton 控件既可以显示文本，也可以显示图像，当该控件被单击时，它看起来像是被按下，然后被释放，PushButton 控件图标如图 9.31 所示。

图 9.31　PushButton 控件图标

PushButton 控件对应 PyQt5 中的 QPushButton 类，该类的常用方法及说明如表 9.10 所示。

表 9.10　QPushButton 类的常用方法及说明

方　　法	说　　明
setText()	设置按钮所显示的文本
text()	获取按钮所显示的文本
setIcon()	设置按钮上的图标，可以将参数设置为 QtGui.QIcon('图标路径')
setIconSize()	设置按钮图标的大小，参数可以设置为 QtCore.QSize(int width，int height)
setEnabled()	设置按钮是否可用，参数设置为 False 时，按钮为不可用状态。
setShortcut()	设置按钮的快捷键，参数可以设置为键盘中的按键或快捷键，例如'Alt+0'

PushButton 按钮最常用的信号是 clicked，当按钮被单击时，会发射该信号，执行相应的操作。

【实例 9.7】　制作登录窗口（实例位置：资源包\Code\09\07）

完善【例 9.2】，为系统登录窗口添加"登录"和"退出"按钮，当单击"登录"按钮时，弹出用户输入的用户名和密码；而当单击"退出"按钮时，关闭当前登录窗口。代码如下：

```python
from PyQt5 import QtCore, QtGui, QtWidgets
from PyQt5.QtGui import QPixmap,QIcon
class Ui_MainWindow(object):
    def setupUi(self, MainWindow):
```

```
MainWindow.setObjectName("MainWindow")
MainWindow.resize(225, 121)
self.centralwidget = QtWidgets.QWidget(MainWindow)
self.centralwidget.setObjectName("centralwidget")
self.pushButton = QtWidgets.QPushButton(self.centralwidget)
self.pushButton.setGeometry(QtCore.QRect(40, 83, 61, 23))
self.pushButton.setObjectName("pushButton")
self.pushButton.setIcon(QIcon(QPixmap("login.ico")))            # 为登录按钮设置图标
self.label = QtWidgets.QLabel(self.centralwidget)
self.label.setGeometry(QtCore.QRect(29, 22, 54, 12))
self.label.setObjectName("label")
self.label_2 = QtWidgets.QLabel(self.centralwidget)
self.label_2.setGeometry(QtCore.QRect(29, 52, 54, 12))
self.label_2.setObjectName("label_2")
self.lineEdit = QtWidgets.QLineEdit(self.centralwidget)
self.lineEdit.setGeometry(QtCore.QRect(79, 18, 113, 20))
self.lineEdit.setObjectName("lineEdit")
self.lineEdit_2 = QtWidgets.QLineEdit(self.centralwidget)
self.lineEdit_2.setGeometry(QtCore.QRect(78, 50, 113, 20))
self.lineEdit_2.setObjectName("lineEdit_2")
self.lineEdit_2.setEchoMode(QtWidgets.QLineEdit.Password)    # 设置文本框为密码
# 设置只能输入 8 位数字
self.lineEdit_2.setValidator(QtGui.QIntValidator(10000000, 99999999))
self.pushButton_2 = QtWidgets.QPushButton(self.centralwidget)
self.pushButton_2.setGeometry(QtCore.QRect(120, 83, 61, 23))
self.pushButton_2.setObjectName("pushButton_2")
self.pushButton_2.setIcon(QIcon(QPixmap("exit.ico")))        # 为退出按钮设置图标
MainWindow.setCentralWidget(self.centralwidget)
self.retranslateUi(MainWindow)
# 为登录按钮的 clicked 信号绑定自定义槽函数
self.pushButton.clicked.connect(self.login)
# 为退出按钮的 clicked 信号绑定 MainWindow 窗口自带的 close 槽函数
self.pushButton_2.clicked.connect(MainWindow.close)

        QtCore.QMetaObject.connectSlotsByName(MainWindow)
    def login(self):
        from PyQt5.QtWidgets import QMessageBox
        # 使用 information()方法弹出信息提示框
        QMessageBox.information(MainWindow, "登录信息", "用户名："+self.lineEdit.text()+"  密码：
"+self.lineEdit_2.text(), QMessageBox.Ok)
    def retranslateUi(self, MainWindow):
            _translate = QtCore.QCoreApplication.translate
            MainWindow.setWindowTitle(_translate("MainWindow", "系统登录"))
            self.pushButton.setText(_translate("MainWindow", "登录"))
            self.label.setText(_translate("MainWindow", "用户名："))
            self.label_2.setText(_translate("MainWindow", "密  码："))
            self.pushButton_2.setText(_translate("MainWindow", "退出"))
import sys
# 主方法，程序从此处启动 PyQt 设计的窗体
```

```
if __name__ == '__main__':
    app = QtWidgets.QApplication(sys.argv)
    MainWindow = QtWidgets.QMainWindow()         # 创建窗体对象
    ui = Ui_MainWindow()                          # 创建 PyQt 设计的窗体对象
    ui.setupUi(MainWindow)                        # 调用 PyQt 窗体的方法对窗体对象进行初始化设置
    MainWindow.show()                             # 显示窗体
    sys.exit(app.exec_())                         # 程序关闭时退出进程
```

 说明

上面代码中为"登录"按钮和"退出"按钮设置图标时，用到了两个图标文件 login.ico 和 exit.ico，需要提前准备好这两个图标文件，并将它们复制到与.py 文件同级的目录下。

运行程序，输入用户名和密码，单击"登录"按钮，可以在弹出的提示框中显示输入的用户名和密码，如图 9.32 所示，而单击"退出"按钮，可以直接关闭当前窗口。

图 9.32　制作登录窗口

技巧

如果想为 PushButton 按钮设置快捷键，可以在创建对象时指定其文本，并在文本中包括&符号，这样，&符号后面的第一个字母默认就会作为快捷键，例如，在上面的实例中，为"登录"按钮设置快捷键，则可以将创建"登录"按钮的代码修改如下：

```
self.pushButton = QtWidgets.QPushButton("登录（&D）",self.centralwidget)
```

修改完成之后，按 Alt+D 快捷键，即可执行与单击"登录"按钮相同的操作。

9.3.2　ToolButton：工具按钮

ToolButton 控件是一个工具按钮，它本质上是一个按钮，只是在按钮中提供了默认文本"…"和可选的箭头类型，它对应 PyQt5 中的 QToolButton 类，ToolButton 控件图标如图 9.33 所示。

ToolButton 控件的使用方法与 PushButton 类似，不同的是，ToolButton 控件可以设置工具按钮的显示样式和箭头类型，其中，工具按钮的显示样式通过 QToolButton 类的 setToolButtonStyle()方法进行设置，主要支持以下 5 种样式。

图 9.33　ToolButton 控件图标

☑　Qt.ToolButtonIconOnly：只显示图标。

☑　Qt.ToolButtonTextOnly：只显示文本。

☑　Qt.ToolButtonTextBesideIcon：文本显示在图标的旁边。

☑　Qt.ToolButtonTextUnderIcon：文本显示在图标的下面。

☑　Qt.ToolButtonFollowStyle：跟随系统样式。

工具按钮的箭头类型通过 QToolButton 类的 setArrowType()方法进行设置，主要支持以下 5 种箭头类型。

☑　Qt.NoArrow：没有箭头。

☑　Qt.UpArrow：向上的箭头。

☑　Qt.DownArrow：向下的箭头。

☑　Qt.LeftArrow：向左的箭头。

☑　Qt.RightArrow：向右的箭头。

【实例 9.8】　设计一个向上箭头的工具按钮（实例位置：资源包\Code\09\08）

本实例用来对名称为 toolButton 的工具按钮进行设置，设置其箭头类型为向上箭头，并且文本显示在箭头的下面。代码如下：

```
self.toolButton.setToolButtonStyle(QtCore.Qt.ToolButtonTextUnderIcon)    # 设置显示样式
self.toolButton.setArrowType(QtCore.Qt.UpArrow)                          # 设置箭头类型
```

效果如图 9.34 所示。

图 9.34　文本在图标下面的工具按钮显示效果

技巧

　　ToolButton 控件中的箭头图标默认大小为 16×16，如果想改变箭头图标的大小，可以使用 setIconSize()方法。例如，下面代码将 ToolButton 按钮的箭头图标大小修改为 32×32：

```
self.toolButton.setIconSize(QtCore.QSize(32,32)) # 设置图标大小
```

9.3.3　CommandLinkButton：命令链接按钮

CommandLinkButton 控件是一个命令链接按钮，它对应 PyQt5 中的 QCommandLinkButton 类，该类与 PushButton 按钮的用法类似，区别是，该按钮自定义一个向右的箭头图标，CommandLinkButton 控件图标如图 9.35 所示。

图 9.35　CommandLinkButton 控件图标

【实例 9.9】 命令链接按钮的使用（实例位置：资源包\Code\09\09）

使用 Qt Designer 设计器创建一个 MainWindow 窗口，其中添加一个 CommandLinkButton 控件，并设置其文本为 "https://www.mingrisoft.com"，运行程序，默认效果如图 9.36 所示，当将鼠标移动到按钮上时，显示为超链接效果，如图 9.37 所示。

图 9.36　CommandLinkButton 控件的默认效果

图 9.37　鼠标移动到 CommandLinkButton 控件上的效果

9.3.4　RadioButton：单选按钮

RadioButton 是单选按钮控件，它为用户提供由两个或多个互斥选项组成的选项集，当用户选中某单选按钮时，同一组中的其他单选按钮不能同时选定，RadioButton 控件图标如图 9.38 所示。

RadioButton 控件对应 PyQt5 中的 QRadioButton 类，该类的常用方法及说明如表 9.11 所示。

图 9.38　RadioButton 控件图标

表 9.11　QRadioButton 类的常用方法及说明

方　　法	说　　明
setText()	设置单选按钮显示的文本
text()	获取单选按钮显示的文本
setChecked()或者 setCheckable()	设置单选按钮是否为选中状态，True 为选中状态，False 为未选中状态
isChecked()	返回单选按钮的状态，True 为选中状态，False 为未选中状态

RadioButton 控件常用的信号有两个：clicked 和 toggled，其中，clicked 信号在每次单击单选按钮时都会发射，而 toggled 信号则在单选按钮的状态改变时才会发射，因此，通常使用 toggled 信号监控单选按钮的选择状态。

【实例 9.10】 选择用户登录角色（实例位置：资源包\Code\09\10）

修改【例 9.7】，在窗口中添加两个 RadioButton 控件，用来选择管理员登录和普通用户登录，它们的文本分别设置为 "管理员" 和 "普通用户"，然后定义一个槽函数 select()，用来判断 "管理员" 单选按钮和 "普通用户" 单选按钮分别选中时的弹出信息，最后将 "管理员" 单选按钮的 toggled 信号与自定义的 select()槽函数关联。代码如下：

```
from PyQt5 import QtCore, QtGui, QtWidgets
from PyQt5.QtWidgets import QMessageBox

class Ui_MainWindow(object):
    def setupUi(self, MainWindow):
        MainWindow.setObjectName("MainWindow")
```

```
MainWindow.resize(215, 128)
self.centralwidget = QtWidgets.QWidget(MainWindow)
self.centralwidget.setObjectName("centralwidget")
self.lineEdit_2 = QtWidgets.QLineEdit(self.centralwidget)
self.lineEdit_2.setGeometry(QtCore.QRect(75, 44, 113, 20))
self.lineEdit_2.setObjectName("lineEdit_2")
self.lineEdit_2.setEchoMode(QtWidgets.QLineEdit.Password)   # 设置文本框为密码
# 设置只能输入 8 位数字
self.lineEdit_2.setValidator(QtGui.QIntValidator(10000000, 99999999))
self.pushButton_2 = QtWidgets.QPushButton(self.centralwidget)
self.pushButton_2.setGeometry(QtCore.QRect(113, 97, 61, 23))
self.pushButton_2.setObjectName("pushButton_2")
self.lineEdit = QtWidgets.QLineEdit(self.centralwidget)
self.lineEdit.setGeometry(QtCore.QRect(76, 12, 113, 20))
self.lineEdit.setObjectName("lineEdit")
self.pushButton = QtWidgets.QPushButton(self.centralwidget)
self.pushButton.setGeometry(QtCore.QRect(33, 97, 61, 23))
self.pushButton.setObjectName("pushButton")
self.label_2 = QtWidgets.QLabel(self.centralwidget)
self.label_2.setGeometry(QtCore.QRect(26, 46, 54, 12))
self.label_2.setObjectName("label_2")
self.label = QtWidgets.QLabel(self.centralwidget)
self.label.setGeometry(QtCore.QRect(26, 16, 54, 12))
self.label.setObjectName("label")
self.radioButton = QtWidgets.QRadioButton(self.centralwidget)
self.radioButton.setGeometry(QtCore.QRect(36, 73, 61, 16))
self.radioButton.setObjectName("radioButton")
self.radioButton.setChecked(True)          # 设置管理员单选按钮默认选中
self.radioButton_2 = QtWidgets.QRadioButton(self.centralwidget)
self.radioButton_2.setGeometry(QtCore.QRect(106, 73, 71, 16))
self.radioButton_2.setObjectName("radioButton_2")
MainWindow.setCentralWidget(self.centralwidget)
self.retranslateUi(MainWindow)
# 为登录按钮的 clicked 信号绑定自定义槽函数
self.pushButton.clicked.connect(self.login)
# 为退出按钮的 clicked 信号绑定 MainWindow 窗口自带的 close 槽函数
self.pushButton_2.clicked.connect(MainWindow.close)
# 为单选按钮的 toggled 信号绑定自定义槽函数
self.radioButton.toggled.connect(self.select)
QtCore.QMetaObject.connectSlotsByName(MainWindow)
def login(self):
    # 使用 information()方法弹出信息提示框
    QMessageBox.information(MainWindow, "登 录 信 息", "用 户 名： "+self.lineEdit.text()+"  密 码：
"+self.lineEdit_2.text(), QMessageBox.Ok)
# 自定义槽函数，用来判断用户登录身份
def select(self):
    if self.radioButton.isChecked():        # 判断是否为管理员登录
        QMessageBox.information(MainWindow, "提示","您选择的是 管理员  登录", QMessageBox.Ok)
    elif self.radioButton_2.isChecked():    # 判断是否为普通用户登录
```

```
        QMessageBox.information(MainWindow, "提示", "您选择的是 普通用户 登录",
QMessageBox.Ok)
    def retranslateUi(self, MainWindow):
        _translate = QtCore.QCoreApplication.translate
        MainWindow.setWindowTitle(_translate("MainWindow", "系统登录"))
        self.pushButton_2.setText(_translate("MainWindow", "重置"))
        self.pushButton.setText(_translate("MainWindow", "登录"))
        self.label_2.setText(_translate("MainWindow", "密　码："))
        self.label.setText(_translate("MainWindow", "用户名："))
        self.radioButton.setText(_translate("MainWindow", "管理员"))
        self.radioButton_2.setText(_translate("MainWindow", "普通用户"))
import sys
# 主方法，程序从此处启动 PyQt 设计的窗体
if __name__ == '__main__':
    app = QtWidgets.QApplication(sys.argv)
    MainWindow = QtWidgets.QMainWindow()          # 创建窗体对象
    ui = Ui_MainWindow()                          # 创建 PyQt 设计的窗体对象
    ui.setupUi(MainWindow)                        # 调用 PyQt 窗体方法，对窗体对象初始化设置
    MainWindow.show()                             # 显示窗体
    sys.exit(app.exec_())                         # 程序关闭时退出进程
```

运行程序，"管理员"单选按钮默认处于选中状态，选中"普通用户"单选按钮，弹出"您选择的是 普通用户 登录"提示框，如图 9.39 所示。

选中"管理员"单选按钮，弹出"您选择的是 管理员 登录"提示框，如图 9.40 所示。

图 9.39　选中"普通用户"单选按钮的提示

图 9.40　选中"管理员"单选按钮的提示

9.3.5　CheckBox：复选框

CheckBox 是复选框控件，它用来表示是否选取了某个选项条件，常用于为用户提供具有是/否或真/假值的选项，它对应 PyQt5 中的 QCheckBox 类，CheckBox 控件图标如图 9.41 所示。

图 9.41　CheckBox 控件图标

CheckBox 控件的使用与 RadioButton 控件类似，但它是为用户提供"多选多"的选择，另外，它除了选中和未选中两种状态之外，还提供了第三种状态：半选中。如果需要第三种状态，需要使用 QCheckBox 类的 setTristate() 方法使其生效，并且可以使用 checkState() 方法查询当前状态。

CheckBox 控件的三种状态值及说明如表 9.12 所示。

表 9.12　CheckBox 控件的三种状态值及说明

方　　法	说　　明
QT.Checked	选中
QT.PartiallyChecked	半选中
QT.Unchecked	未选中

CheckBox 控件最常用的信号是 stateChanged，用来在复选框的状态发生改变时发射。

【实例 9.11】　设置用户权限（实例位置：资源包\Code\09\11）

在 Qt Designer 设计器中创建一个窗口，实现通过复选框的选中状态设置用户权限的功能。在窗口中添加 5 个 CheckBox 控件，文本分别设置为"基本信息管理""进货管理""销售管理""库存管理"和"系统管理"，主要用来表示要设置的权限；添加一个 PushButton 控件，用来显示选择的权限。设计完成后保存为.ui 文件，并使用 PyUIC 工具将其转换为.py 代码文件。在.py 代码文件中自定义一个 getvalue()方法，用来根据 CheckBox 控件的选中状态记录相应的权限。代码如下：

```python
def getvalue(self):
    oper=""                                    # 记录用户权限
    if self.checkBox.isChecked():              # 判断复选框是否选中
        oper+=self.checkBox.text()             # 记录选中的权限
    if self.checkBox_2.isChecked():
        oper +='\n'+ self.checkBox_2.text()
    if self.checkBox_3.isChecked():
        oper+='\n'+ self.checkBox_3.text()
    if self.checkBox_4.isChecked():
        oper+='\n'+ self.checkBox_4.text()
    if self.checkBox_5.isChecked():
        oper+='\n'+ self.checkBox_5.text()
    from    PyQt5.QtWidgets import QMessageBox
                        # 使用 information()方法弹出信息提示，显示所有选择的权限
    QMessageBox.information(MainWindow, "提示", "您选择的权限如下：\n"+oper, QMessageBox.Ok)
```

将"设置"按钮的 clicked 信号与自定义的槽函数 getvalue()相关联。代码如下：

```python
self.pushButton.clicked.connect(self.getvalue)
```

为.py 文件添加__main__主方法，然后运行程序，选中相应权限的复选框，单击"设置"按钮，即可在弹出提示框中显示用户选择的权限，如图 9.42 所示。

图 9.42　通过复选框的选中状态设置用户权限

 技巧

在设计用户权限，或者考试系统中的多选题答案等功能时，可以使用 CheckBox 控件来实现。

159

9.4 选择列表类控件

选择列表类控件主要以列表形式为用户提供选择的项目，用户可以从中选择项，本节将对 PyQt5 中的常用选择列表类控件的使用进行讲解，包括 ComboBox、FontComboBox 和 ListWidget 等。

9.4.1 ComboBox：下拉组合框

ComboBox 控件，又称为下拉组合框控件，它主要用于在下拉组合框中显示数据，用户可以从中选择项，ComboBox 控件图标如图 9.43 所示。

ComboBox 控件对应 PyQt5 中的 QComboBox 类，该类的常用方法及说明如表 9.13 所示。

图 9.43　ComboBox 控件图标

表 9.13　QComboBox 类的常用方法及说明

方　　法	说　　明
addItem()	添加一个下拉列表项
addItems()	从列表中添加下拉选项
currentText()	获取选中项的文本
currentIndex()	获取选中项的索引
itemText(index)	获取索引为 index 的项的文本
setItemText(index,text)	设置索引为 index 的项的文本
count()	获取所有选项的数量
clear()	删除所有选项

ComboBox 控件常用的信号有两个：activated 和 currentIndexChanged，其中，activated 信号在用户选中一个下拉选项时发射，而 currentIndexChanged 信号则在下拉选项的索引发生改变时发射。

【实例 9.12】　在下拉列表中选择职位（实例位置：资源包\Code\09\12）

在 Qt Designer 设计器中创建一个窗口，实现通过 ComboBox 控件选择职位的功能。在窗口中添加两个 Label 控件和一个 ComboBox，其中，第一个 Label 用来作为标识，将文本设置为"职位："，第二个 Label 用来显示 ComboBox 中选择的职位；ComboBox 控件用来作为职位的下拉列表。设计完成后保存为.ui 文件，并使用 PyUIC 工具将其转换为.py 代码文件。在.py 代码文件中自定义一个 showinfo() 方法，用来将 ComboBox 下拉列表中选择的项显示在 Label 标签中。代码如下：

```
def showinfo(self):
    self.label_2.setText("您选择的职位是："+self.comboBox.currentText()) # 显示选择的职位
```

为 ComboBox 设置下拉列表项及信号与槽的关联。代码如下：

```
# 定义职位列表
```

```
list=["总经理","副总经理","人事部经理","财务部经理","部门经理","普通员工"]
self.comboBox.addItems(list) # 将职位列表添加到 ComboBox 下拉列表中
# 将 ComboBox 控件的选项更改信号与自定义槽函数关联
self.comboBox.currentIndexChanged.connect(self.showinfo)
```

为.py 文件添加__main__主方法，然后运行程序，当在职位列表中选中某个职位时，将会在下方的 Label 标签中显示选中的职位，效果如图 9.44 所示。

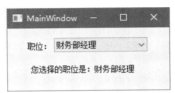

图 9.44　使用 ComboBox 控件选择职位

9.4.2　FontComboBox：字体组合框

FontComboBox 控件又称为字体组合框控件，它主要用于在下拉组合框中显示并选择字体，它对应 PyQt5 中的 QFontComboBox 类，FontComboBox 控件图标如图 9.45 所示。

图 9.45　FontComboBox 控件图标

FontComboBox 控件的使用与 ComboBox 类似，但由于它的主要作用是选择字体，所以 QFontComboBox 类中提供了一个 setFontFilters()方法，用来设置可以选择的字体，该方法的参数值及说明如下。

- ☑　QFontComboBox.AllFonts：所有字体。
- ☑　QFontComboBox.ScalableFonts：可以自动伸缩的字体。
- ☑　QFontComboBox.NonScalableFonts：不自动伸缩的字体。
- ☑　QFontComboBox.MonospacedFonts：等宽字体。
- ☑　QFontComboBox.ProportionalFonts：比例字体。

【实例 9.13】　动态改变标签的字体（实例位置：资源包\Code\09\13）

在 Qt Designer 设计器中创建一个窗口，实现通过 FontComboBox 动态改变 Label 标签字体的功能。在窗口中添加一个 Label 控件和一个 FontComboBox，其中，Label 用来显示文本，而 FontComboBox 控件用来选择字体。设计完成后保存为.ui 文件，并使用 PyUIC 工具将其转换为.py 代码文件。在.py 代码文件中自定义一个 setfont()方法，用来将选择的字体设置为 Label 标签的字体。代码如下：

```
# 自定义槽函数，用来将选择的字体设置为 Label 标签的字体
def setfont(self):
    print(self.fontComboBox.currentText())          # 控制台中输出选择的字体
    # 为 Label 设置字体
    self.label.setFont(QtGui.QFont(self.fontComboBox.currentText()))
```

为 FontComboBox 设置要显示的字体及信号与槽的关联。代码如下：

```
# 设置字体组合框中显示所有字体
self.fontComboBox.setFontFilters(QtWidgets.QFontComboBox.AllFonts)
# 当选择的字体改变时，发射 currentIndexChanged 信号，调用 setfont 槽函数
self.fontComboBox.currentIndexChanged.connect(self.setfont)
```

为.py 文件添加__main__主方法，然后运行程序，在窗口中的字体下拉组合框中选择某种字体时，会在控制台中输出选择的字体，同时，Label 标签中的字体也会更改为选择的字体。如图 9.46 和图 9.47 所示是在字体下拉组合框中分别选择"华文琥珀"字体和"楷体"字体时的效果。

图 9.46　选择"华文琥珀"字体的效果

图 9.47　选择"楷体"字体的效果

9.4.3　ListWidget：列表

PyQt5 提供了两种列表，分别是 ListWidget 和 ListView，其中，ListView 是基于模型的，它是 ListWidget 的父类，使用 ListView 时，首先需要建立模型，然后再保存数据；而 ListWidget 是 ListView 的升级版本，它已经内置了一个数据存储模型 QListWidgetItem，我们在使用时，不必自己建立模型，而直接使用 addItem()或者 addItems()方法即可添加列表项。所以在实际开发时，推荐使用 ListWidget 控件作为列表，ListWidget 控件图标如图 9.48 所示。

图 9.48　ListWidget 控件图标

ListWidget 控件对应 PyQt5 中的 QListWidget 类，该类的常用方法及说明如表 9.14 所示。

表 9.14　QListWidget 类的常用方法及说明

方　　法	说　　明
addItem()	向列表中添加项
addItems()	一次向列表中添加多项
insertItem()	在指定索引处插入项
setCurrentItem()	设置当前选择项
item.setToolTip()	设置提示内容
item.isSelected()	判断项是否选中
setSelectionMode()	设置列表的选择模式，支持以下 5 种模式。 ◆ QAbstractItemView.NoSelection：不能选择； ◆ QAbstractItemView.SingleSelection：单选； ◆ QAbstractItemView.MultiSelection：多选； ◆ QAbstractItemView.ExtendedSelection：正常单选，按 Ctrl 或者 Shift 键后，可以多选； ◆ QAbstractItemView.ContiguousSelection：与 ExtendedSelection 类似

续表

方　　法	说　　明
setSelectionBehavior()	设置选择项的方式，支持以下 3 种方式。 ◆ QAbstractItemView.SelectItems：选中当前项； ◆ QAbstractItemView.SelectRows：选中整行； ◆ QAbstractItemView.SelectColumns：选中整列
setWordWrap()	设置是否自动换行，True 表示自动换行，False 表示不自动换行
setViewMode()	设置显示模式，有以下两种显示模式。 ◆ QListView.ListMode：以列表形式显示； ◆ QListView.IconMode：以图表形式显示
item.text()	获取项的文本
clear()	删除所有列表项

　　ListWidget 控件常用的信号有两个：currentItemChanged 和 itemClicked，其中，currentItemChanged 信号在列表中的选择项发生改变时发射，而 itemClicked 信号在单击列表中的项时发射。

　　【实例 9.14】 用列表展示内地电影票房总排行榜（实例位置：资源包\Code\09\14）

　　随着我国文化产业的不断发展壮大，内地的电影票房也连年高速增长。2019 年，我国的年电影票房已经突破 642 亿元，较 2018 年同期增长 5.4%，其中，国产电影总票房 411.75 亿元，同比增长 8.65%，市场占比 64.07%，从中可以看出，国产电影在内地票房中的占比变得越来越重要，这其中的一个关键因素是，国产电影的质量有了很大的飞跃。近几年，我们所熟知的《战狼 2》《我和我的祖国》《流浪地球》等优质国产电影不断呈现在大荧幕上，而观众也用高票房回馈了这些优秀的国产电影。本实例将使用 PyQt5 中的 ListWidget 列表展示内地票房总排行榜的前 10 名，从中可以看到，其中的 90%都是国产电影！

　　打开 Qt Designer 设计器，新建一个窗口，在窗口中添加一个 ListWidget 控件，设计完成后保存为.ui 文件，并使用 PyUIC 工具将其转换为.py 代码文件。在.py 代码文件中，首先对 ListWidget 的显示数据及 itemClicked 信号进行设置。主要代码如下：

```
# 设置列表中可以多选
self.listWidget.setSelectionMode(QtWidgets.QAbstractItemView.MultiSelection)
# 设置选中方式为整行选中
self.listWidget.setSelectionBehavior(QtWidgets.QAbstractItemView.SelectRows)
# 设置以列表形式显示数据
self.listWidget.setViewMode(QtWidgets.QListView.ListMode)
self.listWidget.setWordWrap(True)                              # 设置自动换行
from collections import OrderedDict
# 定义有序字典，作为 List 列表的数据源
dict=OrderedDict({'第 1 名':'战狼 2,2017 年上映，票房 56.83 亿','第 2 名':'哪吒之魔童降世，2019 年上映，票
房 50.12 亿',
                  '第 3 名':'流浪地球，2019 年上映，票房 46.86 亿','第 4 名':'复仇者联盟：终局之战，2019 年
上映，票房 42.50 亿',
                  '第 5 名':'红海行动，2018 年上映，票房 36.51 亿','第 6 名':'唐人街探案 2，2018 年上映，票
房 33.98 亿',
                  '第 7 名': '美人鱼，2016 年上映，票房 33.86 亿', '第 8 名': '我和我的祖国，2019 年上映，票
房 31.71 亿',
```

```
                                    '第 9 名': '我不是药神，2018 年上映，票房 31.00 亿', '第 10 名': '中国机长，2019 年上映，票
房 29.13 亿'})
for key,value in dict.items():                          # 遍历字典，并分别获取到键值
    self.item = QtWidgets.QListWidgetItem(self.listWidget)   # 创建列表项
    self.item.setText(key+'：'+value)                   # 设置项文本
    self.item.setToolTip(value)                         # 设置提示文字
self.listWidget.itemClicked.connect(self.gettext)
```

 技巧

Python 中的字典默认是无序的，可以借助 collections 模块的 OrderedDict 类来使字典有序。

上面代码中用到了 gettext()槽函数，该函数是自定义的一个函数，用来获取列表中选中项的值，并显示在弹出的提示框中。代码如下：

```
def gettext(self,item):                        # 自定义槽函数，获取列表选中项的值
    if item.isSelected():                      # 判断项是否选中
        from PyQt5.QtWidgets import QMessageBox
        QMessageBox.information(MainWindow,"提示","您选择的是："+item.text(),QMessageBox.Ok)
```

为.py 文件添加__main__主方法，然后运行程序，效果如图 9.49 所示。

当用户单击列表中的某项时，弹出提示框，提示选择了某一项，例如，单击图 9.49 中的第 3 项，则弹出如图 9.50 所示的对话框。

图 9.49　对 QListWidget 列表进行数据绑定

图 9.50　单击列表项时弹出提示框

9.5　容 器 控 件

容器控件可以将窗口中的控件进行分组处理，使窗口的分类更清晰，常用的容器控件有 GroupBox 分组框、TabWidget 选项卡和 ToolBox 工具盒，本节将对它们的常用方法及使用方式进行详解。

9.5.1　GroupBox：分组框

GroupBox 控件又称为分组框控件，主要为其他控件提供分组，并且按照控件的分组来细分窗口的功能，GroupBox 控件图标如图 9.51 所示。

图 9.51　GroupBox 控件图标

GroupBox 控件对应 PyQt5 中的 QGroupBox 类，该类的常用方法及说明如表 9.15 所示。

表 9.15　QGroupBox 类的常用方法及说明

方　　法	说　　明
setAlignment()	设置对齐方式，包括水平对齐和垂直对齐两种 水平对齐方式包括如下 4 种。 ◆　Qt.AlignLeft：左对齐； ◆　Qt.AlignHCenter：水平居中对齐； ◆　Qt.AlignRight：右对齐； ◆　Qt.AlignJustify：两端对齐 垂直对齐方式包括如下 3 种。 ◆　Qt.AlignTop：顶部对齐； ◆　Qt.AlignVCenter：垂直居中； ◆　Qt.AlignBottom：底部对齐
setTitle()	设置分组标题
setFlat()	设置是否以扁平样式显示

QGroupBox 类最常用的是 setTitle()方法，用来设置分组框的标题。例如，下面代码用来为 GroupBox 控件设置标题"系统登录"：

```
self.groupBox.setTitle("系统登录")
```

9.5.2　TabWidget：选项卡

TabWidget 控件又称选项卡控件，它主要为其他控件提供分组，并且按照控件的分组来细分窗口的功能，TabWidget 控件图标如图 9.52 所示。

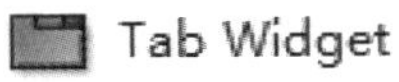

TabWidget 控件对应 PyQt5 中的 QTabWidget 类，该类的常用方法及说明如表 9.16 所示。

图 9.52　TabWidget 控件图标

表 9.16　QTabWidget 类的常用方法及说明

方　　法	说　　明
addTab()	添加选项卡
insertTab()	插入选项卡
removeTab()	删除选项卡
currentWidget()	获取当前选项卡
currentIndex()	获取当前选项卡的索引
setCurrentIndex()	设置当前选项卡的索引
setCurrentWidget()	设置当前选项卡

方　　法	说　　明
setTabPosition()	设置选项卡的标题位置，支持以下 4 个位置。 ◆ QTabWidget.North：标题在北方，即上边，如图 9.53 所示，这是默认值； ◆ QTabWidget.South：标题在南方，即下边，如图 9.54 所示； ◆ QTabWidget.West：标题在西方，即左边，如图 9.55 所示； ◆ QTabWidget.East：题在东方，即右边，如图 9.56 所示
setTabsClosable()	设置是否可以独立关闭选项卡，True 表示可以关闭，在每个选项卡旁边会有个关闭按钮，如图 9.57 所示；False 表示不可以关闭
setTabText()	设置选项卡标题文本
tabText()	获取指定选项卡的标题文本

图 9.53　标题在上

图 9.54　标题在下

图 9.55　标题在左

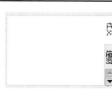

图 9.56　标题在右

图 9.57　通过将 setTabsClosable()方法设置为 True 可以单独关闭选项卡

说明

> TabWidget 在显示选项卡时，如果默认大小显示不下，会自动生成向前和向后的箭头，用户可以通过单击箭头，查看未显示的选项卡，如图 9.55 所示。

TabWidget 控件最常用的信号是 currentChanged，该信号在切换选项卡时发射。

【实例 9.15】　选项卡的动态添加和删除（实例位置：资源包\Code\09\15）

打开 Qt Designer 设计器，新建一个窗口，在窗口中添加一个 TabWidget 控件和两个 PushButton 控件，其中，TabWidget 控件作为选项卡，两个 PushButton 控件分别执行添加和删除选项卡的操作，设计完成后保存为.ui 文件，并使用 PyUIC 工具将其转换为.py 代码文件。在.py 代码文件中，首先定义 3 个函数，分别实现新增选项卡、删除选项卡和获取选中选项卡及索引的功能。主要代码如下：

```python
# 新增选项卡
def addtab(self):
    self.atab = QtWidgets.QWidget()                    # 创建选项卡对象
    name = "tab_"+str(self.tabWidget.count()+1)        # 设置选项卡的对象名
    self.atab.setObjectName(name)                      # 设置选项卡的对象名
    self.tabWidget.addTab(self.atab, name)             # 添加选项卡
# 删除选项卡
```

```
def deltab(self):
    self.tabWidget.removeTab(self.tabWidget.currentIndex())              # 移除当前选项卡
# 获取选中的选项卡及索引
def gettab(self,currentIndex):
    from PyQt5.QtWidgets import QMessageBox
    QMessageBox.information(MainWindow,"提示","您选择了 "+ self.tabWidget.tabText(currentIndex)+" 选项
卡，索引为： "+ str(self.tabWidget.currentIndex()),QMessageBox.Ok)
```

分别为"添加""删除"按钮，以及选项卡的 currentChanged 信号绑定自定义的槽函数。代码
如下：

```
self.pushButton.clicked.connect(self.addtab)          # 为"添加"按钮绑定单击信号
self.pushButton_2.clicked.connect(self.deltab)        # 为"删除"按钮绑定单击信号
self.tabWidget.currentChanged.connect(self.gettab)    # 为选项卡绑定页面切换信号
```

为.py 文件添加__main__主方法，然后运行程序，窗口中默认有两个选项卡，单击"添加"按钮，
可以按顺序添加选项卡，单击"删除"按钮，可以删除当前鼠标焦点所在的选项卡，如图 9.58 所示。

当切换选项卡时，在弹出的提示框中将显示当前选择的选项卡及其索引，如图 9.59 所示。

图 9.58　添加和删除选项卡

图 9.59　显示当前选择的选项卡及其索引

说明

当删除某个选项卡时，选项卡会自动切换到前一个，因此也会弹出相应的信息提示。

9.5.3　ToolBox：工具盒

ToolBox 控件又称为工具盒控件，它主要提供一种列状的层叠选项卡，
ToolBox 控件图标如图 9.60 所示。

图 9.60　ToolBox 控件图标

ToolBox 控件对应 PyQt5 中的 QToolBox 类，该类的常用方法及说明
如表 9.17 所示。

表 9.17　QToolBox 类的常用方法及说明

方　　法	说　　明
addItem()	添加选项卡
setCurrentIndex()	设置当前选中的选项卡索引
setItemIcon()	设置选项卡的图标

续表

方　　法	说　　明
setItemText()	设置选项卡的标题文本
setItemEnabled()	设置选项卡是否可用
insertItem()	插入新选项卡
removeItem()	移除选项卡
itemText()	获取选项卡的文本
currentIndex()	获取当前选项卡的索引

ToolBox 控件最常用的信号是 currentChanged，该信号在切换选项卡时发射。

【实例 9.16】　仿 QQ 抽屉效果（实例位置：资源包\Code\09\16）

打开 Qt Designer 设计器，使用 ToolBox 控件，并结合 ToolButton 工具按钮设计一个仿照 QQ 抽屉效果（一种常用的、能够在有限空间中动态直观地显示更多功能的效果）的窗口，对应.py 代码文件代码如下：

```python
from PyQt5 import QtCore, QtGui, QtWidgets
class Ui_MainWindow(object):
    def setupUi(self, MainWindow):
        MainWindow.setObjectName("MainWindow")
        MainWindow.resize(142, 393)
        self.centralwidget = QtWidgets.QWidget(MainWindow)
        self.centralwidget.setObjectName("centralwidget")
        # 创建 ToolBox 工具盒
        self.toolBox = QtWidgets.QToolBox(self.centralwidget)
        self.toolBox.setGeometry(QtCore.QRect(0, 0, 141, 391))
        self.toolBox.setObjectName("toolBox")
        # 我的好友设置
        self.page = QtWidgets.QWidget()
        self.page.setGeometry(QtCore.QRect(0, 0, 141, 287))
        self.page.setObjectName("page")
        self.toolButton = QtWidgets.QToolButton(self.page)
        self.toolButton.setGeometry(QtCore.QRect(0, 0, 91, 51))
        icon = QtGui.QIcon()
        icon.addPixmap(QtGui.QPixmap("图标/01.png"), QtGui.QIcon.Normal, QtGui.QIcon.Off)
        self.toolButton.setIcon(icon)
        self.toolButton.setIconSize(QtCore.QSize(96, 96))
        self.toolButton.setToolButtonStyle(QtCore.Qt.ToolButtonTextBesideIcon)
        self.toolButton.setAutoRaise(True)
        self.toolButton.setObjectName("toolButton")
        self.toolButton_2 = QtWidgets.QToolButton(self.page)
        self.toolButton_2.setGeometry(QtCore.QRect(0, 49, 91, 51))
        icon1 = QtGui.QIcon()
        icon1.addPixmap(QtGui.QPixmap("图标/02.png"), QtGui.QIcon.Normal, QtGui.QIcon.Off)
        self.toolButton_2.setIcon(icon1)
        self.toolButton_2.setIconSize(QtCore.QSize(96, 96))
        self.toolButton_2.setToolButtonStyle(QtCore.Qt.ToolButtonTextBesideIcon)
```

```
self.toolButton_2.setAutoRaise(True)
self.toolButton_2.setObjectName("toolButton_2")
self.toolButton_3 = QtWidgets.QToolButton(self.page)
self.toolButton_3.setGeometry(QtCore.QRect(0, 103, 91, 51))
icon2 = QtGui.QIcon()
icon2.addPixmap(QtGui.QPixmap("图标/03.png"), QtGui.QIcon.Normal, QtGui.QIcon.Off)
self.toolButton_3.setIcon(icon2)
self.toolButton_3.setIconSize(QtCore.QSize(96, 96))
self.toolButton_3.setToolButtonStyle(QtCore.Qt.ToolButtonTextBesideIcon)
self.toolButton_3.setAutoRaise(True)
self.toolButton_3.setObjectName("toolButton_3")
self.toolBox.addItem(self.page, "")
# 同学设置
self.page_2 = QtWidgets.QWidget()
self.page_2.setGeometry(QtCore.QRect(0, 0, 141, 287))
self.page_2.setObjectName("page_2")
self.toolButton_4 = QtWidgets.QToolButton(self.page_2)
self.toolButton_4.setGeometry(QtCore.QRect(0, 0, 91, 51))
icon3 = QtGui.QIcon()
icon3.addPixmap(QtGui.QPixmap("图标/04.png"), QtGui.QIcon.Normal, QtGui.QIcon.Off)
self.toolButton_4.setIcon(icon3)
self.toolButton_4.setIconSize(QtCore.QSize(96, 96))
self.toolButton_4.setToolButtonStyle(QtCore.Qt.ToolButtonTextBesideIcon)
self.toolButton_4.setAutoRaise(True)
self.toolButton_4.setObjectName("toolButton_4")
self.toolBox.addItem(self.page_2, "")
# 同事设置
self.page_3 = QtWidgets.QWidget()
self.page_3.setObjectName("page_3")
self.toolButton_5 = QtWidgets.QToolButton(self.page_3)
self.toolButton_5.setGeometry(QtCore.QRect(0, 1, 91, 51))
icon4 = QtGui.QIcon()
icon4.addPixmap(QtGui.QPixmap("图标/05.png"), QtGui.QIcon.Normal, QtGui.QIcon.Off)
self.toolButton_5.setIcon(icon4)
self.toolButton_5.setIconSize(QtCore.QSize(96, 96))
self.toolButton_5.setToolButtonStyle(QtCore.Qt.ToolButtonTextBesideIcon)
self.toolButton_5.setAutoRaise(True)
self.toolButton_5.setObjectName("toolButton_5")
self.toolButton_6 = QtWidgets.QToolButton(self.page_3)
self.toolButton_6.setGeometry(QtCore.QRect(0, 50, 91, 51))
icon5 = QtGui.QIcon()
icon5.addPixmap(QtGui.QPixmap("图标/06.png"), QtGui.QIcon.Normal, QtGui.QIcon.Off)
self.toolButton_6.setIcon(icon5)
self.toolButton_6.setIconSize(QtCore.QSize(96, 96))
self.toolButton_6.setToolButtonStyle(QtCore.Qt.ToolButtonTextBesideIcon)
self.toolButton_6.setAutoRaise(True)
self.toolButton_6.setObjectName("toolButton_6")
self.toolBox.addItem(self.page_3, "")
# 陌生人设置
```

```
            self.page_4 = QtWidgets.QWidget()
            self.page_4.setObjectName("page_4")
            self.toolButton_7 = QtWidgets.QToolButton(self.page_4)
            self.toolButton_7.setGeometry(QtCore.QRect(0, 7, 91, 51))
            icon6 = QtGui.QIcon()
            icon6.addPixmap(QtGui.QPixmap("图标/07.png"), QtGui.QIcon.Normal, QtGui.QIcon.Off)
            self.toolButton_7.setIcon(icon6)
            self.toolButton_7.setIconSize(QtCore.QSize(96, 96))
            self.toolButton_7.setToolButtonStyle(QtCore.Qt.ToolButtonTextBesideIcon)
            self.toolButton_7.setAutoRaise(True)
            self.toolButton_7.setObjectName("toolButton_7")
            self.toolBox.addItem(self.page_4, "")
            MainWindow.setCentralWidget(self.centralwidget)

            self.retranslateUi(MainWindow)
            self.toolBox.setCurrentIndex(0) # 默认选择第一个页面，即我的好友
            QtCore.QMetaObject.connectSlotsByName(MainWindow)
        def retranslateUi(self, MainWindow):
            _translate = QtCore.QCoreApplication.translate
            MainWindow.setWindowTitle(_translate("MainWindow", "我的 QQ"))
            self.toolButton.setText(_translate("MainWindow", "宋江"))
            self.toolButton_2.setText(_translate("MainWindow", "卢俊义"))
            self.toolButton_3.setText(_translate("MainWindow", "吴用"))
            self.toolBox.setItemText(self.toolBox.indexOf(self.page), _translate("MainWindow", "我的好友"))
            self.toolButton_4.setText(_translate("MainWindow", "林冲"))
            self.toolBox.setItemText(self.toolBox.indexOf(self.page_2), _translate("MainWindow", "同学"))
            self.toolButton_5.setText(_translate("MainWindow", "鲁智深"))
            self.toolButton_6.setText(_translate("MainWindow", "武松"))
            self.toolBox.setItemText(self.toolBox.indexOf(self.page_3), _translate("MainWindow", "同事"))
            self.toolButton_7.setText(_translate("MainWindow", "方腊"))
            self.toolBox.setItemText(self.toolBox.indexOf(self.page_4), _translate("MainWindow", "陌生人"))
import sys
# 主方法，程序从此处启动 PyQt 设计的窗体
if __name__ == '__main__':
    app = QtWidgets.QApplication(sys.argv)
    MainWindow = QtWidgets.QMainWindow()                   # 创建窗体对象
    ui = Ui_MainWindow()                                   # 创建 PyQt 设计的窗体对象
    ui.setupUi(MainWindow)                                 # 调用 PyQt 窗体方法，对窗体对象初始化设置
    MainWindow.setWindowFlags(QtCore.Qt.WindowCloseButtonHint)  # 只显示关闭按钮
    MainWindow.show()                                      # 显示窗体
    sys.exit(app.exec_())                                  # 程序关闭时退出进程
```

　　运行程序，分别单击 ToolBox 工具盒中的选项卡标题，即可进行切换显示，如图 9.61～图 9.64 所示。

图 9.61 我的好友

图 9.62 同学

图 9.63 同事

图 9.64 陌生人

9.6 日期时间类控件

日期时间类控件主要是对日期、时间等信息进行编辑、选择或者显示，PyQt5 中提供了 Date/TimeEdit、DateEdit、TimeEdit 和 CalendarWidget 4 个相关的控件，本节将对它们的常用方法和使用方式进行讲解。

9.6.1 日期和（或）时间控件

PyQt5 提供了 3 个日期时间控件，分别是 Date/TimeEdit 控件、DateEdit 控件和 TimeEdit 控件，其中，Date/TimeEdit 控件对应的类是 QDateTimeEdit，该控件可以同时显示和编辑日期时间，图标如图 9.65 所示；DateEdit 控件对应的类是 QDateEdit，它是 QDateTimeEdit 子类，只能显示和编辑日期，图标如图 9.66 所示；TimeEdit 控件对应的类是 QTimeEdit，它是 QDateTimeEdit 子类，只能显示和编辑时间，图标如图 9.67 所示。

 Date/Time Edit

图 9.65 Date/TimeEdit 控件图标

 Date Edit

图 9.66 DateEdit 控件图标

 Time Edit

图 9.67 TimeEdit 控件图标

QDateTimeEdit 类的常用方法及说明如表 9.18 所示。

表 9.18 QDateTimeEdit 类的常用方法及说明

方　　法	说　　明
setTime()	设置时间，默认为 0:00:00

续表

方　　法	说　　明
setMaximumTime()	设置最大时间，默认为 23:59:59
setMinimumTime()	设置最小时间，默认为 0:00:00
setTimeSpec()	获取显示的时间标准，支持以下 4 种值。 ◆ LocalTime：本地时间； ◆ UTC：世界标准时间； ◆ OffsetFromUTC：与 UTC 等效的时间； ◆ TimeZone：时区
setDateTime()	设置日期时间，默认为 2000/1/1 0:00:00
setDate()	设置日期，默认为 2000/1/1
setMaximumDate()	设置最大日期，默认为 9999/12/31
setMinimumDate()	设置最小日期，默认为 1752/9/14
setDisplayFormat()	设置日期、时间的显示样式。 日期样式（yyyy 表示 4 位数年份，MM 表示 2 位数月份，dd 表示 2 位数日）： ◆ yyyy/MM/dd、yyyy/M/d、yy/MM/dd、yy/M/d、yy/MM 和 Mm/dd 时间样式（HH 表示 2 位数小时，mm 表示 2 位数分钟，ss 表示 2 位数秒钟）： ◆ HH:mm:ss、HH:mm、mm:ss、H:m 和 m:s
date()	获取显示的日期，返回值为 QDate 类型，如 QDate(2000,1,1)
time()	获取显示的时间，返回值为 QTime 类型，如 QTime(0,0)
dateTime()	获取显示的日期时间，返回值为 QDateTime 类型，如 QDateTime(2000, 1, 1, 0, 0)

说明

由于 QDateEdit 和 QTimeEdit 都是从 QDateTimeEdit 继承而来的，因此，他们都拥有 QDateTimeEdit 类的所有公共方法。

QDateTimeEdit 类的常用信号及说明如表 9.19 所示。

表 9.19　QDateTimeEdit 类的常用信号及说明

信　　号	说　　明
timeChanged	时间发生改变时发射
dateChanged	日期发生改变时发射
dateTimeChanged	日期或者时间发生改变时发射

例如，在 Qt Designer 设计器的窗口中分别添加一个 Date/TimeEdit 控件、一个 DateEdit 控件和一个 TimeEdit 控件，它们的显示效果如图 9.68 所示。

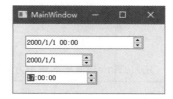

图 9.68　日期时间类控件的显示

技巧

（1）由于 date()、time()和 dateTime()方法的返回值分别是 QDate 类型、QTime 类型和 QDateTime 类型，无法直接使用，因此如果想要获取日期时间控件中的具体日期和（或）时间值，可以使用 text()方法获取。例如：

    self.dateTimeEdit.text()

（2）使用日期时间控件时，如果要改变日期时间，默认只能通过上下箭头来改变，如果想弹出日历控件，设置 setCalendarPoput(True)即可。

9.6.2　CalendarWidget：日历控件

CalendarWidget 控件又称为日历控件，主要用来显示和选择日期，CalendarWidget 控件图标如图 9.69 所示。

图 9.69　CalendarWidget 控件图标

CalendarWidget 控件对应 PyQt5 中的 QCalendarWidget 类，该类的常用方法及说明如表 9.20 所示。

表 9.20　QCalendarWidget 类的常用方法及说明

方　　法	说　　明
setSelectedDate()	设置选中的日期，默认为当前日期
setMinimumDate()	设置最小日期，默认为 1752/9/14
setMaximumDate	设置最大日期，默认为 9999/12/31
setFirstDayOfWeek	设置一周的第一天，取值如下。 ◆ Qt.Monday：星期一； ◆ Qt.Tuesday：星期二； ◆ Qt.Wednesday：星期三； ◆ Qt.Thursday：星期四； ◆ Qt.Friday：星期五； ◆ Qt.Saturday：星期六； ◆ Qt.Sunday：星期日
setGridVisible	设置是否显示网格线
setSelectionMode	设置选择模式，取值如下。 ◆ QCalendarWidget.NoSelection：不能选中日期 ◆ QCalendarWidget.SingleSelection：可以选中一个日期
setHorizontalHeaderFormat	设置水平头部格式，分别如下。 ◆ QCalendarWidget.NoHorizontalHeader：不显示水平头部； ◆ QCalendarWidget.SingleLetterDayNames："周"； ◆ QCalendarWidget.ShortDayNames：简短天的名称，如"周一"； ◆ QCalendarWidget.LongDayNames：完整天的名称，如"星期一"

续表

方　　法	说　　明
setVerticalHeaderFormat	设置对齐方式，有水平和垂直两种，分别如下。 ◆ QCalendarWidget.NoVerticalHeader：不显示垂直头部； ◆ QCalendarWidget.ISOWeekNumbers：以星期数字显示垂直头部
setNavigationBarVisible	设置是否显示导航栏
setDateEditEnabled	设置是否可以编辑日期
setDateEditAcceptDelay ()	设置编辑日期的最长间隔，默认为 1500
selectedDate()	获取选择的日期，返回值为 QDate 类型

CalendarWidget 控件最常用的信号是 selectionChanged，该信号在选择的日期发生改变时发射。

【实例 9.17】 获取选中的日期（实例位置：资源包\Code\09\17）

在 Qt Designer 设计器中创建一个窗口，在窗口中添加一个 CalendarWidget 控件，设计完成后保存为.ui 文件，并使用 PyUIC 工具将其转换为.py 代码文件。在.py 代码文件中自定义一个 getdate()方法，用来获取 CalendarWidget 控件中选中的日期，并转换为"年-月-日"形式，显示在弹出的提示框中，代码如下：

```python
def getdate(self):
    from PyQt5.QtWidgets import QMessageBox
    date=QtCore.QDate(self.calendarWidget.selectedDate())     # 获取当前选中日期的 QDate 对象
    year=date.year()                                           # 获取年份
    month=date.month()                                         # 获取月份
    day=date.day()                                             # 获取日
    QMessageBox.information(MainWindow, "提示", str(year)+"-"+str(month)+"-"+str(day), QMessageBox.Ok)
```

对 CalendarWidget 控件进行设置，并为其 selectionChanged 信号绑定自定义的 getdate()槽函数，代码如下：

```python
self.calendarWidget = QtWidgets.QCalendarWidget(self.centralwidget)
self.calendarWidget.setGeometry(QtCore.QRect(20, 10, 248, 197))
self.calendarWidget.setSelectedDate(QtCore.QDate(2020, 3, 23))        # 设置默认选中的日期
self.calendarWidget.setMinimumDate(QtCore.QDate(1752, 9, 14))        # 设置最小日期
self.calendarWidget.setMaximumDate(QtCore.QDate(9999, 12, 31))       # 设置最大日期
self.calendarWidget.setFirstDayOfWeek(QtCore.Qt.Monday)              # 设置每周第一天为星期一
self.calendarWidget.setGridVisible(True)                             # 设置网格线可见
# 设置可以选中单个日期
self.calendarWidget.setSelectionMode(QtWidgets.QCalendarWidget.SingleSelection)
# 设置水平表头为简短形式，即"周一"形式
self.calendarWidget.setHorizontalHeaderFormat(QtWidgets.QCalendarWidget.ShortDayNames)
# 设置垂直表头为周数
self.calendarWidget.setVerticalHeaderFormat(QtWidgets.QCalendarWidget.ISOWeekNumbers)
self.calendarWidget.setNavigationBarVisible(True)                    # 设置显示导航栏
self.calendarWidget.setDateEditEnabled(True)                         # 设置日期可以编辑
self.calendarWidget.setObjectName("calendarWidget")
# 选中日期变化时显示选择的日期
self.calendarWidget.selectionChanged.connect(self.getdate)
```

为.py 文件添加__main__主方法，然后运行程序，日期控件在窗口中的显示效果如图 9.70 所示，单击某个日期时，可以弹出对话框进行显示，如图 9.71 所示。

图 9.70　日历控件效果

图 9.71　在弹出对话框中显示选中的日期

技巧

　　在 PyQt5 中，如果要获取当前系统的日期时间，可以借助 QtCore 模块下的 QDateTime 类、QDate 类或者 QTime 类实现。其中，获取当前系统的日期时间可以使用 QDateTime 类的 currentDateTime() 方法，获取当前系统的日期可以使用 QDate 类的 currentDate() 方法，获取当前系统的时间可以使用 QTime 类的 currentTime() 方法，代码如下：

```
datetime= QtCore.QDateTime.currentDateTime()    # 获取当前系统日期时间
date=QtCore.QDate.currentDate()                 # 获取当前日期
time=QtCore.QTime.currentTime()                 # 获取当前时间
```

9.7　小　　结

本章主要介绍了 PyQt5 中的常用控件，在讲解的过程中，通过大量的实例演示控件的用法。PyQt5 程序中，常用控件大体分为文本类控件、按钮类控件、选择列表类控件、容器控件和日期时间类控件。每个控件都通过实际开发中用到的实例进行讲解，以便读者不仅能够学会控件的使用方法，还能够熟悉每个控件的具体使用场景。

第 10 章

PyQt5 布局管理

前面设计的窗口程序都是绝对布局，即在 Qt Designer 窗口中，将控件放到窗口中的指定位置上，那么该控件的大小和位置就会固定在初始放置的位置。除了绝对布局，PyQt5 还提供了一些常用的布局方式，如垂直布局、水平布局、网格布局、表单布局等。本章将对开发 PyQt5 窗口应用程序中经常用到的布局方式进行详细讲解。

10.1　线　性　布　局

线性布局是将放入其中的组件按照垂直或水平方向来布局，也就是控制放入其中的组件横向排列或纵向排列。其中，将纵向排列的称为垂直线性布局管理器，如图 10.1 所示，用 VerticalLayout 控件表示，其基类为 QVBoxLayout；将横向排列的称为水平线性布局管理器，如图 10.2 所示，用 HorizontalLayout 控件表示，其基类为 QHBoxLayout。在垂直线性布局管理器中，每一行只能放一个组件，而在水平线性布局管理器中，每一列只能放一个组件。

图 10.1　垂直线性布局管理器

图 10.2　水平线性布局管理器

下面分别对 PyQt5 中的垂直布局管理器和水平布局管理器进行讲解。

10.1.1　VerticalLayout：垂直布局

VerticalLayout 控件表示垂直布局，其基类是 QVBoxLayout，它的特点是：放入该布局管理器中的控件默认垂直排列，图 10.3 所示为在 PyQt5 的设计窗口中添加了一个 VerticalLayout 控件，并在其中添加了 4 个 PushButton 控件。

对应的 Python 代码如下：

```
# 垂直布局
vlayout=QVBoxLayout()
btn1=QPushButton()
btn1.setText('按钮 1')
btn2 = QPushButton()
btn2.setText('按钮 2')
btn3 = QPushButton()
btn3.setText('按钮 3')
btn4 = QPushButton()
btn4.setText('按钮 4')
vlayout.addWidget(btn1)
vlayout.addWidget(btn2)
vlayout.addWidget(btn3)
vlayout.addWidget(btn4)
self.setLayout(vlayout)
```

通过上面的代码，我们看到，在向垂直布局管理器中添加控件时，用到了 addWidget()方法，除此之外，垂直布局管理器中还有一个常用的方法——addSpacing()，用来设置控件的上下间距。语法如下：

```
addSpacing(self,int)
```

参数 int 表示要设置的间距值。

例如，将上面代码中的第一个按钮和第二个按钮之间的间距设置为 10，代码如下：

```
vlayout.addSpacing(10) # 设置两个控件之间的间距
```

效果对比如图 10.4 所示。

图 10.3　垂直布局的默认排列方式

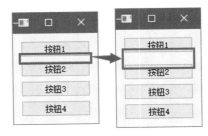

图 10.4　调整间距前后的对比效果

技巧

在使用 addWidget 向布局管理器中添加控件时，还可以指定控件的伸缩量和对齐方式，该方法的标准形式如下：

addWidget(self, QWidget, stretch, alignment)

其中，QWidget 表示要添加的控件，stretch 表示控件的伸缩量，设置该伸缩量之后，控件会随着窗口的变化而变化；alignment 用来指定控件的对齐方式，其取值如表 10.1 所示。

表 10.1 控件对齐方式的取值及说明

值	说　　明	值	说　　明
Qt.AlignLeft	水平左对齐	Qt.AlignTop	垂直靠上对齐
Qt.AlignRight	水平右对齐	Qt.AlignBottom	垂直靠下对齐
Qt.AlignCenter	水平居中对齐	Qt.AlignVCenter	垂直居中对齐
Qt.AlignJustify	水平两端对齐		

例如，向垂直布局管理器中添加一个名称为 btn1，伸缩量为 1，对齐方式为垂直居中对齐的按钮，代码如下：

vlayout.addWidget(btn1,1,QtCore.Qt.AlignVCenter)

10.1.2　HorizontalLayout：水平布局

HorizontalLayout 控件表示水平布局，其基类是 QHBoxLayout，它的特点是：放入该布局管理器中的控件默认水平排列，图 10.5 所示为在 PyQt5 的设计窗口中添加了一个 HorizontalLayout 控件，并在其中添加了 4 个 PushButton 控件。

对应的 Python 代码如下：

```
# 水平布局
hlayout=QHBoxLayout()
btn1=QPushButton()
btn1.setText('按钮 1')
btn2 = QPushButton()
btn2.setText('按钮 2')
btn3 = QPushButton()
btn3.setText('按钮 3')
btn4 = QPushButton()
btn4.setText('按钮 4')
hlayout.addWidget(btn1)
hlayout.addWidget(btn2)
```

```
hlayout.addWidget(btn3)
hlayout.addWidget(btn4)
self.setLayout(hlayout)
```

另外，水平布局管理器中还有两个常用的方法：addSpacing()方法和 addStretch()方法。其中，addSpacing()方法用来设置控件的左右间距，语法如下：

```
addSpacing(self,int)
```

参数 int 表示要设置的间距值。

例如，将上面代码中的第一个按钮和第二个按钮的间距设置为 10。代码如下：

```
hlayout.addSpacing(10) # 设置两个控件之间的间距
```

效果对比如图 10.6 所示。

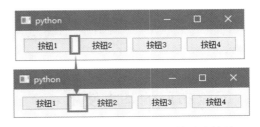

图 10.5　水平布局的默认排列方式　　　　图 10.6　调整间距前后的对比效果

addStretch()方法用来增加一个可伸缩的控件，并且将伸缩量添加到布局末尾。语法如下：

```
addStretch(self,stretch)
```

参数 stretch 表示要均分的比例，默认值为 0。

例如，下面代码在水平布局管理器的第一个按钮之前增加一个水平伸缩量。代码如下：

```
hlayout.addStretch(1)
```

效果如图 10.7 所示。

图 10.7　在第一个按钮之前增加一个伸缩量

而如果在每个按钮之前增加一个水平伸缩量，则在运行时，会显示如图 10.8 所示的效果。

图 10.8　在每个按钮之前增加一个伸缩量的效果

10.2　GridLayout：网格布局

GridLayout 被称为网格布局（多行多列），它将位于其中的控件放入一个网格中。GridLayout 需要将提供给它的空间划分成行和列，并把每个控件插入正确的单元格中。网格布局如图 10.9 所示。

图 10.9　网格布局

10.2.1　网格布局的基本使用

网格控件的基类是 QGridLayout，其常用的方法及说明如表 10.2 所示。

表 10.2　网格控件的常用方法及说明

方　　法	说　　明
addWidget (QWidget widget, int row, int clumn, Qt.Alignment alignment)	添加控件，主要参数说明如下。 ◆ widget：要添加的控件； ◆ row：添加控件的行数； ◆ column：添加控件的列数； ◆ alignment：控件的对齐方式
addWidget (QWidget widget, int fromRow, int fromColumn, int rowSpan, int columnSpan, Qt.Alignment alignment)	跨行和列添加控件，主要参数说明如下。 ◆ widget：要添加的控件； ◆ fromRow：添加控件的起始行数； ◆ fromColumn：添加控件的起始列数； ◆ rowSpan：控件跨越的行数； ◆ columnSpan：控件跨越的列数； ◆ alignment：控件的对齐方式
setRowStretch()	设置行比例
setColumnStretch()	设置列比例
setSpacing()	设置控件在水平和垂直方向上的间距

【实例 10.1】　使用网格布局登录窗口（实例位置：资源包\Code\10\01）

创建一个.py 文件，首先导入 PyQt5 窗口程序开发所需的模块，定义一个类，继承自 QWidget，该类中定义一个 initUI 方法，用来使用 GridLayout 网格布局一个登录窗口；定义完成之后，在__init__方法中调用，对窗口进行初始化；最后在__main__方法中显示创建的登录窗口。代码如下：

```python
from PyQt5 import QtCore
from PyQt5.QtWidgets import *
class Demo(QWidget):
    def __init__(self,parent=None):
        super(Demo,self).__init__(parent)
        self.initUI() # 初始化窗口
    def initUI(self):
        grid=QGridLayout() # 创建网格布局
        # 创建并设置标签文本
        label1=QLabel()
        label1.setText("用户名:")
        # 创建输入文本框
        text1=QLineEdit()
        # 创建并设置标签文本
        label2 = QLabel()
        label2.setText("密码：")
        # 创建输入文本框
        text2 = QLineEdit()
        # 创建"登录"和"取消"按钮
        btn1=QPushButton()
        btn1.setText("登录")
        btn2 = QPushButton()
        btn2.setText("取消")
        # 在第一行第一列添加标签控件，并设置左对齐
        grid.addWidget(label1,0,0,QtCore.Qt.AlignLeft)
        # 在第一行第二列添加输入文本框控件，并设置左对齐
        grid.addWidget(text1, 0, 1, QtCore.Qt.AlignLeft)
        # 在第二行第一列添加标签控件，并设置左对齐
        grid.addWidget(label2, 1, 0, QtCore.Qt.AlignLeft)
        # 在第二行第二列添加输入文本框控件，并设置左对齐
        grid.addWidget(text2, 1, 1, QtCore.Qt.AlignLeft)
        # 在第三行第一列添加按钮控件，并设置居中对齐
        grid.addWidget(btn1, 2, 0, QtCore.Qt.AlignCenter)
        # 在第三行第二列添加按钮控件，并设置居中对齐
        grid.addWidget(btn2, 2, 1, QtCore.Qt.AlignCenter)
        self.setLayout(grid) # 设置网格布局
if __name__=='__main__':
    import sys
    app=QApplication(sys.argv) # 创建窗口程序
    demo=Demo() # 创建窗口类对象
    demo.show() # 显示窗口
    sys.exit(app.exec_())
```

运行程序，窗口效果如图 10.10 所示。

图 10.10　使用网格布局登录窗口

10.2.2　跨越行和列的网格布局

使用网格布局时，除了普通的按行、列进行布局，还可以跨行、列进行布局，实现该功能，需要使用 addWidget()方法的以下形式：

addWidget (QWidget widget, int fromRow, int fromColumn, int rowSpan, int columnSpan, Qt.Alignment alignment)

参数说明如下。
- ☑　widget：要添加的控件。
- ☑　fromRow：添加控件的起始行数。
- ☑　fromColumn：添加控件的起始列数。
- ☑　rowSpan：控件跨越的行数。
- ☑　columnSpan：控件跨越的列数。
- ☑　alignment：控件的对齐方式。

【实例 10.2】　跨行列布局 QQ 登录窗口（实例位置：资源包\Code\10\02）

创建一个.py 文件，首先导入 PyQt5 窗口程序开发所需的模块，然后通过在网格布局中跨行和列布局一个 QQ 登录窗口。代码如下：

```python
from PyQt5 import QtCore,QtGui,QtWidgets
from PyQt5.QtWidgets import *
class Demo(QWidget):
    def __init__(self,parent=None):
        super(Demo,self).__init__(parent)
        self.initUI() # 初始化窗口
    def initUI(self):
        self.setWindowTitle("QQ 登录窗口")
        grid=QGridLayout() # 创建网格布局
        # 创建顶部图片
        label1 = QLabel()
        label1.setPixmap(QtGui.QPixmap("images/top.png"))
        # 创建并设置用户名标签文本
        label2=QLabel()
        label2.setPixmap(QtGui.QPixmap("images/qq1.png"))
        # 创建用户名输入文本框
        text1=QLineEdit()
```

```
# 创建并设置标签文本
label3 = QLabel()
label3.setPixmap(QtGui.QPixmap("images/qq2.png"))
# 创建输入文本框
text2 = QLineEdit()
# 创建"安全登录"按钮
btn1=QPushButton()
btn1.setText("安全登录")
# 在第一行第一列到第三行第四列添加标签控件，并设置居中对齐
grid.addWidget(label1,0,0,3,4,QtCore.Qt.AlignCenter)
# 在第四行第二列添加标签控件，并设置右对齐
grid.addWidget(label2, 3, 1, QtCore.Qt.AlignRight)
# 在第四行第三列添加输入文本框控件，并设置左对齐
grid.addWidget(text1, 3, 2, QtCore.Qt.AlignLeft)
# 在第五行第二列添加标签控件，并设置右对齐
grid.addWidget(label3, 4, 1, QtCore.Qt.AlignRight)
# 在第五行第三列添加输入文本框控件，并设置左对齐
grid.addWidget(text2, 4, 2, QtCore.Qt.AlignLeft)
# 在第六行第二列到第三列添加按钮控件，并设置居中对齐
grid.addWidget(btn1, 5, 1,1,2, QtCore.Qt.AlignCenter)
self.setLayout(grid) # 设置网格布局
if __name__=='__main__':
    import sys
    app=QApplication(sys.argv) # 创建窗口程序
    demo=Demo() # 创建窗口类对象
    demo.show() # 显示窗口
    sys.exit(app.exec_())
```

说明

上面代码用到了 top.png、qq1.png 和 qq2.png 这 3 张图片，这 3 张图片需要提前存放到与.py 文件同级路径下的 images 文件夹中。

运行程序，窗口效果如图 10.11 所示。

图 10.11　跨行列布局 QQ 登录窗口

📖 技巧

当窗口中的控件布局比较复杂时，应该尽量使用网格布局，而不是使用水平和垂直布局的组合或者嵌套的形式，因为在多数情况下，后者往往会更加复杂而难以控制。网格布局使得窗口设计器能够以更大的自由度来排列组合控件，而仅仅带来了微小的复杂度开销。

10.3　FormLayout：表单布局

FormLayout 控件表示表单布局，它的基类是 QFormLayout，该控件以表单方式进行布局。

表单是一种网页中常见的与用户交互的方式，其主要由两列组成，第一列用来显示信息，给用户提示，而第二列需要用户进行输入或者选择，图 10.12 所示的 IT 教育类网站——明日学院的登录窗口就是一种典型的表单布局。

表单布局最常用的方式是 addRow()方法，该方法用来向表单布局中添加一行，在一行中可以添加两个控件，分别位于一行中的两列上。addRow()方法语法如下：

图 10.12　典型的表单布局

```
addRow(self,__args)
```

参数__args 表示要添加的控件，通常是两个控件对象。

【实例 10.3】　　使用表单布局登录窗口（实例位置：资源包\Code\10\03）

创建一个.py 文件，使用表单布局实现【实例 10.1】的功能，布局一个通用的登录窗口。代码如下：

```python
from PyQt5 import QtCore,QtWidgets,QtGui
from PyQt5.QtWidgets import *
class Demo(QWidget):
    def __init__(self,parent=None):
        super(Demo,self).__init__(parent)
        self.initUI()                       # 初始化窗口
    def initUI(self):
        form=QFormLayout()                  # 创建表单布局
        # 创建并设置标签文本
        label1=QLabel()
        label1.setText("用户名：")
        # 创建输入文本框
        text1=QLineEdit()
        # 创建并设置标签文本
        label2 = QLabel()
        label2.setText("密码：")
```

```
        # 创建输入文本框
        text2 = QLineEdit()
        # 创建 "登录" 和 "取消" 按钮
        btn1=QPushButton()
        btn1.setText("登录")
        btn2 = QPushButton()
        btn2.setText("取消")
        # 将上面创建的 6 个控件分为 3 行添加到表单布局中
        form.addRow(label1,text1)
        form.addRow(label2,text2)
        form.addRow(btn1,btn2)
        self.setLayout(form)              # 设置表单布局
if __name__=='__main__':
    import sys
    app=QApplication(sys.argv)            # 创建窗口程序
    demo=Demo()                           # 创建窗口类对象
    demo.show()                           # 显示窗口
    sys.exit(app.exec_())
```

运行程序，窗口效果如图 10.13 所示。

图 10.13　使用表单布局登录窗口

另外，表单布局还提供了一个 setRowWrapPolicy()方法，用来设置表单布局中每一列的摆放方式。该方法的语法如下：

setRowWrapPolicy(RowWrapPolicy policy)

参数 policy 的取值及说明如下。

☑　QFormLayout.DontWrapRows：文本框总是出现在标签的后面，其中标签被赋予足够的水平空间以适应表单中出现的最宽的标签，其余的空间被赋予文本框。

☑　QFormLayout.DrapLongRows：适用于小屏幕，当标签和文本框在屏幕的当前行显示不全时，文本框会显示在下一行，使得标签独占一行。

☑　QFormLayout.WrapAllRows：标签总是在文本框的上一行。

例如，在【例 10.3】中添加如下代码：

# 设置标签总在文本框的上方
form.setRowWrapPolicy(QtWidgets.QFormLayout.WrapAllRows)

则效果如图 10.14 所示。

技巧

如图 10.14 所示，由于表单布局中的最后一行是两个按钮，但设置标签总在文本框上方后，默认第二列会作为一个文本框填充整个布局，所以就出现了"取消"按钮比"登录"按钮长的情况，想改变这种情况，可以在使用 addRow()方法添加按钮时，一行只添加一个按钮控件。即将下面的代码：

    form.addRow(btn1,btn2)

修改如下：

    form.addRow(btn1)
    form.addRow(btn2)

再次运行程序，效果如图 10.15 所示。

图 10.14　设置标签总在文本框的上方

图 10.15　表单布局中一行只添加一个按钮

技巧

当要设计的窗口是一种类似于两列和若干行组成的形式时，使用表单布局要比网格布局更方便。

10.4　布局管理器的嵌套

在进行用户界面设计时，很多时候只通过一种布局管理器很难实现想要的界面效果，这时就需要将多种布局管理器混合使用，即布局管理器的嵌套。本节将通过具体的实例讲解布局管理器的嵌套使用。

10.4.1　嵌套布局的基本使用

多种布局管理器之间可以互相嵌套，在实现布局管理器的嵌套时，只需要记住以下两点原则即可：

☑　在一个布局文件中，最多只能有一个顶层布局管理器。如果想要使用多个布局管理器，就需要使用一个根布局管理器将它们包括起来。

☑　不能嵌套太深。如果嵌套太深，则会影响性能，主要会降低页面的加载速度。

例如，在【实例 10.3】中使用表单布局制作了一个登录窗口，但表单布局的默认两列中只能添加一个控件，现在需要在"密码"文本框下方提示"密码只能输入 8 位"，这时单纯使用表单布局是无法实现的。我们可以在"密码"文本框的列中嵌套一个垂直布局管理器，在其中添加一个输入密码的文本框和一个用于提示的标签，这样就可以实现想要的功能。修改后的关键代码如下：

```python
def initUI(self):
    form=QFormLayout()                              # 创建表单布局
    # 创建并设置标签文本
    label1=QLabel()
    label1.setText("用户名：")
    # 创建输入文本框
    text1=QLineEdit()
    # 创建并设置标签文本
    label2 = QLabel()
    label2.setText("密码：")
    # 创建输入文本框
    text2 = QLineEdit()
    # 创建"登录"和"取消"按钮
    btn1=QPushButton()
    btn1.setText("登录")
    btn2 = QPushButton()
    btn2.setText("取消")
    # 将上面创建的 6 个控件分为 3 行添加到表单布局中
    form.addRow(label1,text1)
    vlayout = QVBoxLayout()                          # 创建垂直布局管理器
    vlayout.addWidget(text2)                         # 向垂直布局中添加密码输入框
    vlayout.addWidget(QLabel("密码只能输入 8 位"))    # 向垂直布局中添加提示标签
    form.addRow(label2, vlayout)                     # 将垂直布局嵌套进表单布局中
    form.addRow(btn1,btn2)
    self.setLayout(form)                             # 设置表单布局
```

运行结果对比如图 10.16 所示。

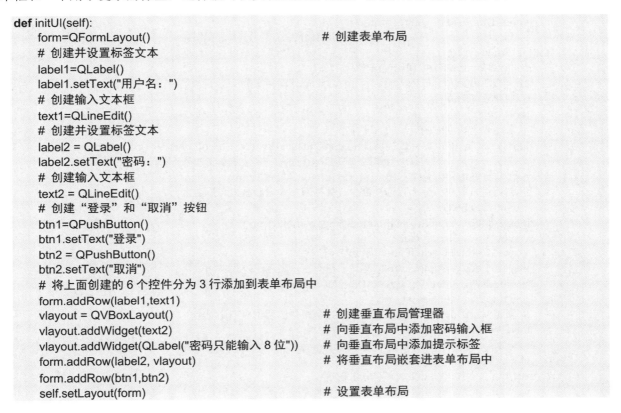

图 10.16　通过在表单布局中嵌套垂直布局使一个单元格中可以摆放两个控件

10.4.2　通过嵌套布局设计一个微信聊天窗口

【实例 10.4】　设计微信聊天窗口（实例位置：资源包\Code\10\04）

创建一个.py 文件，通过在 GirdLayout 网格布局中嵌套垂直布局，设计一个微信聊天窗口，该窗口

主要模拟两个人的对话，并且在窗口下方显示输入框及"发送"按钮。代码如下：

```python
from PyQt5 import QtCore,QtGui
from PyQt5.QtWidgets import *
class Demo(QWidget):
    def __init__(self,parent=None):
        super(Demo,self).__init__(parent)
        self.initUI()                          # 初始化窗口
    def initUI(self):
        self.setWindowTitle("微信交流")
        grid=QGridLayout()                     # 创建网格布局
        # 创建顶部时间栏
        label1 = QLabel()
        # 显示当前日期时间
        label1.setText(QtCore.QDateTime.currentDateTime().toString("yyyy-MM-dd HH:mm:ss"))
        # 在第一行第一列到第一行第四列添加标签控件，并设置居中对齐
        grid.addWidget(label1, 0, 0, 1, 4, QtCore.Qt.AlignCenter)
        # 创建对方用户头像、昵称及信息，并在网格中嵌套垂直布局显示
        label2=QLabel()
        label2.setPixmap(QtGui.QPixmap("images/head1.png"))
        vlayout1=QVBoxLayout()
        vlayout1.addWidget(QLabel("马云"))
        vlayout1.addWidget(QLabel("老马，在不在，最近还好吗？"))
        grid.addWidget(label2, 1, 0, QtCore.Qt.AlignRight)
        grid.addLayout(vlayout1, 1, 1)
        # 创建自己的头像、昵称及信息，并在网格中嵌套垂直布局显示
        label3=QLabel()
        label3.setPixmap(QtGui.QPixmap("images/head2.png"))
        vlayout2=QVBoxLayout()
        vlayout2.addWidget(QLabel("马化腾"))
        vlayout2.addWidget(QLabel("还行吧，最近经济不太景气啊！"))
        grid.addWidget(label3, 2, 3, QtCore.Qt.AlignLeft)
        grid.addLayout(vlayout2, 2, 2)
        # 创建对方用户头像、昵称及第 2 条信息，并在网格中嵌套垂直布局显示
        label4=QLabel()
        label4.setPixmap(QtGui.QPixmap("images/head1.png"))
        label4.resize(24,24)
        vlayout3=QVBoxLayout()
        vlayout3.addWidget(QLabel("马云"))
        vlayout3.addWidget(QLabel("嗯，都差不多，一起渡过难关吧……"))
        grid.addWidget(label4, 3, 0, QtCore.Qt.AlignRight)
        grid.addLayout(vlayout3, 3, 1)
        # 创建输入框，并设置宽度和高度，跨列添加到网格布局中
        text=QTextEdit()
        text.setFixedWidth(500)
        text.setFixedHeight(80)
        # 在第一行第一列到第一行第四列添加标签控件，并设置居中对齐
        grid.addWidget(text, 4, 0, 1, 4, QtCore.Qt.AlignCenter)
        # 添加"发送"按钮
```

```
            grid.addWidget(QPushButton("发送"), 5, 3, QtCore.Qt.AlignRight)
            self.setLayout(grid)                    # 设置网格布局
if __name__=='__main__':
    import sys
    app=QApplication(sys.argv)                  # 创建窗口程序
    demo=Demo()                                 # 创建窗口类对象
    demo.show()                                 # 显示窗口
    sys.exit(app.exec_())
```

运行程序，效果如图 10.17 所示。

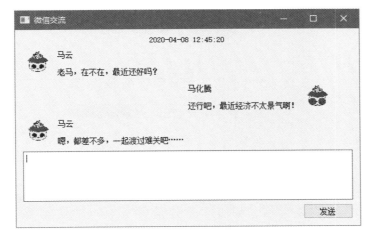

图 10.17　通过嵌套布局设计一个微信聊天窗口

10.5　MDIArea：MDI 窗口设计

以上讲解了 4 种常用的窗口布局方式，并对各种布局方式的嵌套使用进行了介绍，本节将介绍一种特殊的窗口——MDI 窗口。

10.5.1　认识 MDI 窗口

MDI 窗口（Multiple-Document Interface）又称作多文档界面，它主要用于同时显示多个文档，每个文档显示在各自的窗口中。MDI 窗口中通常有包含子菜单的窗口菜单，用于在窗口或文档之间进行切换，MDI 窗口十分常见。图 10.18 所示为一个 MDI 窗口界面。

MDI 窗口的应用非常广泛，例如，如果某公司的库存系统需要实现自动化，则需要使用窗口来输入客户和货物的数据、发出订单以及跟踪订单。这些窗口必须链接或者从属于一个界面，并且必须能够同时处理多个文件。这样，就需要建立 MDI 窗口以解决这些需求。

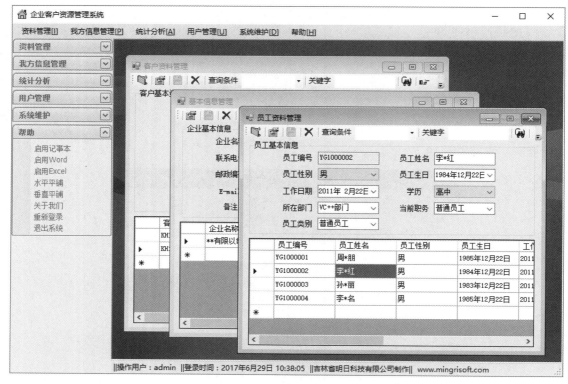

图 10.18　MDI 窗口界面

10.5.2　子窗口基础类

在 PyQt5 中使用 MDIArea 控件来设计 MDI 窗口，其基类是 QMdiArea，而子窗口是一个 QMdiSubWindow 类的实例，我们可以将任何 QWidget 设置为子窗口的内部控件，子窗口默认在 MDI 区域是级联显示的。

QMdiArea 类的常用方法及说明如表 10.3 所示。

表 10.3　QMdiArea 类的常用方法及说明

方　　法	说　　明
addSubWindow()	添加子窗口
removeSubWindow()	删除子窗口
setActiveSubWindow()	激活子窗口
closeActiveSubWindow()	关闭正在活动状态的子窗口
subWindowList()	获取 MDI 区域的子窗口列表
cascadeSubWindows()	级联排列显示子窗口
tileSubWindows()	平铺排列显示子窗口

QMdiSubWindow 类常用的方法为 setWidget()，该方法用来向子窗口中添加 PyQt5 控件。

10.5.3　MDI 子窗口的动态添加及排列

本节使用 QMdiArea 类和 QMdiSubWindow 类的相应方法设计一个可以动态添加子窗口，并能够对子窗口进行排列显示的实例。

【实例 10.5】　子窗口的动态添加及排列（实例位置：资源包\Code\10\05）

在 Qt Designer 设计器中创建一个 MainWindow 窗口，删除默认的状态栏，然后添加一个 MDIArea 控件，适当调整大小，设计完成后，保存为.ui 文件，并使用 PyUIC 工具将其转换为.py 代码文件。在.py 文件中自定义一个 action()槽函数，用来根据单击的菜单项，执行相应的新建子窗口、平铺显示子窗口和级联显示子窗口操作；然后将自定义的 action()槽函数与菜单的 triggered 信号相关联。最后为.py 文件添加__main__主方法。完整代码如下：

```python
from PyQt5 import QtCore, QtWidgets
from PyQt5.QtWidgets import *
class Ui_MainWindow(object):
    def setupUi(self, MainWindow):
        MainWindow.setObjectName("MainWindow")
        MainWindow.resize(481, 274) # 设置窗口大小
        MainWindow.setWindowTitle("MDI 窗口") # 设置窗口标题
        self.centralwidget = QtWidgets.QWidget(MainWindow)
        self.centralwidget.setObjectName("centralwidget")
        # 创建 MDI 窗口区域
        self.mdiArea = QtWidgets.QMdiArea(self.centralwidget)
        self.mdiArea.setGeometry(QtCore.QRect(0, 0, 481, 251))
        self.mdiArea.setObjectName("mdiArea")
        MainWindow.setCentralWidget(self.centralwidget)
        # 创建菜单栏
        self.menubar = QtWidgets.QMenuBar(MainWindow)
        self.menubar.setGeometry(QtCore.QRect(0, 0, 481, 23))
        self.menubar.setObjectName("menubar")
        # 设置主菜单
        self.menu = QtWidgets.QMenu(self.menubar)
        self.menu.setObjectName("menu")
        self.menu.setTitle("子窗体操作")
        MainWindow.setMenuBar(self.menubar)
        # 设置新建菜单项
        self.actionxinjian = QtWidgets.QAction(MainWindow)
        self.actionxinjian.setObjectName("actionxinjian")
        self.actionxinjian.setText("新建")
        # 设置平铺菜单项
        self.actionpingpu = QtWidgets.QAction(MainWindow)
        self.actionpingpu.setObjectName("actionpingpu")
        self.actionpingpu.setText("平铺显示")
        # 设置级联菜单项
```

```
            self.actionjilian = QtWidgets.QAction(MainWindow)
            self.actionjilian.setObjectName("actionjilian")
            self.actionjilian.setText("级联显示")
            # 将新建的 3 个菜单项添加到主菜单中
            self.menu.addAction(self.actionxinjian)
            self.menu.addAction(self.actionpingpu)
            self.menu.addAction(self.actionjilian)
            # 将设置完成的主菜单添加到菜单栏中
            self.menubar.addAction(self.menu.menuAction())
            QtCore.QMetaObject.connectSlotsByName(MainWindow)
            # 为菜单项关联信号
            self.menubar.triggered[QAction].connect(self.action)
    count=0                                                 # 定义变量，用来表示新建的子窗口个数
    # 自定义槽函数，根据选择的菜单执行相应操作
    def action(self,m):
        if m.text()=="新建":
            sub=QMdiSubWindow()                             # 创建子窗口对象
            self.count = self.count + 1                     # 记录子窗口个数
            # 设置子窗口标题
            sub.setWindowTitle("子窗口"+str(self.count))
            # 在子窗口中添加一个标签，并设置文本
            sub.setWidget(QLabel("这是第 %d 个子窗口"%self.count))
            self.mdiArea.addSubWindow(sub)                  # 将新建的子窗口添加到 MDI 区域
            sub.show()                                      # 显示子窗口
        elif m.text()=="平铺显示":
            self.mdiArea.tileSubWindows()                   # 对子窗口平铺排列
        elif m.text()=="级联显示":
            self.mdiArea.cascadeSubWindows()                # 对子窗口级联排列
# 主方法
if __name__ == '__main__':
    import sys
    app = QApplication(sys.argv)
    MainWindow = QMainWindow()                              # 创建窗体对象
    ui = Ui_MainWindow()                                    # 创建 PyQt5 设计的窗体对象
    ui.setupUi(MainWindow)                                  # 调用 PyQt5 窗体的方法对窗体对象进行初始化设置
    MainWindow.show()                                       # 显示窗体
    sys.exit(app.exec_())                                   # 程序关闭时退出进程
```

运行程序，单击"新建"菜单项，可以根据单击的次数创建多个子窗口，并并排显示在 MDI 区域，如图 10.19 所示。

图 10.19　新建子窗口

单击"平铺显示"菜单，可以对 MDI 区域中显示的子窗口进行平铺显示，如图 10.20 所示。

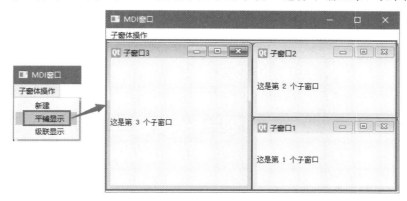

图 10.20　平铺显示子窗口

单击"级联显示"菜单，可以将 MDI 区域中显示的子窗口进行级联显示，如图 10.21 所示。

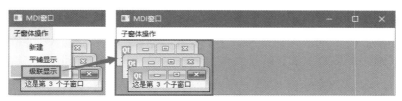

图 10.21　级联显示子窗口

10.6　小　　结

布局管理是 PyQt5 程序中非常重要的内容，通过合理的布局，可以使我们的程序界面变得美观、大方，而且能够自适应各种环境。本章首先对 PyQt5 中常用的 4 种布局方式进行了讲解，包括垂直布局、水平布局、网格布局和表单布局，每种布局方式都有适合于自己的应用场景；然后对各种布局的嵌套使用进行了讲解；最后对 MDI 窗口程序的设计进行介绍。通过本章的学习，读者应该能够灵活地使用各种布局方式对自己的程序界面进行布局，并熟悉 MDI 窗口程序的设计过程。

第 11 章

菜单、工具栏和状态栏

菜单是窗口应用程序的主要用户界面要素，工具栏为应用程序提供了操作系统的界面，状态栏显示系统的一些状态信息，在 PyQt5 中，菜单、工具栏和状态栏都不以标准控件的形式体现，那么，如何使用菜单、工具栏和状态栏呢？本章将对开发 PyQt5 窗口应用程序时的菜单、工具栏和状态栏设计进行详细讲解。

11.1　菜　　单

在 PyQt5 中，菜单栏使用 QMenuBar 类表示，它分为两部分：主菜单和菜单项，其中，主菜单被显示为一个 QMenu 类，而菜单项则使用 QAciton 类表示。一个 QMenu 中可以包含任意多个 QAction 对象，也可以包含另外的 QMenu，用来表示级联菜单。本节将对菜单的设计及使用进行详细讲解。

11.1.1　菜单基础类

在 PyQt5 窗口中创建菜单时，需要 QMenuBar 类、QMenu 类和 QAction 类，创建一个菜单，基本上就是使用这 3 个类完成图 11.1 所示的 3 个步骤。本节将分别对这 3 个类进行说明。

图 11.1　创建菜单的 3 个步骤

1．QMenuBar 类

QMenuBar 类是所有窗口的菜单栏，用户需要在此基础上添加不同的 QMenu 和 QAction，创建菜单栏有两种方法，分别是 QMenuBar 类的构造方法或者 MainWindow 对象的 menuBar()方法。代码如下：

```
self.menuBar = QtWidgets.QMenuBar(MainWindow)
```

或

```
self.menuBar = MainWindow.menuBar()
```

创建完菜单栏之后，就可以使用 QMenuBar 类的相关方法进行菜单的设置了，QMenuBar 类的常用方法如表 11.1 所示。

表 11.1　QMenuBar 类的常用方法及说明

方　　法	说　　明	方　　法	说　　明
addAction()	添加菜单项	addMenu()	添加菜单
addActions()	添加多个菜单项	addSeparator()	添加分割线

2．QMenu 类

QMenu 类表示菜单栏中的菜单，可以显示文本和图标，但是并不负责执行操作，类似 Label 的作用。QMenu 类的常用方法如表 11.2 所示。

表 11.2　QMenu 类的常用方法及说明

方　　法	说　　明	方　　法	说　　明
addAction()	添加菜单项	setTitle()	设置菜单的文本
addMenu()	添加菜单	title()	获取菜单的标题文本
addSeparator()	添加分割线		

3．QAction 类

PyQt5 将用户与界面进行交互的元素抽象为一种"动作"，使用 QAction 类表示。QAction 才是真正负责执行操作的部件。QAction 类的常用方法如表 11.3 所示。

表 11.3　QAction 类的常用方法及说明

方　　法	说　　明	方　　法	说　　明
setIcon()	设置菜单项图标	setShortcut()	设置快捷键
setIconVisibleInMenu()	设置图标是否显示	setToolTip()	设置提示文本
setText()	添加菜单项文本	setEnabled()	设置菜单项是否可用
setIconText()	设置图标文本	text()	获取菜单项的文本

QAction 类有一个常用的信号 triggered，用来在单击菜单项时发射。

> **注意**
>
> 使用 PyQt5 中的菜单时，只有 QAction 菜单项可以执行操作，QMenuBar 菜单栏和 QMenu 菜单都是不会执行任何操作的，这点一定要注意，这与其他语言的窗口编程有所不同。

11.1.2　添加和删除菜单

在 PyQt5 中，使用 Qt Designer 设计器创建一个 MainWindow 窗口时，窗口中默认有一个菜单栏和一个状态栏，如图 11.2 所示。

由于一个窗口中只能有一个菜单栏，所以在默认的 MainWindow 窗口中单击右键，是无法添加菜单的，如图 11.3 所示，这时首先需要删除原有的菜单，删除菜单非常简单，在菜单上单击右键，选择"Remove Menu Bar"即可，如图 11.4 所示。

添加菜单也非常简单，在一个空窗口上单击右键，在弹出的快捷菜单中选择"Create Menu Bar"即可，如图 11.5 所示。

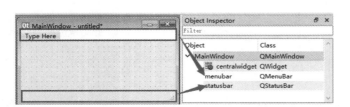

图 11.2　MainWindow 窗口中的默认菜单栏和状态栏　　　图 11.3　Main Window 窗口的默认右键菜单

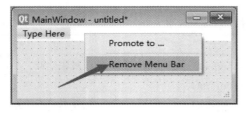

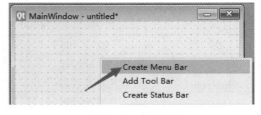

图 11.4　删除菜单　　　　　　　　　　　图 11.5　添加菜单

11.1.3　设置菜单项

设置菜单项，即为菜单添加相应的菜单项，在默认的菜单上双击，即可将菜单项变为一个输入框，如图 11.6 所示。

输入完成后，按 Enter 键，即可在添加的菜单右侧和下方自动生成新的提示，如图 11.7 所示，根据自己的需求继续重复上面的步骤添加菜单和菜单项即可。

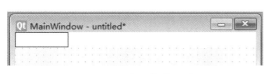

图 11.6　双击输入菜单文本

图 11.7　自动生成新的提示

11.1.4　为菜单设置快捷键

为菜单设置快捷键有两种方法，一种是在输入菜单文本时设置，一种使用 setShortcut()方法设置，下面分别讲解。

☑　在输入菜单文本时设置快捷键

输入菜单文本时设置快捷键，只需要在文本中输入"&+字母"的形式即可，例如，在图 11.8 中为"新建"菜单设置快捷键，则直接输入文本"(&N)"，这时就可以使用 Alt+N 快捷键来调用该菜单。

☑　使用 setShortcut()方法设置快捷键

使用 setShortcut()方法设置快捷键时，只需要输入相应的快捷组合键即可，例如：

```
self.actionxinjian.setShortcut("Ctrl+N")
```

使用上面两种方法设置快捷键的最终效果如图 11.9 所示。

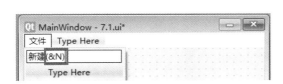

图 11.8　在输入菜单文本时设置快捷键

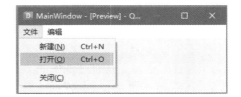

图 11.9　设置完快捷键的效果

11.1.5　为菜单设置图标

为菜单设置图标需要使用 setIcon()方法，该方法要求有一个 QIcon 对象作为参数。例如，下面的代码是为"新建"菜单设置图标：

```
icon = QtGui.QIcon()
icon.addPixmap(QtGui.QPixmap("images/new.ico"), QtGui.QIcon.Normal, QtGui.QIcon.Off)
self.actionxinjian.setIcon(icon)
```

为菜单设置图标后的效果如图 11.10 所示。

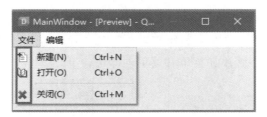

图 11.10　为菜单设置图标

11.1.6　菜单的功能实现

在单击菜单项时，可以触发其 triggered 信号，通过为该信号关联槽函数，可以实现相应的菜单项功能。

【实例 11.1】　单击菜单项，弹出信息提示框（实例位置：资源包\Code\11\01）

在前面设计的菜单栏基础上，为菜单项添加相应的事件，单击菜单项时，弹出信息提示框，提示选择了哪个菜单。完整代码如下：

```python
from PyQt5 import QtCore, QtGui, QtWidgets
class Ui_MainWindow(object):
    def setupUi(self, MainWindow):
        MainWindow.setObjectName("MainWindow")
        MainWindow.resize(344, 115)
        self.centralwidget = QtWidgets.QWidget(MainWindow)
        self.centralwidget.setObjectName("centralwidget")
        MainWindow.setCentralWidget(self.centralwidget)
        # self.menuBar = MainWindow.menuBar()
        # 添加菜单栏
        self.menuBar = QtWidgets.QMenuBar(MainWindow)
        self.menuBar.setGeometry(QtCore.QRect(0, 0, 344, 23))
        self.menuBar.setObjectName("menuBar")
        # 添加"文件"菜单
        self.menu = QtWidgets.QMenu(self.menuBar)
        self.menu.setObjectName("menu")
        self.menu.setTitle("文件")
        # 添加"编辑"菜单
        self.menu_2 = QtWidgets.QMenu(self.menuBar)
        self.menu_2.setObjectName("menu_2")
        self.menu_2.setTitle("编辑")
        MainWindow.setMenuBar(self.menuBar)
        # 添加"新建"菜单
        self.actionxinjian = QtWidgets.QAction(MainWindow)
        self.actionxinjian.setEnabled(True)                    # 设置菜单可用
        # 为菜单设置图标
        icon = QtGui.QIcon()
        icon.addPixmap(QtGui.QPixmap("images/new.ico"), QtGui.QIcon.Normal, QtGui.QIcon.Off)
        self.actionxinjian.setIcon(icon)
```

```
        # 设置菜单为 Windows 快捷键
        self.actionxinjian.setShortcutContext(QtCore.Qt.WindowShortcut)
        self.actionxinjian.setIconVisibleInMenu(True)          # 设置图标可见
        self.actionxinjian.setObjectName("actionxinjian")
        self.actionxinjian.setText("新建(&N)")                 # 设置菜单文本
        self.actionxinjian.setIconText("新建")                 # 设置图标文本
        self.actionxinjian.setToolTip("新建")                  # 设置提示文本
        self.actionxinjian.setShortcut("Ctrl+N")               # 设置快捷键
        # 添加"打开"菜单
        self.actiondakai = QtWidgets.QAction(MainWindow)
        # 为菜单设置图标
        icon1 = QtGui.QIcon()
        icon1.addPixmap(QtGui.QPixmap("images/open.ico"), QtGui.QIcon.Normal, QtGui.QIcon.Off)
        self.actiondakai.setIcon(icon1)
        self.actiondakai.setObjectName("actiondakai")
        self.actiondakai.setText("打开(&O)")                   # 设置菜单文本
        self.actiondakai.setIconText("打开")                   # 设置图标文本
        self.actiondakai.setToolTip("打开")                    # 设置提示文本
        self.actiondakai.setShortcut("Ctrl+O")                 # 设置快捷键
        # 添加"关闭"菜单
        self.actionclose = QtWidgets.QAction(MainWindow)
        # 为菜单设置图标
        icon2 = QtGui.QIcon()
        icon2.addPixmap(QtGui.QPixmap("images/close.ico"), QtGui.QIcon.Normal, QtGui.QIcon.Off)
        self.actionclose.setIcon(icon2)
        self.actionclose.setObjectName("actionclose")
        self.actionclose.setText("关闭(&C)")                   # 设置菜单文本
        self.actionclose.setIconText("关闭")                   # 设置图标文本
        self.actionclose.setToolTip("关闭")                    # 设置提示文本
        self.actionclose.setShortcut("Ctrl+M")                 # 设置快捷键
        self.menu.addAction(self.actionxinjian)                # 在"文件"菜单中添加"新建"菜单项
        self.menu.addAction(self.actiondakai)                  # 在"文件"菜单中添加"打开"菜单项
        self.menu.addSeparator()                               # 添加分割线
        self.menu.addAction(self.actionclose)                  # 在"文件"菜单中添加"关闭"菜单项
        # 将"文件"菜单的菜单项添加到菜单栏中
        self.menuBar.addAction(self.menu.menuAction())
        # 将"编辑"菜单的菜单项添加到菜单栏中
        self.menuBar.addAction(self.menu_2.menuAction())
        self.retranslateUi(MainWindow)
        QtCore.QMetaObject.connectSlotsByName(MainWindow)
        # 为菜单中的 QAction 绑定 triggered 信号
        self.menu.triggered[QtWidgets.QAction].connect(self.getmenu)
    def getmenu(self,m):
        from PyQt5.QtWidgets import QMessageBox
        # 使用 information()方法弹出信息提示框
        QMessageBox.information(MainWindow,"提示","您选择的是"+m.text(),QMessageBox.Ok)
    def retranslateUi(self, MainWindow):
        _translate = QtCore.QCoreApplication.translate
        MainWindow.setWindowTitle(_translate("MainWindow", "MainWindow"))
```

```
import sys
# 主方法，程序从此处启动 PyQt 设计的窗体
if __name__ == '__main__':
    app = QtWidgets.QApplication(sys.argv)
    MainWindow = QtWidgets.QMainWindow()          # 创建窗体对象
    ui = Ui_MainWindow()                          # 创建 PyQt 设计的窗体对象
    ui.setupUi(MainWindow)                        # 调用 PyQt 窗体方法，对窗体对象初始化设置
    MainWindow.show()                             # 显示窗体
    sys.exit(app.exec_())                         # 程序关闭时退出进程
```

技巧

上面的代码为菜单项绑定 triggered 信号时，通过 QMenu 菜单进行了绑定：self.menu.triggered[QtWidgets.QAction].connect(self.getmenu)，其实，如果每个菜单项实现的功能不同，还可以单独为每个菜单项绑定 triggered 信号。例如下面的代码：

```
        # 单独为"新建"菜单绑定 triggered 信号
        self.actionxinjian.triggered.connect(self.getmenu)
    def getmenu(self):
        from PyQt5.QtWidgets import QMessageBox
        # 使用 information()方法弹出信息提示框
        QMessageBox.information(MainWindow,"提示","您选择的是"+self.actionxinjian.text(), QMessageBox.Ok)
```

运行程序，单击菜单栏中的某个菜单，即可弹出提示框，提示您选择了哪个菜单，如图 11.11 所示。

图 11.11　触发菜单的 triggered 信号

11.2　工　具　栏

工具栏主要为窗口应用程序提供一些常用的快捷按钮、操作等。在 PyQt5 中，用 QToolBar 类表示工具栏。本节将对工具栏的使用进行讲解。

11.2.1　工具栏类：QToolBar

QToolBar 类表示工具栏，它是一个由文本按钮、图标或者其他小控件组成的可移动面板，通常位

于菜单栏下方。

QToolBar 类的常用方法如表 11.4 所示。

表 11.4　QToolBar 类的常用方法及说明

方　　法	说　　明
addAction()	添加具有文本或图标的工具按钮
addActions()	一次添加多个工具按钮
addWidget()	添加工具栏中按钮以外的控件
addSeparator()	添加分割线
setIconSize()	设置工具栏中图标的大小
setMovable()	设置工具栏是否可以移动
setOrientation()	设置工具栏的方向，取值如下。 ◆ Qt.Horizontal：水平工具栏； ◆ Qt.Vertical：垂直工具栏
setToolButtonStyle()	设置工具栏按钮的显示样式，主要支持以下 5 种样式。 ◆ Qt.ToolButtonIconOnly：只显示图标； ◆ Qt.ToolButtonTextOnly：只显示文本； ◆ Qt.ToolButtonTextBesideIcon：文本显示在图标的旁边； ◆ Qt.ToolButtonTextUnderIcon：文本显示在图标的下面； ◆ Qt.ToolButtonFollowStyle：跟随系统样式

单击工具栏中的按钮时，会发射 actionTriggered 信号，通过为该信号关联相应的槽函数，即可实现工具栏的相应功能。

11.2.2　添加工具栏

在 PyQt5 的 Qt Designer 设计器中创建一个 Main Window 窗口，一个窗口中可以有多个工具栏，添加工具栏非常简单，单击右键，在弹出的快捷菜单中选择 "Add Tool Bar" 即可，如图 11.12 所示。

对应的 Python 代码如下：

```
self.toolBar = QtWidgets.QToolBar(MainWindow)
self.toolBar.setObjectName("toolBar")
MainWindow.addToolBar(QtCore.Qt.TopToolBarArea, self.toolBar)
```

除了使用 QToolBar 类的构造函数创建工具栏之外，还可以直接使用 MainWindow 对象的 addToolBar()方法进行添加，例如，上面的代码可以替换如下：

```
MainWindow.addToolBar("toolBar")
```

11.2.3　为工具栏添加图标按钮

为工具栏添加图标按钮，需要用到 addAction()方法，需要在该方法中传入一个 QIcon 对象，用来指定按钮的图标和文本；另外，工具栏中的按钮默认只显示图标，可以通过 setToolButtonStyle()方法设置为既显示图标又显示文本。例如，下面代码为在工具栏中添加一个"新建"按钮，并且同时显示图标和文本，图标和文本的组合方式为图标显示在文本上方。代码如下：

```
# 设置工具栏中按钮的显示方式为：文字显示在图标的下方
self.toolBar.setToolButtonStyle(QtCore.Qt.ToolButtonTextUnderIcon)
self.toolBar.addAction(QtGui.QIcon("images/new.ico"),"新建") # 为工具栏添加 QAction
```

效果如图 11.13 所示。

图 11.12　　添加工具栏

图 11.13　　为工具栏添加一个图标按钮

11.2.4　一次为工具栏添加多个图标按钮

一次为工具栏添加多个图标按钮需要用到 addActions()方法，需要在该方法中传入一个 Iterable 迭代器对象，对象中的元素必须是 QAction 对象。例如，下面的代码使用 addActions()方法同时为工具栏添加"打开"和"关闭"两个图标按钮：

```
# 创建"打开"按钮对象
self.open = QtWidgets.QAction(QtGui.QIcon("images/open.ico"),"打开")
# 创建"关闭"按钮对象
self.close = QtWidgets.QAction(QtGui.QIcon("images/close.ico"), "关闭")
self.toolBar.addActions([self.open,self.close]) # 将创建的两个 QAction 添加到工具栏中
```

效果如图 11.14 所示。

11.2.5　向工具栏中添加其他控件

除了使用 QAction 对象向工具栏中添加图标按钮之外，PyQt5 还支持向工具栏中添加标准控件，如常用的 Label、LineEdit、ComboBox、CheckBox 等，这需要用到 QToolBar 对象的 addWidget()方法。例如，下面的代码是向工具栏中添加一个 ComboBox 下拉列表：

```
# 创建一个 ComboBox 下拉列表控件
self.combobox = QtWidgets.QComboBox()
# 定义职位列表
list = ["总经理", "副总经理", "人事部经理", "财务部经理", "部门经理", "普通员工"]
self.combobox.addItems(list)                # 将职位列表添加到 ComboBox 下拉列表中
self.toolBar.addWidget(self.combobox)       # 将下拉列表添加到工具栏中
```

效果如图 11.15 所示。

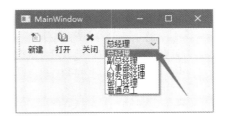

图 11.14　在工具栏中同时添加多个图标按钮　　　图 11.15　在工具栏中添加 PyQt5 标准控件

11.2.6　设置工具栏按钮的大小

工具栏中的图标按钮默认大小是 24×24，但在使用时，根据实际的需要，对工具栏按钮大小的要求也会有所不同，这时可以使用 setIconSize()方法改变工具栏按钮的大小。例如，下面代码将工具栏中的图标按钮大小修改为 16×16：

```
self.toolBar.setIconSize(QtCore.QSize(16,16)) # 设置工具栏图标按钮的大小
```

工具栏按钮的大小修改前后的对比效果如图 11.16 所示。

图 11.16　工具栏按钮大小修改前后的对比效果

11.2.7　工具栏的单击功能实现

在单击工具栏中的按钮时，可以触发其 actionTriggered 信号，通过为该信号关联相应槽函数，可以实现工具栏的相应功能。

【实例 11.2】　获取单击的工具栏按钮（实例位置：资源包\Code\11\02）

在前面设计的工具栏基础上，为工具栏按钮添加相应的事件，提示用户单击了哪个工具栏按钮。完整代码如下：

```
from PyQt5 import QtCore, QtGui, QtWidgets
from PyQt5.QtWidgets import QMessageBox
class Ui_MainWindow(object):
    def setupUi(self, MainWindow):
        MainWindow.setObjectName("MainWindow")
        MainWindow.resize(309, 137)
        self.centralwidget = QtWidgets.QWidget(MainWindow)
        self.centralwidget.setObjectName("centralwidget")
        MainWindow.setCentralWidget(self.centralwidget)
```

```python
        self.toolBar = QtWidgets.QToolBar(MainWindow)
        self.toolBar.setObjectName("toolBar")
        self.toolBar.setMovable(True)                                    # 设置工具栏可移动
        self.toolBar.setOrientation(QtCore.Qt.Horizontal)               # 设置工具栏为水平工具栏
        # 设置工具栏中按钮的显示方式为：文字显示在图标的下方
        self.toolBar.setToolButtonStyle(QtCore.Qt.ToolButtonTextUnderIcon)
        # 为工具栏添加 QAction
        self.toolBar.addAction(QtGui.QIcon("images/new.ico"),"新建")
        # 创建"打开"按钮对象
        self.open = QtWidgets.QAction(QtGui.QIcon("images/open.ico"),"打开")
        # 创建"关闭"按钮对象
        self.close = QtWidgets.QAction(QtGui.QIcon("images/close.ico"), "关闭")
        self.toolBar.addActions([self.open,self.close])                 # 将创建的两个 QAction 添加到工具栏中
        # self.toolBar.setIconSize(QtCore.QSize(16,16))                 # 设置工具栏图标按钮的大小
        # 创建一个 ComboBox 下拉列表控件
        self.combobox = QtWidgets.QComboBox()
        # 定义职位列表
        list = ["总经理", "副总经理", "人事部经理", "财务部经理", "部门经理", "普通员工"]
        self.combobox.addItems(list)                                    # 将职位列表添加到 ComboBox 下拉列表中
        self.toolBar.addWidget(self.combobox)                           # 将下拉列表添加到工具栏中
        MainWindow.addToolBar(QtCore.Qt.TopToolBarArea, self.toolBar)
        # 将 ComboBox 控件的选项更改信号与自定义槽函数关联
        self.combobox.currentIndexChanged.connect(self.showinfo)
        # 为菜单中的 QAction 绑定 triggered 信号
        self.toolBar.actionTriggered[QtWidgets.QAction].connect(self.getvalue)
    def getvalue(self,m):
        # 使用 information()方法弹出信息提示框
        QMessageBox.information(MainWindow,"提示","您单击了 "+m.text(),QMessageBox.Ok)
    def showinfo(self):
        # 显示选择的职位
        QMessageBox.information(MainWindow, "提示", "您选择的职位是：" + self.combobox.currentText(),
QMessageBox.Ok)
        self.retranslateUi(MainWindow)
        QtCore.QMetaObject.connectSlotsByName(MainWindow)
    def retranslateUi(self, MainWindow):
        _translate = QtCore.QCoreApplication.translate
        MainWindow.setWindowTitle(_translate("MainWindow", "MainWindow"))
        self.toolBar.setWindowTitle(_translate("MainWindow", "toolBar"))
import sys
# 主方法，程序从此处启动 PyQt 设计的窗体
if __name__ == '__main__':
    app = QtWidgets.QApplication(sys.argv)
    MainWindow = QtWidgets.QMainWindow()                    # 创建窗体对象
    ui = Ui_MainWindow()                                    # 创建 PyQt 设计的窗体对象
    ui.setupUi(MainWindow)                                  # 调用 PyQt 窗体方法，对窗体对象初始化设置
    MainWindow.show()                                       # 显示窗体
    sys.exit(app.exec_())                                   # 程序关闭时退出进程
```

> **说明**
>
> 单击工具栏中的 QAction 对象默认会发射 actionTriggered 信号，但是，如果为工具栏添加了其他控件，并不会发射 actionTriggered 信号，而是会发射它们自己特有的信号。例如，在上面工具栏中添加的 ComboBox 下拉列表，在选择下拉列表中的项时，会发射其本身的 currentIndexChanged 信号。

运行程序，单击工具栏中的某个图标按钮，提示您单击了哪个按钮，如图 11.17 所示。

当用户选择工具栏中下拉列表中的项时，提示选择了哪一项，如图 11.18 所示。

图 11.17　单击工具栏中的图标按钮效果

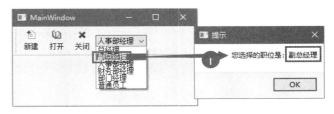

图 11.18　选择工具栏中下拉列表中的项时的效果

11.3　状　态　栏

状态栏通常放在窗口的最底部，用于显示窗口上的一些对象的相关信息或者程序信息，例如，显示当前登录用户、实时显示登录时间、显示任务执行进度等，在 PyQt5 中用 QStatusBar 类表示状态栏。本节将对状态栏的使用进行讲解。

11.3.1　状态栏类：QStatusBar

QStatusBar 类表示状态栏，它是一个放置在窗口底部的水平条。QStatusBar 类的常用方法如表 11.5 所示。

表 11.5　QStatusBar 类的常用方法及说明

方　　法	说　　明
addWidget()	向状态栏中添加控件
addPermanentWidget()	添加永久性控件，不会被临时消息掩盖，位于状态栏最右端
removeWidget()	移除状态栏中的控件
showMessage()	在状态栏中显示一条临时信息
clearMessage()	删除正在显示的临时信息

QAction 类有一个常用的信号 triggered，用来在单击菜单项时发射。

11.3.2　添加状态栏

在 PyQt5 中，使用 Qt Designer 设计器创建一个 MainWindow 窗口时，窗口中默认有一个菜单栏和一个状态栏，由于一个窗口中只能有一个状态栏，所以首先需要删除原有的状态栏，删除状态栏非常简单，在窗口中单击右键，选择"Remove Status Bar"即可，如图 11.19 所示。

添加状态栏也非常简单，在一个空窗口上单击右键，在弹出的快捷菜单中选择"Create Status Bar"即可，如图 11.20 所示。

图 11.19　删除状态栏　　　　　　　　　　　图 11.20　添加状态栏

对应的 Python 代码如下：

```
self.statusbar = QtWidgets.QStatusBar(MainWindow)
self.statusbar.setObjectName("statusbar")
MainWindow.setStatusBar(self.statusbar)
```

11.3.3　向状态栏中添加控件

PyQt5 支持向状态栏中添加标准控件，如常用的 Label、ComboBox、CheckBox、ProgressBar 等，这需要用到 QStatusBar 对象的 addWidget()方法。例如，向状态栏中添加一个 Label 控件，用来显示版权信息。代码如下：

```
self.label=QtWidgets.QLabel()                          # 创建一个 Label 控件
self.label.setText('版权所有：吉林省明日科技有限公司')      # 设置 Label 的文本
self.statusbar.addWidget(self.label)                   # 将 Label 控件添加到状态栏中
```

效果如图 11.21 所示。

图 11.21　在状态栏中添加 PyQt5 标准控件

11.3.4　在状态栏中显示和删除临时信息

在状态栏中显示临时信息，需要使用 QStatusBar 对象的 showMessage()方法，该方法中有两个参数，第一个参数为要显示的临时信息内容，第二个参数为要显示的时间，以毫秒为单位，但如果设置该参数为 0，则表示一直显示。例如，下面的代码为在状态栏中显示当前登录用户的信息：

```
self.statusbar.showMessage('当前登录用户：mr',0)  # 在状态栏中显示临时信息
```

效果如图 11.22 所示。

注意

默认情况下，状态栏中的临时信息和添加的控件不能同时显示，否则会发生覆盖重合的情况。例如，将上面讲解的在状态栏中添加 Label 控件和显示临时信息的代码全部保留，即代码如下：

```
self.label=QtWidgets.QLabel()                      # 创建一个 Label 控件
self.label.setText('版权所有：吉林省明日科技有限公司')  # 设置 Label 的文本
self.statusbar.addWidget(self.label)               # 将 Label 控件添加到状态栏中
self.statusbar.showMessage('当前登录用户：mr', 0)   # 在状态栏中显示临时信息
```

则运行时会出现如图 11.23 所示的效果。要解决该问题，可以使用 addPermanentWidget()方法向状态栏中添加控件。

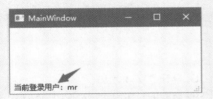

图 11.22　在状态栏中显示临时信息

图 11.23　状态栏默认不能同时显示临时信息和 PyQt5 标准控件

删除临时信息使用 QStatusBar 对象的 clearMessage()方法。例如：

```
self.statusbar.clearMessage()  # 清除状态栏中的临时信息
```

11.3.5　在状态栏中实时显示当前时间

【实例 11.3】　在状态栏中实时显示当前时间（实例位置：资源包\Code\11\03）

在 PyQt5 的 Qt Designer 设计器中创建一个 MainWindow 窗口，删除默认的菜单栏，保留状态栏，然后调整窗口的大小，并保存为.ui 文件，将.ui 文件转换为.py 文件，在.py 文件中使用 QTimer 计时器实时获取当前的日期时间，并使用 QStatusBar 对象的 showMessage()方法显示在状态栏上。代码如下：

```
from PyQt5 import QtCore, QtGui, QtWidgets
class Ui_MainWindow(object):
    def setupUi(self, MainWindow):
        MainWindow.setObjectName("MainWindow")
        MainWindow.resize(301, 107)
```

```
        self.centralwidget = QtWidgets.QWidget(MainWindow)
        self.centralwidget.setObjectName("centralwidget")
        MainWindow.setCentralWidget(self.centralwidget)
        # 添加一个状态栏
        self.statusbar = QtWidgets.QStatusBar(MainWindow)
        self.statusbar.setObjectName("statusbar")
        MainWindow.setStatusBar(self.statusbar)
        timer = QtCore.QTimer(MainWindow)                           # 创建一个 QTimer 计时器对象
        timer.timeout.connect(self.showtime)                        # 发射 timeout 信号，与自定义槽函数关联
        timer.start()                                               # 启动计时器
    # 自定义槽函数，用来在状态栏中显示当前日期时间
    def showtime(self):
        datetime = QtCore.QDateTime.currentDateTime()               # 获取当前日期时间
        text = datetime.toString("yyyy-MM-dd HH:mm:ss")             # 对日期时间进行格式化
        self.statusbar.showMessage('当前日期时间：'+text, 0)          # 在状态栏中显示日期时间
        self.retranslateUi(MainWindow)
        QtCore.QMetaObject.connectSlotsByName(MainWindow)
    def retranslateUi(self, MainWindow):
        _translate = QtCore.QCoreApplication.translate
        MainWindow.setWindowTitle(_translate("MainWindow", "MainWindow"))
import sys
# 主方法，程序从此处启动 PyQt 设计的窗体
if __name__ == '__main__':
    app = QtWidgets.QApplication(sys.argv)
    MainWindow = QtWidgets.QMainWindow()                            # 创建窗体对象
    ui = Ui_MainWindow()                                           # 创建 PyQt 设计的窗体对象
    ui.setupUi(MainWindow)                                         # 调用 PyQt 窗体的方法对窗体对象进行初始化设置
    MainWindow.show()                                             # 显示窗体
    sys.exit(app.exec_())                                         # 程序关闭时退出进程
```

技巧

上面代码中用到了 PyQt5 中的 QTimer 类，该类是一个计时器类，它最常用的两个方法是 start() 方法和 stop() 方法，其中，start() 方法用来启动计时器，参数以秒为单位，默认为 1 秒；stop() 方法用来停止计时器。另外，QTimer 类还提供了一个 timeout 信号，在执行定时操作时发射该信号。

运行程序，在窗口中的状态栏中会实时显示当前的日期时间，效果如图 11.24 所示。

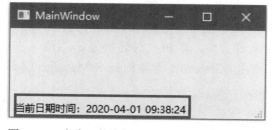

图 11.24　在窗口状态栏中实时显示当前日期时间

说明

图 11.24 显示的日期时间是跟随系统实时变化的。

11.4　小　　结

本章主要对 PyQt5 中的菜单、工具栏和状态栏的使用进行了详细讲解，在 PyQt5 中，分别使用 QMenu、QToolBar 和 QStatusBar 类表示菜单、工具栏和状态栏。菜单、工具栏和状态栏是一个项目中最常用到的 3 大部分，因此，读者在学习本章内容时，应该熟练掌握它们的设计及使用方法，并能将其运用于实际项目开发中。

第 12 章

PyQt5 高级控件的使用

PyQt5 中包含了很多用于简化窗口设计的可视化控件，除了第 5 章讲解的常用控件，还有一些关于进度、展示数据等的高级控件。本章将对 PyQt5 窗口应用程序中高级控件的使用进行详细讲解。

12.1　进度条类控件

进度条类控件主要显示任务的执行进度，PyQt5 提供了进度条控件和滑块控件这两种类型的进度条类控件，其中，进度条控件是我们通常所看到的进度条，用 ProgressBar 控件表示，而滑块控件是以刻度线的形式出现。本节将对 PyQt5 中的进度条类控件进行详细讲解。

12.1.1　ProgressBar：进度条

ProgressBar 控件表示进度条，通常在执行长时间任务时，用进度条告诉用户当前的进展情况。ProgressBar 控件图标如图 12.1 所示。

ProgressBar 控件对应 PyQt5 中的 QProgressBar 类，它其实就是 QProgressBar 类的一个对象。QProgressBar 类的常用方法及说明如表 12.1 所示。

▊▊▊ **Progress Bar**

图 12.1　ProgressBar 控件图标

表 12.1　QProgressBar 类的常用方法及说明

方　　法	说　　明
setMinimum()	设置进度条的最小值，默认值为 0
setMaximum()	设置进度条的最大值，默认值为 99
setRange()	设置进度条的取值范围，相当于 setMinimum()和 setMaximum()的结合
setValue()	设置进度条的当前值

续表

方　　法	说　　明
setFormat()	设置进度条的文字显示格式，有以下 3 种格式。 ◆ %p%：显示完成的百分比，默认格式； ◆ %v：显示当前的进度值； ◆ %m：显示总的步长值
setLayoutDirection()	设置进度条的布局方向，支持以下 3 个方向值。 ◆ Qt.LeftToRight：从左至右； ◆ Qt.RightToLeft：从右至左； ◆ Qt.LayoutDirectionAuto：跟随布局方向自动调整
setAlignment()	设置对齐方式，有水平和垂直两种，分别如下。 ◆ 水平对齐方式 　■ Qt.AlignLeft：左对齐； 　■ Qt.AlignHCenter：水平居中对齐； 　■ Qt.AlignRight：右对齐； 　■ Qt.AlignJustify：两端对齐； ◆ 垂直对齐方式 　■ Qt.AlignTop：顶部对齐； 　■ Qt.AlignVCenter：垂直居中； 　■ Qt.AlignBottom：底部对齐
setOrientation()	设置进度条的显示方向，有以下两个方向。 ◆ Qt.Horizontal：水平方向； ◆ Qt.Vertical：垂直方向
setInvertedAppearance()	设置进度条是否以反方向显示进度
setTextDirection()	设置进度条的文本显示方向，有以下两个方向。 ◆ QProgressBar.TopToBottom：从上到下； ◆ QProgressBar.BottomToTop：从下到上
setProperty()	对进度条的属性进行设置，可以是任何属性，如 self.progressBar.setProperty("value", 24)
minimum()	获取进度条的最小值
maximum()	获取进度条的最大值
value()	获取进度条的当前值

ProgressBar 控件最常用的信号是 valueChanged，在进度条的值发生改变时发射。

通过对 ProgressBar 控件的显示方向、对齐方式、布局方向等进行设置，该控件可以支持 4 种水平进度条显示方式和 2 种垂直进度条显示方式，它们的效果如图 12.2 所示，用户可以根据自身需要选择适合自己的显示方式。

技巧

如果将最小值和最大值都设置为 0，那么进度条会显示为一个不断循环滚动的繁忙进度，而不是步骤的百分比。

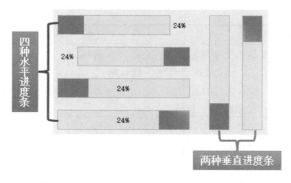

四种水平进度条

两种垂直进度条

图 12.2　ProgressBar 支持的进度条显示样式

【实例 12.1】 模拟一个跑马灯效果（实例位置：资源包\Code\12\01）

打开 Qt Designer 设计器，创建一个窗口，并向窗口中添加 4 个 ProgressBar 控件和一个 PushButton 控件，然后将该窗口转换为.py 文件，在.py 文件中对进度条和 PushButton 按钮的 clicked 信号进行绑定，代码如下：

```
from PyQt5 import QtCore, QtGui, QtWidgets
class Ui_MainWindow(object):
    def setupUi(self, MainWindow):
        MainWindow.setObjectName("MainWindow")
        MainWindow.resize(305, 259)
        self.centralwidget = QtWidgets.QWidget(MainWindow)
        self.centralwidget.setObjectName("centralwidget")
        self.progressBar = QtWidgets.QProgressBar(self.centralwidget)
        self.progressBar.setGeometry(QtCore.QRect(50, 10, 201, 31))
        self.progressBar.setLayoutDirection(QtCore.Qt.LeftToRight)
        self.progressBar.setProperty("value", -1)
        self.progressBar.setAlignment(QtCore.Qt.AlignHCenter|QtCore.Qt.AlignTop)
        self.progressBar.setTextVisible(True)
        self.progressBar.setOrientation(QtCore.Qt.Horizontal)
        self.progressBar.setTextDirection(QtWidgets.QProgressBar.TopToBottom)
        self.progressBar.setFormat("")
        self.progressBar.setObjectName("progressBar")
        self.progressBar_2 = QtWidgets.QProgressBar(self.centralwidget)
        self.progressBar_2.setGeometry(QtCore.QRect(50, 180, 201, 31))
        self.progressBar_2.setLayoutDirection(QtCore.Qt.RightToLeft)
        self.progressBar_2.setProperty("value", -1)
        self.progressBar_2.setAlignment(QtCore.Qt.AlignBottom|QtCore.Qt.AlignHCenter)
        self.progressBar_2.setTextVisible(True)
        self.progressBar_2.setOrientation(QtCore.Qt.Horizontal)
        self.progressBar_2.setTextDirection(QtWidgets.QProgressBar.TopToBottom)
        self.progressBar_2.setObjectName("progressBar_2")
        self.progressBar_3 = QtWidgets.QProgressBar(self.centralwidget)
        self.progressBar_3.setGeometry(QtCore.QRect(20, 10, 31, 201))
        self.progressBar_3.setLayoutDirection(QtCore.Qt.LeftToRight)
        self.progressBar_3.setProperty("value", -1)
```

```
self.progressBar_3.setAlignment(QtCore.Qt.AlignLeading|QtCore.Qt.AlignLeft|QtCore.Qt.AlignTop)
        self.progressBar_3.setTextVisible(True)
        self.progressBar_3.setOrientation(QtCore.Qt.Vertical)
        self.progressBar_3.setTextDirection(QtWidgets.QProgressBar.TopToBottom)
        self.progressBar_3.setObjectName("progressBar_3")
        self.progressBar_1 = QtWidgets.QProgressBar(self.centralwidget)
        self.progressBar_1.setGeometry(QtCore.QRect(250, 10, 31, 201))
        self.progressBar_1.setLayoutDirection(QtCore.Qt.LeftToRight)
        self.progressBar_1.setProperty("value", -1)

self.progressBar_1.setAlignment(QtCore.Qt.AlignLeading|QtCore.Qt.AlignLeft|QtCore.Qt.AlignTop)
        self.progressBar_1.setTextVisible(True)
        self.progressBar_1.setOrientation(QtCore.Qt.Vertical)
        self.progressBar_1.setTextDirection(QtWidgets.QProgressBar.TopToBottom)
        self.progressBar_1.setObjectName("progressBar_1")
        self.pushButton = QtWidgets.QPushButton(self.centralwidget)
        self.pushButton.setGeometry(QtCore.QRect(90, 220, 101, 31))
        self.pushButton.setObjectName("pushButton")
        MainWindow.setCentralWidget(self.centralwidget)
        self.retranslateUi(MainWindow)
        QtCore.QMetaObject.connectSlotsByName(MainWindow)
        self.timer = QtCore.QBasicTimer()                    # 创建计时器对象
        # 为按钮绑定单击信号
        self.pushButton.clicked.connect(self.running)
    # 控制进度条的滚动效果
    def running(self):
        if self.timer.isActive():                            # 判断计时器是否开启
            self.timer.stop()                                # 停止计时器
            self.pushButton.setText('开始')                   # 设置按钮的文本
            # 设置 4 个进度条的最大值为 100
            self.progressBar.setMaximum(100)
            self.progressBar_1.setMaximum(100)
            self.progressBar_2.setMaximum(100)
            self.progressBar_3.setMaximum(100)
        else:
            self.timer.start(100,MainWindow)                 # 启动计时器
            self.pushButton.setText('停止')                   # 设置按钮的文本
            # 将 4 个进度条的最大值和最小值都设置为 0，以便显示循环滚动的效果
            self.progressBar.setMinimum(0)
            self.progressBar.setMaximum(0)
            self.progressBar_1.setInvertedAppearance(True)   # 设置进度反方向显示
            self.progressBar_1.setMinimum(0)
            self.progressBar_1.setMaximum(0)
            self.progressBar_2.setMinimum(0)
            self.progressBar_2.setMaximum(0)
            self.progressBar_3.setMinimum(0)
            self.progressBar_3.setMaximum(0)
    def retranslateUi(self, MainWindow):
        _translate = QtCore.QCoreApplication.translate
```

```
                MainWindow.setWindowTitle(_translate("MainWindow", "跑马灯效果"))
                self.pushButton.setText(_translate("MainWindow", "开始"))
import sys
# 主方法，程序从此处启动 PyQt 设计的窗体
if __name__ == '__main__':
    app = QtWidgets.QApplication(sys.argv)
    MainWindow = QtWidgets.QMainWindow()          # 创建窗体对象
    ui = Ui_MainWindow()                          # 创建 PyQt 设计的窗体对象
    ui.setupUi(MainWindow)                        # 调用 PyQt 窗体的方法对窗体对象进行初始化设置
    MainWindow.show()                             # 显示窗体
    sys.exit(app.exec_())                         # 程序关闭时退出进程
```

技巧

上面代码用到了 QBasicTimer 类，该类是 QtCore 模块中包含的一个类，主要用来为对象提供定时器事件。QBasicTimer 定时器是一个重复的定时器，除非调用 stop()方法，否则它将发送后续的定时器事件。启动定时器使用 start()方法，该方法有两个参数，分别为超时时间（毫秒）和接收事件的对象，而停止定时器使用 stop()方法即可。

运行程序，初始效果如图 12.3 所示，单击"开始"按钮，运行跑马灯效果，并且按钮的文本变为"停止"，如图 12.4 所示，单击"停止"按钮，即可恢复如图 12.3 所示的默认效果。

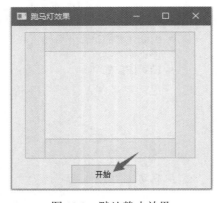

图 12.3　默认静止效果

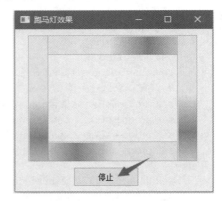

图 12.4　跑马灯效果

12.1.2　自定义等待提示框

在使用 PyQt5 创建桌面窗口应用程序时，有时会遇到等待长任务执行的情况，PyQt5 提供的 ProgressBar 控件（即 QProgressBar 对象）虽然也可以通过循环滚动的方式等待任务执行完成，但与我们通常见到的如图 12.5 所示的等待提示框相比，美观程度上有所欠缺，因此，本节将介绍如何在 PyQt5 中自定义等待提示。

图 12.5　等待提示框

【实例 12.2】　自定义等待提示框（实例位置：资源包\Code\12\02）

使用 PyQt5 实现等待提示框时，可以通过加载 gif 图片的方式模拟等待提示框，首先在创建主窗口时，在窗口的中间位置添加一个可以加载 gif 图片的 Label 控件，然后再添加两个 PushButton 按钮，分别用于控制等待提示框的启动与停止。代码如下：

```python
from PyQt5 import QtCore, QtGui, QtWidgets
class Ui_MainWindow(object):
    def setupUi(self, MainWindow):
        MainWindow.setObjectName("MainWindow")
        MainWindow.resize(400, 227)
        self.centralwidget = QtWidgets.QWidget(MainWindow)
        self.centralwidget.setObjectName("centralwidget")
        self.loading = QtWidgets.QLabel(self.centralwidget)
        self.loading.setGeometry(QtCore.QRect(150, 20, 100, 100))
        self.loading.setStyleSheet("")
        self.loading.setText("")
        self.loading.setObjectName("loading")
        self.pushButton_start = QtWidgets.QPushButton(self.centralwidget)
        self.pushButton_start.setGeometry(QtCore.QRect(50, 140, 100, 50))
        self.pushButton_start.setObjectName("pushButton_start")
        self.pushButton_stop = QtWidgets.QPushButton(self.centralwidget)
        self.pushButton_stop.setGeometry(QtCore.QRect(250, 140, 100, 50))
        self.pushButton_stop.setObjectName("pushButton_stop")
        MainWindow.setCentralWidget(self.centralwidget)
        self.retranslateUi(MainWindow)
        QtCore.QMetaObject.connectSlotsByName(MainWindow)
        self.pushButton_start.clicked.connect(self.start_loading)    # 启动加载提示框
        self.pushButton_stop.clicked.connect(self.stop_loading)      # 停止加载提示框
    def start_loading(self):
        self.gif = QtGui.QMovie('loading.gif')                       # 加载 gif 图片
        self.loading.setMovie(self.gif)                              # 设置 gif 图片
        self.gif.start()                                             # 启动图片，实现等待 gif 图片的显示
    def stop_loading(self):
        self.gif.stop()
        self.loading.clear()
    def retranslateUi(self, MainWindow):
        _translate = QtCore.QCoreApplication.translate
        MainWindow.setWindowTitle(_translate("MainWindow", "MainWindow"))
        self.pushButton_start.setText(_translate("MainWindow", "启动等待提示"))
        self.pushButton_stop.setText(_translate("MainWindow", "停止等待提示"))
import sys
# 主方法，程序从此处启动 PyQt 设计的窗体
if __name__ == '__main__':
    app = QtWidgets.QApplication(sys.argv)
    MainWindow = QtWidgets.QMainWindow()              # 创建窗体对象
    ui = Ui_MainWindow()                              # 创建 PyQt 设计的窗体对象
    ui.setupUi(MainWindow)                            # 调用 PyQt 窗体的方法对窗体对象进行初始化设置
    MainWindow.show()                                 # 显示窗体
    sys.exit(app.exec_())                             # 程序关闭时退出进程
```

> **说明**
>
> 上面代码中使用 QLabel 类的 setMovie()方法为其设置要显示的 gif 动画图片，该方法要求有一个 QMovie 对象作为参数，QMovie 类是 QtGui 模块中提供的一个用来显示简单且没有声音动画的类。

运行程序，单击"启动等待提示"按钮，将显示如图 12.6 所示的运行效果，单击"停止等待提示"按钮，将自动关闭等待提示框。

图 12.6　自定义等待提示框

12.1.3　滑块：QSlider

PyQt5 提供了两个滑块控件，分别是水平滑块 HorizontalSlider（见图 12.7）和垂直滑块 VerticalSlider（见图 12.8），但这两个滑块控件对应的类都是 QSlider 类，该类提供了一个 setOrientation()方法，通过设置该方法的参数，可以将滑块显示为水平或者垂直。

 Horizontal Slider　　　　　 Vertical Slider

图 12.7　HorizontalSlider 控件图标　　　图 12.8　VerticalSlider 控件图标

QSlider 滑块类的常用方法及说明如表 12.2 所示。

表 12.2　QSlider 滑块类的常用方法及说明

方　　法	说　　明
setMinimum()	设置滑块最小值
setMaximum()	设置滑块最大值
setOrientation()	设置滑块显示方向，取值如下。 ◆ Qt.Horizontal：水平滑块； ◆ Qt.Vertical：垂直滑块
setPageStep()	设置步长值，通过鼠标单击滑块时使用
setSingleStep()	设置步长值，通过鼠标拖动滑块时使用

续表

方　　法	说　　明
setValue()	设置滑块的值
setTickInterval()	设置滑块的刻度间隔
setTickPosition()	设置滑块刻度的标记位置，取值如下。 ◆ QSlider.NoTicks：不显示刻度，这是默认设置； ◆ QSlider.TicksBothSides：在滑块的两侧都显示刻度； ◆ QSlider.TicksAbove：在水平滑块的上方显示刻度； ◆ QSlider.TicksBelow：在水平滑块的下方显示刻度； ◆ QSlider.TicksLeft：在垂直滑块的左侧显示刻度； ◆ QSlider.TicksRight：在垂直滑块的右侧显示刻度
value()	获取滑块的当前值

QSlider 滑块类的常用信号及说明如表 12.3 所示。

表 12.3　QSlider 滑块类的常用信号及说明

信　　号	说　　明
valueChanged	当滑块的值发生改变时发射该信号
sliderPressed	当用户按下滑块时发射该信号
sliderMoved	当用户拖动滑块时发射该信号
sliderReleased	当用户释放滑块时发射该信号

注意

QSlider 滑块只能控制整数范围，因此，它不适合于需要准确的大范围取值的场景。

【实例 12.3】　使用滑块控制标签中的字体大小（实例位置：资源包\Code\12\03）

在 Qt Designer 设计器中创建一个窗口，在窗口中分别添加一个 HorizontalSlider 水平滑块和一个 VerticalSlider 垂直滑块，然后添加一个 HorizontalLayout 水平布局管理器，在该布局管理器中添加一个 Label 标签，用来显示文字。设计完成后，保存为.ui 文件，并使用 PyUIC 工具将其转换为.py 代码文件。在.py 文件中通过绑定水平滑块的 valueChanged 信号，实现拖动水平滑块时，实时改变垂直滑块的刻度值，同时改变 Label 标签中的字体大小。代码如下：

```
from PyQt5 import QtCore, QtGui, QtWidgets
class Ui_MainWindow(object):
    def setupUi(self, MainWindow):
        MainWindow.setObjectName("MainWindow")
        MainWindow.resize(313, 196)
        self.centralwidget = QtWidgets.QWidget(MainWindow)
        self.centralwidget.setObjectName("centralwidget")
        # 创建水平滑块
        self.horizontalSlider = QtWidgets.QSlider(self.centralwidget)
        self.horizontalSlider.setGeometry(QtCore.QRect(20, 10, 231, 22))
        self.horizontalSlider.setMinimum(8)                    # 设置最小值为 8
```

```
        self.horizontalSlider.setMaximum(72)                          # 设置最大值为 72
        self.horizontalSlider.setSingleStep(1)                        # 设置通过鼠标拖动时的步长值
        self.horizontalSlider.setPageStep(1)                          # 设置通过鼠标单击时的步长值
        self.horizontalSlider.setProperty("value", 8)                 # 设置默认值为 8
        self.horizontalSlider.setOrientation(QtCore.Qt.Horizontal)    # 设置滑块为水平滑块
        # 设置在滑块上方显示刻度
        self.horizontalSlider.setTickPosition(QtWidgets.QSlider.TicksAbove)
        self.horizontalSlider.setTickInterval(3)                      # 设置刻度的间隔
        self.horizontalSlider.setObjectName("horizontalSlider")
        # 创建垂直滑块
        self.verticalSlider = QtWidgets.QSlider(self.centralwidget)
        self.verticalSlider.setGeometry(QtCore.QRect(270, 20, 22, 171))
        self.verticalSlider.setMinimum(8)                             # 设置最小值为 8
        self.verticalSlider.setMaximum(72)                            # 设置最大值为 72
        self.verticalSlider.setOrientation(QtCore.Qt.Vertical)        # 设置滑块为垂直滑块
        self.verticalSlider.setInvertedAppearance(True)               # 设置刻度反方向显示
        # 设置在滑块右侧显示刻度
        self.verticalSlider.setTickPosition(QtWidgets.QSlider.TicksRight)
        self.verticalSlider.setTickInterval(3)                        # 设置刻度的间隔
        self.verticalSlider.setObjectName("verticalSlider")
        # 创建一个水平布局管理器，主要用来放置显示文字的 Label
        self.horizontalLayoutWidget = QtWidgets.QWidget(self.centralwidget)
        self.horizontalLayoutWidget.setGeometry(QtCore.QRect(20, 70, 251, 80))
        self.horizontalLayoutWidget.setObjectName("horizontalLayoutWidget")
        self.horizontalLayout = QtWidgets.QHBoxLayout(self.horizontalLayoutWidget)
        self.horizontalLayout.setContentsMargins(0, 0, 0, 0)
        self.horizontalLayout.setObjectName("horizontalLayout")
        # 创建 Label 控件，用来显示文字
        self.label = QtWidgets.QLabel(self.horizontalLayoutWidget)
        self.label.setAlignment(QtCore.Qt.AlignCenter)               # 设置文字居中对齐
        self.label.setObjectName("label")
        self.horizontalLayout.addWidget(self.label)                  # 将 Label 添加到水平布局管理器中
        MainWindow.setCentralWidget(self.centralwidget)
        self.retranslateUi(MainWindow)
        QtCore.QMetaObject.connectSlotsByName(MainWindow)
        # 为水平滑块绑定 valueChanged 信号，在值发生更改时发射
        self.horizontalSlider.valueChanged.connect(self.setfontsize)
    # 定义槽函数，根据水平滑块的值改变垂直滑块的值和 Label 控件的字体大小
    def setfontsize(self):
        value = self.horizontalSlider.value()
        self.verticalSlider.setValue(value)
        self.label.setFont(QtGui.QFont("楷体", value))
    def retranslateUi(self, MainWindow):
        _translate = QtCore.QCoreApplication.translate
        MainWindow.setWindowTitle(_translate("MainWindow", "MainWindow"))
        self.label.setText(_translate("MainWindow", "敢想敢为，注重细节"))
import sys
# 主方法，程序从此处启动 PyQt 设计的窗体
if __name__ == '__main__':
```

```
app = QtWidgets.QApplication(sys.argv)
MainWindow = QtWidgets.QMainWindow()          # 创建窗体对象
ui = Ui_MainWindow()                          # 创建 PyQt 设计的窗体对象
ui.setupUi(MainWindow)                        # 调用 PyQt 窗体的方法对窗体对象进行初始化设置
MainWindow.show()                             # 显示窗体
sys.exit(app.exec_())                         # 程序关闭时退出进程
```

说明

上面代码用到了水平布局管理器 HorizontalLayout，它实质上是一个 QHBoxLayout 类的对象，它在这里的主要作用是放置 Label 控件，这样，Label 控件就只可以在水平布局管理器中显示，避免了字体设置过大时，超出窗口范围的问题。

运行程序，默认效果如图 12.9 所示，当用鼠标拖动水平滑块的刻度时，垂直滑块的刻度值会随之变化，另外，Label 标签中的文字大小也会发生改变，如图 12.10 所示。

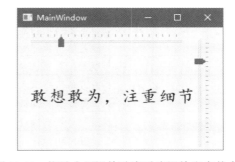

图 12.9　默认效果　　　　　　图 12.10　拖动水平滑块改变垂直滑块和字体大小

12.2　树　控　件

树控件可以为用户显示节点层次结构，而每个节点又可以包含子节点，包含子节点的节点叫父节点，在设计树形结构（如导航菜单等）时，非常方便。PyQt5 提供了两个树控件，分别为 TreeView 和 TreeWidget，本节将对它们的使用进行详解。

12.2.1　TreeView：树视图

TreeView 控件对应 PyQt5 中的 QTreeView 类，它是树控件的基类，使用时，必须为其提供一个模型来与之配合。TreeView 控件的图标如图 12.11 所示。

图 12.11　TreeView 控件图标

QTreeView 类的常用方法及说明如表 12.4 所示。

表 12.4　QTreeView 类的常用方法及说明

方　　法	说　　明
autoExpandDelay()	获取自动展开节点所需的延时时间
collapse()	收缩指定级的节点
collapseAll()	收缩所有节点
expand()	展开指定级的节点
expandAll()	展开所有节点
header()	树的头信息，常用的有一个 setVisible()方法，用来设置是否显示头
isHeaderHidder()	判断是否隐藏头部
setAutoExpandDelay()	设置自动展开的延时时间，单位为毫秒，如果值小于 0，表示禁用自动展开
setAlternatingRowColors()	设置每间隔一行颜色是否一样
setExpanded()	根据索引设置是否展开节点
setHeaderHidden()	设置是否隐藏头部
setItemsExpandable()	设置项是否展开
setModel()	设置要显示的数据模型
setSortingEnabled()	设置单击头部时是否可以排序
setVerticalScrollBarPolicy()	设置是否显示垂直滚动条
setHorizontalScrollBarPolicy()	设置是否显示水平滚动条
setEditTriggers()	设置默认的编辑触发器
setExpandsOnDoubleClick()	设置是否支持双击展开树节点
setWordWrap()	设置自动换行
selectionModel()	获取选中的模型
sortByColumn()	根据列排序
setSelectionMode()	设置选中模式，取值如下。 ◆ QAbstractItemView.NoSelection：不能选择； ◆ QAbstractItemView.SingleSelection：单选； ◆ QAbstractItemView.MultiSelection：多选； ◆ QAbstractItemView.ExtendedSelection：正常单选，按 Ctrl 或者 Shift 键后，可以多选； ◆ QAbstractItemView.ContiguousSelection：与 ExtendedSelection 类似
setSelectionBehavior()	设置选中方式，取值如下。 ◆ QAbstractItemView.SelectItems：选中当前项； ◆ QAbstractItemView.SelectRows：选中整行； ◆ QAbstractItemView.SelectColumns：选中整列

下面分别介绍如何使用 TreeView 控件分层显示 PyQt5 内置模型的数据和自定义的数据。

1．使用内置模型中的数据

PyQt5 提供的内置模型及说明如表 12.5 所示。

表 12.5 PyQt5 提供的内置模型及说明

模 型	说 明
QStringListModel	存储简单的字符串列表
QStandardItemModel	可以用于树结构的存储，提供了层次数据
QFileSystemModel	存储本地系统的文件和目录信息（针对当前项目）
QDirModel	存储文件系统
QSqlQueryModel	存储 SQL 的查询结构集
QSqlTableModel	存储 SQL 中的表格数据
QSqlRelationalTableModel	存储有外键关系的 SQL 表格数据
QSortFilterProxyModel	对模型中的数据进行排序或者过滤

【实例 12.4】 显示系统文件目录（实例位置：资源包\Code\12\04）

使用系统内置的 QDirModel 作为数据模型，在 TreeView 中显示系统的文件目录，代码如下：

```python
from PyQt5 import QtCore, QtGui, QtWidgets
class Ui_MainWindow(object):
    def setupUi(self, MainWindow):
        MainWindow.setObjectName("MainWindow")
        MainWindow.resize(469, 280)
        self.centralwidget = QtWidgets.QWidget(MainWindow)
        self.centralwidget.setObjectName("centralwidget")
        self.treeView = QtWidgets.QTreeView(self.centralwidget) # 创建书对象
        self.treeView.setGeometry(QtCore.QRect(0, 0, 471, 281)) # 设置坐标位置和大小
        # 设置垂直滚动条为按需显示
        self.treeView.setVerticalScrollBarPolicy(QtCore.Qt.ScrollBarAsNeeded)
        # 设置水平滚动条为按需显示
        self.treeView.setHorizontalScrollBarPolicy(QtCore.Qt.ScrollBarAsNeeded)
        # 设置双击或者按下 Enter 键时，树节点可编辑

self.treeView.setEditTriggers(QtWidgets.QAbstractItemView.DoubleClicked|QtWidgets.QAbstractItemView.EditKeyPressed)
        # 设置树节点为单选
        self.treeView.setSelectionMode(QtWidgets.QAbstractItemView.SingleSelection)
        # 设置选中节点时为整行选中
        self.treeView.setSelectionBehavior(QtWidgets.QAbstractItemView.SelectRows)
        self.treeView.setAutoExpandDelay(-1)          # 设置自动展开延时为-1，表示自动展开不可用
        self.treeView.setItemsExpandable(True)        # 设置是否可以展开项
        self.treeView.setSortingEnabled(True)         # 设置单击头部可排序
        self.treeView.setWordWrap(True)               # 设置自动换行
        self.treeView.setHeaderHidden(False)          # 设置不隐藏头部
        self.treeView.setExpandsOnDoubleClick(True)   # 设置双击可以展开节点
        self.treeView.setObjectName("treeView")
        self.treeView.header().setVisible(True)       # 设置显示头部
        MainWindow.setCentralWidget(self.centralwidget)
        self.retranslateUi(MainWindow)
        QtCore.QMetaObject.connectSlotsByName(MainWindow)
        model =QtWidgets.QDirModel()                  # 创建存储文件系统的模型
```

```
        self.treeView.setModel(model)                          # 为树控件设置数据模型
    def retranslateUi(self, MainWindow):
        _translate = QtCore.QCoreApplication.translate
        MainWindow.setWindowTitle(_translate("MainWindow", "MainWindow"))
import sys
# 主方法，程序从此处启动 PyQt 设计的窗体
if __name__ == '__main__':
    app = QtWidgets.QApplication(sys.argv)
    MainWindow = QtWidgets.QMainWindow()                        # 创建窗体对象
    ui = Ui_MainWindow()                                        # 创建 PyQt 设计的窗体对象
    ui.setupUi(MainWindow)                                      # 调用 PyQt 窗体方法，对窗体对象初始化设置
    MainWindow.show()                                          # 显示窗体
    sys.exit(app.exec_())                                      # 程序关闭时退出进程
```

运行程序，效果如图 12.12 所示。

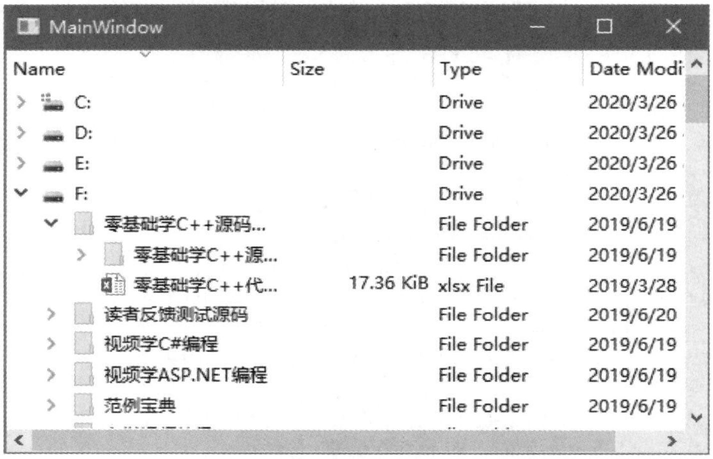

图 12.12　使用内置模型在 TreeView 中显示数据

2．使用自定义数据

PyQt5 提供了一个 QStandardItemModel 模型，该模型可以存储任意层次结构的数据，本节将介绍如何使用 QStandardItemModel 模型存储数据，并显示在 TreeView 控件中。

【实例 12.5】　使用 TreeView 显示各班级的学生成绩信息（实例位置：资源包\Code\12\05）

创建一个 PyQt5 窗口，并在其中添加一个 TreeView 控件，然后在.py 文件中使用 QStandardItemModel 模型存储某年级下的各个班级的学生成绩信息，最后将设置完的 QStandardItemModel 模型作为 TreeView 控件的数据模型进行显示。代码如下：

```
from PyQt5 import QtCore, QtGui, QtWidgets
class Ui_MainWindow(object):
    def setupUi(self, MainWindow):
        MainWindow.setObjectName("MainWindow")
        MainWindow.resize(422, 197)
        self.centralwidget = QtWidgets.QWidget(MainWindow)
```

```
        self.centralwidget.setObjectName("centralwidget")
        # 创建一个 TreeView 树视图
        self.treeView = QtWidgets.QTreeView(self.centralwidget)
        self.treeView.setGeometry(QtCore.QRect(0, 0, 421, 201))
        self.treeView.setObjectName("treeView")
        MainWindow.setCentralWidget(self.centralwidget)
        self.retranslateUi(MainWindow)
        QtCore.QMetaObject.connectSlotsByName(MainWindow)
        model = QtGui.QStandardItemModel()      # 创建数据模型
        model.setHorizontalHeaderLabels(['年级','班级','姓名','分数'])
        name=['马云','马化腾','李彦宏','王兴','刘强东','董明珠','张一鸣','任正非','丁磊','程维'] # 姓名列表
        score=[65,89,45,68,90,100,99,76,85,73]      # 分数列表
        import   random
        # 设置数据
        for i in range(0,6):
            # 一级节点：年级，只设第 1 列的数据
            grade = QtGui.QStandardItem(("%s 年级")%(i + 1))
            model.appendRow(grade)              # 一级节点
            for j in range(0,4):
                # 二级节点：班级、姓名、分数
                itemClass = QtGui.QStandardItem(("%s 班")%(j+1))
                itemName = QtGui.QStandardItem(name[random.randrange(10)])
                itemScore = QtGui.QStandardItem(str(score[random.randrange(10)]))
                # 将二级节点添加到一级节点上
                grade.appendRow([QtGui.QStandardItem(""),itemClass,itemName,itemScore])
        self.treeView.setModel(model)               # 为 TreeVIew 设置数据模型
    def retranslateUi(self, MainWindow):
        _translate = QtCore.QCoreApplication.translate
        MainWindow.setWindowTitle(_translate("MainWindow", "MainWindow"))
import sys
# 主方法，程序从此处启动 PyQt 设计的窗体
if __name__ == '__main__':
    app = QtWidgets.QApplication(sys.argv)
    MainWindow = QtWidgets.QMainWindow()        # 创建窗体对象
    ui = Ui_MainWindow()                        # 创建 PyQt 设计的窗体对象
    ui.setupUi(MainWindow)                      # 调用 PyQt 窗体的方法对窗体对象进行初始化设置
    MainWindow.show()                           # 显示窗体
    sys.exit(app.exec_())                       # 程序关闭时退出进程
```

运行程序，展开年级节点，效果如图 12.13 所示。

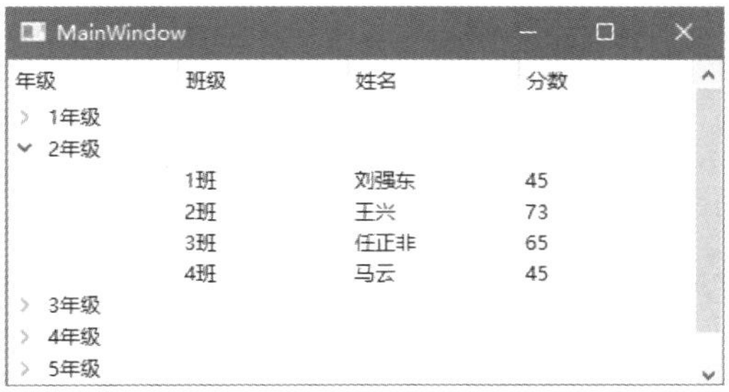

图 12.13　使用 TreeView 显示 QStandardItemModel 模型中设置的自定义数据

12.2.2 TreeWidget：树控件

TreeWidget 控件对应 PyQt5 中的 QTreeWidget 类，它提供了一个使用预定义树模型的树视图，它的每一个树节点都是一个 QTreeWidgetItem。TreeWidget 控件的图标如图 12.14 所示。

图 12.14　TreeWidget 控件图标

由于 QTreeWidget 类继承自 QTreeView，因此，它具有 QTreeView 的所有公共方法，另外，它还提供了一些自身特有的方法，如表 12.6 所示。

表 12.6　QTreeWidget 类的常用方法及说明

方　　法	说　　明
addTopLevelItem()	添加顶级节点
insertTopLevelItems()	在树的顶层索引中插入节点
invisibleRootItem()	获取树控件中不可见的根选项
setColumnCount()	设置要显示的列数
setColumnWidth()	设置列的宽度
selectedItems()	获取选中的树节点

QTreeWidgetItem 类表示 QTreeWidget 中的树节点项，该类的常用方法如表 12.7 所示。

表 12.7　QTreeWidgetItem 类的常用方法及说明

方　　法	说　　明
addChild()	添加子节点
setText()	设置节点的文本
setCheckState()	设置指定节点的选中状态，取值如下。 ◆ Qt.Checked：节点选中； ◆ Qt.Unchecked：节点未选中
setIcon()	为节点设置图标
text()	获取节点的文本

下面对 TreeWidget 控件的常见用法进行讲解。

1. 使用 TreeWidget 控件显示树结构

使用 TreeWidget 控件显示树结构主要用到 QTreeWidgetItem 类，该类表示标准树节点，通过其 setText()方法可以设置树节点的文本。

【实例 12.6】　使用 TreeWidget 显示树结构（实例位置：资源包\Code\12\06）

创建一个 PyQt5 窗口，并在其中添加一个 TreeWidget 控件，然后保存为.ui 文件，并使用 PyUIC 工具将其转换为.py 文件，在.py 文件中，通过创建 QTreeWidgetItem 对象为树控件设置树节点。代码如下：

```python
from PyQt5 import QtCore, QtGui, QtWidgets
from PyQt5.QtWidgets import QTreeWidgetItem

class Ui_MainWindow(object):
    def setupUi(self, MainWindow):
        MainWindow.setObjectName("MainWindow")
        MainWindow.resize(240, 150)
        self.centralwidget = QtWidgets.QWidget(MainWindow)
        self.centralwidget.setObjectName("centralwidget")
        self.treeWidget = QtWidgets.QTreeWidget(self.centralwidget)
        self.treeWidget.setGeometry(QtCore.QRect(0, 0, 240, 150))
        self.treeWidget.setObjectName("treeWidget")
        self.treeWidget.setColumnCount(2)                    # 设置树结构中的列数
        self.treeWidget.setHeaderLabels(['姓名','职务'])      # 设置列标题名
        root=QTreeWidgetItem(self.treeWidget)                # 创建节点
        root.setText(0,'组织结构')                           # 设置顶级节点文本
        # 定义字典，存储树中显示的数据
        dict= {'任正非':'华为董事长','马云':'阿里巴巴创始人','马化腾':'腾讯 CEO','李彦宏':'百度 CEO','董明珠':'格
力董事长'}
        for key,value in dict.items():                       # 遍历字典
            child=QTreeWidgetItem(root)                       # 创建子节点
            child.setText(0,key)                             # 设置第一列的值
            child.setText(1,value)                           # 设置第二列的值
        self.treeWidget.addTopLevelItem(root)                # 将创建的树节点添加到树控件中
        self.treeWidget.expandAll()                          # 展开所有树节点
        MainWindow.setCentralWidget(self.centralwidget)
        self.retranslateUi(MainWindow)
        QtCore.QMetaObject.connectSlotsByName(MainWindow)
    def retranslateUi(self, MainWindow):
        _translate = QtCore.QCoreApplication.translate
        MainWindow.setWindowTitle(_translate("MainWindow", "MainWindow"))
import sys
# 主方法，程序从此处启动 PyQt 设计的窗体
if __name__ == '__main__':
    app = QtWidgets.QApplication(sys.argv)
    MainWindow = QtWidgets.QMainWindow()                     # 创建窗体对象
    ui = Ui_MainWindow()                                     # 创建 PyQt 设计的窗体对象
    ui.setupUi(MainWindow)                                   # 调用 PyQt 窗体的方法对窗体对象进行初始化设置
    MainWindow.show()                                        # 显示窗体
    sys.exit(app.exec_())                                    # 程序关闭时退出进程
```

运行程序，效果如图 12.15 所示。

2．为节点设置图标

为节点设置图标主要用到了 QTreeWidgetItem 类的 setIcon()方法。例如，为【实例 12.6】中的第一
列每个企业家姓名前面设置其对应公司的图标，代码如下：

```
# 为节点设置图标
if key=='任正非':
    child.setIcon(0,QtGui.QIcon('images/华为.jpg'))
elif key=='马云':
    child.setIcon(0,QtGui.QIcon('images/阿里巴巴.jpg'))
elif key=='马化腾':
    child.setIcon(0,QtGui.QIcon('images/腾讯.png'))
elif key=='李彦宏':
    child.setIcon(0,QtGui.QIcon('images/百度.jpg'))
elif key=='董明珠':
    child.setIcon(0,QtGui.QIcon('images/格力.jpeg'))
```

说明

上面代码用到了 5 张图片，需要在.py 文件的同级目录中创建 images 文件夹，并将用到的 5 张图片提前放到该文件夹中。

运行程序，效果如图 12.16 所示。

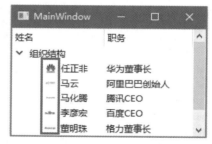

图 12.15　使用 TreeWidget 显示树结构　　　　图 12.16　为树节点设置图标

3．为节点设置复选框

为节点设置复选框主要用到了 QTreeWidgetItem 类的 setCheckState()方法，该方法可以设置选中（Qt.Checked），也可以设置未选中（Qt.Unchecked）。例如，为【实例 12.6】中的第一列设置复选框，并全部设置为选中状态。代码如下：

```
child.setCheckState(0,QtCore.Qt.Checked) # 为节点设置复选框，并且选中
```

运行程序，效果如图 12.17 所示。

4．设置隔行变色显示树节点

隔行变色显示树节点需要用到 TreeWidget 控件的 setAlternatingRowColors()方法，设置为 True 表示隔行换色，设置为 False 表示统一颜色。例如，将【实例 12.6】中的树设置为隔行变色形式显示，代码如下：

```
self.treeWidget.setAlternatingRowColors(True) # 设置隔行变色
```

运行程序，效果如图 12.18 所示，树控件的奇数行为浅灰色背景，而偶数行为白色背景。

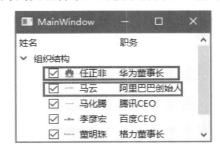

图 12.17　为树节点设置复选框　　　　　　　图 12.18　树控件隔行变色显示

5. 获取选中节点的文本

获取选中节点的文本时，首先需要使用 currentItem()方法获取当前的选中项，然后通过 text()方法获取指定列的文本。例如，在单击【实例 12.6】中的树节点时，定义一个槽函数，用来显示单击的树节点文本，代码如下：

```
def gettreetext(self,index):
    item=self.treeWidget.currentItem()                 # 获取当前选中项
    # 弹出提示框，显示选中项的文本
    QtWidgets.QMessageBox.information(MainWindow,'提示','您选择的是：%s -- %s'%(item.text(0),item.text(1)),
QtWidgets.QMessageBox.Ok)
```

为树控件的 clicked 信号绑定自定义的槽函数，以便在单击树控件时发射。代码如下：

```
self.treeWidget.clicked.connect(self.gettreetext)       # 为树控件绑定单击信号
```

运行程序，单击树中的节点，即可弹出提示框，显示单击的树节点的文本，如图 12.19 所示。

图 12.19　获取选中节点的文本

12.3　分 割 控 件

分割类控件主要对窗口中的区域进行功能划分，使窗口看起来更加合理、美观，PyQt5 提供了分割线和弹簧两种类型的分割控件，下面对它们的使用进行讲解。

12.3.1 分割线：QFrame

PyQt5 提供了两个分割线控件，分别是水平分割线 HorizontalLine（见图 12.20）和垂直分割线 VerticalLine（见图 12.21），但这两个分割线控件对应的类都是 QFrame 类，该类提供了一个 setFrameShape() 方法，通过设置该方法的参数，可以将分割线显示为水平或者垂直。

≡≡≡ Horizontal Line　　　　　　**|||| Vertical Line**

图 12.20　HorizontalLine 控件图标 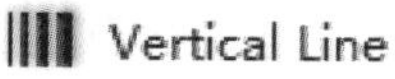　　　图 12.21　VerticalLine 控件图标

QFrame 类的常用方法及说明如表 12.8 所示。

表 12.8　QFrame 类的常用方法及说明

方　　　法	说　　　明
setFrameShape()	设置分割线方向，取值如下。 ◆ QFrame.HLine：水平分割线； ◆ QFrame.VLine：垂直分割线
setFrameShadow()	设置分割线的显示样式，取值如下。 ◆ QFrame.Sunken：有边框阴影，并且下沉显示，这是默认设置； ◆ QFrame.Plain：无阴影； ◆ QFrame.Raised：有边框阴影，并且凸起显示
setLineWidth()	设置分割线的宽度
setMidLineWidth()	设置分割线的中间线宽度

【实例 12.7】　PyQt5 窗口中的分割线展示（实例位置：资源包\Code\12\07）

在 Qt Designer 设计器中创建一个窗口，在窗口中添加 8 个 Label 控件，分别用来作为区域和分割线的标识；添加 3 个 HorizontalLine 水平分割线和 4 个 VerticalLine 垂直分割线，其中，用 3 个 HorizontalLine 水平分割线和 3 个 VerticalLine 垂直分割线显示分割线的各种样式，而剩余的一个 VerticalLine 垂直分割线用来将窗口分成两个区域。关于分割线的方法调用对应代码如下：

```python
# 添加水平分割线，并设置显示样式为 Sunken，表示有下沉显示的边框阴影
self.line_1 = QtWidgets.QFrame(self.centralwidget)
self.line_1.setGeometry(QtCore.QRect(70, 50, 261, 16))
self.line_1.setFrameShadow(QtWidgets.QFrame.Sunken)        # 设置分割线显示样式
self.line_1.setLineWidth(8)
self.line_1.setMidLineWidth(8)
self.line_1.setFrameShape(QtWidgets.QFrame.HLine)          # 设置水平分割线
self.line_1.setObjectName("line_1")
# 添加水平分割线，并设置显示样式为 Plain，表示无阴影
self.line_2 = QtWidgets.QFrame(self.centralwidget)
self.line_2.setGeometry(QtCore.QRect(70, 80, 261, 16))
self.line_2.setFrameShadow(QtWidgets.QFrame.Plain)         # 设置分割线显示样式
self.line_2.setLineWidth(8)
```

```
self.line_2.setMidLineWidth(8)
self.line_2.setFrameShape(QtWidgets.QFrame.HLine)              # 设置水平分割线
self.line_2.setObjectName("line_2")
# 添加水平分割线，并设置显示样式为 Raised，表示有凸起显示的边框阴影
self.line_3 = QtWidgets.QFrame(self.centralwidget)
self.line_3.setGeometry(QtCore.QRect(70, 110, 261, 16))
self.line_3.setFrameShadow(QtWidgets.QFrame.Raised)           # 设置分割线显示样式
self.line_3.setLineWidth(8)
self.line_3.setMidLineWidth(8)
self.line_3.setFrameShape(QtWidgets.QFrame.HLine)             # 设置水平分割线
self.line_3.setObjectName("line_3")
# 添加垂直分割线，并设置显示样式为 Sunken，表示有下沉显示的边框阴影
self.line_4 = QtWidgets.QFrame(self.centralwidget)
self.line_4.setGeometry(QtCore.QRect(370, 50, 16, 101))
self.line_4.setFrameShadow(QtWidgets.QFrame.Sunken)          # 设置分割线显示样式
self.line_4.setLineWidth(4)
self.line_4.setMidLineWidth(4)
self.line_4.setFrameShape(QtWidgets.QFrame.VLine)            # 设置垂直分割线
self.line_4.setObjectName("line_4")
# 添加垂直分割线，并设置显示样式为 Plain，表示无阴影
self.line_5 = QtWidgets.QFrame(self.centralwidget)
self.line_5.setGeometry(QtCore.QRect(430, 50, 16, 101))
self.line_5.setFrameShadow(QtWidgets.QFrame.Plain)           # 设置分割线显示样式
self.line_5.setLineWidth(4)
self.line_5.setMidLineWidth(4)
self.line_5.setFrameShape(QtWidgets.QFrame.VLine)           # 设置垂直分割线
self.line_5.setObjectName("line_5")
# 添加垂直分割线，并设置显示样式为 Raised，表示有凸起显示的边框阴影
self.line_6 = QtWidgets.QFrame(self.centralwidget)
self.line_6.setGeometry(QtCore.QRect(480, 50, 16, 101))
self.line_6.setFrameShadow(QtWidgets.QFrame.Raised)         # 设置分割线显示样式
self.line_6.setLineWidth(4)
self.line_6.setMidLineWidth(4)
self.line_6.setFrameShape(QtWidgets.QFrame.VLine)          # 设置垂直分割线
self.line_6.setObjectName("line_6")
```

程序的预览效果如图 12.22 所示,图中展示了 3 种不同样式的水平分割线和 3 种不同样式的垂直分割线。

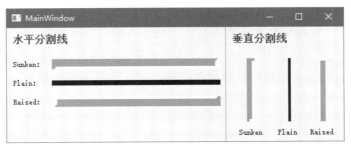

图 12.22　PyQt5 中支持的分割线样式

12.3.2 弹簧：QSpacerItem

PyQt5 提供了两个弹簧控件，分别是 HorizontalSpacer（见图 12.23）和 VerticalSpacer（见图 12.24 所示），但这两个控件对应的类都是 QSpacerItem 类，水平和垂直主要通过宽度和高度（水平弹簧的默认宽度和高度分别是 40、20，而垂直弹簧的默认宽度和高度分别是 20、40）进行区分。

 Horizontal Spacer

图 12.23　HorizontalSpacer 控件图标

 Vertical Spacer

图 12.24　VerticalSpacer 控件图标

QSpacerItem 弹簧主要用在布局管理器中，用来使布局管理器中的控件布局更加合理。

【实例 12.8】　使用弹簧控件改变控件位置（实例位置：资源包\Code\12\08）

在 Qt Designer 设计器中创建一个窗口，在窗口中添加一个 VerticalLayout 垂直布局管理器，并向该布局管理器中任意添加控件，默认都是从下往上排列，设计效果和预览效果分别如图 12.25 和图 12.26 所示。

图 12.25　在垂直布局管理器中添加控件的设计效果

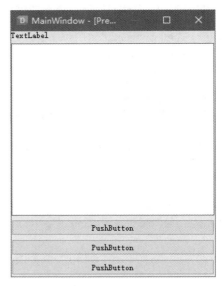

图 12.26　在垂直布局管理器中添加控件的运行效果

从图 12.26 可以看到，如果想要在垂直布局管理器中改变某个控件的位置，默认是无法改变的，那么怎么办呢？ PyQt5 提供了弹簧控件来方便开发人员能够根据自身需求更合理地摆放控件的位置，例如，通过应用弹簧对图 12.25 中的控件位置进行改动，设计效果和预览效果分别如图 12.27 和图 12.28 所示。

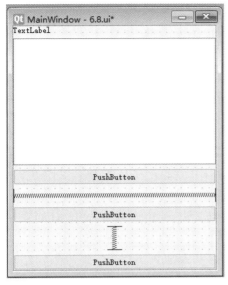

图 12.27　使用弹簧更改控件位置的设计效果

图 12.28　使用弹簧更改控件位置的运行效果

说明

弹簧控件只在设计窗口时显示，在实际运行时不显示。

12.4　其 他 控 件

除了前面讲解的一些常用控件之外，PyQt5 还提供了一些比较有特色的控件，本节将对它们的使用进行讲解。

12.4.1　Dial：旋钮控件

Dial 控件，又称为旋钮控件，它本质上类似于一个滑块控件，只是显示的样式不同。Dial 控件图标如图 12.29 所示。

 Dial

图 12.29　Dial 控件图标

Dial 控件对应 PyQt5 中的 QDial 类，QDial 类的常用方法及说明如表 12.9 所示。

表 12.9　QDial 控件常用方法及说明

方　　法	说　　明
setFixedSize()	设置旋钮的大小
setRange()	设置表盘的数值范围
setMinimum()	设置最小值

方　　法	说　　明
setMaximum()	设置最大值
setNotchesVisible()	设置是否显示刻度

【实例 12.9】　使用旋钮控制标签中的字体大小（实例位置：资源包\Code\12\09）

使用 Dial 控件实现【实例 12.3】的功能，用 Dial 控件控制 Lable 控件中的字体大小。代码如下：

```python
from PyQt5 import QtCore, QtGui, QtWidgets
class Ui_MainWindow(object):
    def setupUi(self, MainWindow):
        MainWindow.setObjectName("MainWindow")
        MainWindow.resize(402, 122)
        self.centralwidget = QtWidgets.QWidget(MainWindow)
        self.centralwidget.setObjectName("centralwidget")
        # 添加一个垂直布局管理器，用来显示文字
        self.horizontalLayoutWidget = QtWidgets.QWidget(self.centralwidget)
        self.horizontalLayoutWidget.setGeometry(QtCore.QRect(130, 20, 251, 81))
        self.horizontalLayoutWidget.setObjectName("horizontalLayoutWidget")
        self.horizontalLayout = QtWidgets.QHBoxLayout(self.horizontalLayoutWidget)
        self.horizontalLayout.setContentsMargins(0, 0, 0, 0)
        self.horizontalLayout.setObjectName("horizontalLayout")
        self.label = QtWidgets.QLabel(self.horizontalLayoutWidget)
        # 设置 Label 标签水平左对齐，垂直居中对齐
        self.label.setAlignment(QtCore.Qt.AlignLeft | QtCore.Qt.AlignVCenter)
        self.label.setObjectName("label")
        self.horizontalLayout.addWidget(self.label)
        # 添加 Dial 控件
        self.dial = QtWidgets.QDial(self.centralwidget)
        self.dial.setGeometry(QtCore.QRect(20, 20, 71, 71))
        self.dial.setMinimum(8)                          # 设置最小值为 8
        self.dial.setMaximum(72)                         # 设置最大值为 72
        self.dial.setNotchesVisible(True)                # 显示刻度
        self.dial.setObjectName("dial")
        MainWindow.setCentralWidget(self.centralwidget)

        self.retranslateUi(MainWindow)
        QtCore.QMetaObject.connectSlotsByName(MainWindow)
        # 为旋钮控件绑定 valueChanged 信号，在值发生更改时发射
        self.dial.valueChanged.connect(self.setfontsize)
    # 定义槽函数，根据旋钮的值改变 Label 控件的字体大小
    def setfontsize(self):
        value = self.dial.value()                        # 获取旋钮的值
        self.label.setFont(QtGui.QFont("楷体", value))   # 设置 Label 的字体和大小
    def retranslateUi(self, MainWindow):
        _translate = QtCore.QCoreApplication.translate
        MainWindow.setWindowTitle(_translate("MainWindow", "MainWindow"))
        self.label.setText(_translate("MainWindow", "敢想敢为，注重细节"))
```

```
import sys
# 主方法，程序从此处启动 PyQt 设计的窗体
if __name__ == '__main__':
    app = QtWidgets.QApplication(sys.argv)
    MainWindow = QtWidgets.QMainWindow()          # 创建窗体对象
    ui = Ui_MainWindow()                          # 创建 PyQt 设计的窗体对象
    ui.setupUi(MainWindow)                        # 调用 PyQt 窗体方法，对窗体对象初始化设置
    MainWindow.show()                             # 显示窗体
    sys.exit(app.exec_())                         # 程序关闭时退出进程
```

运行程序，默认效果如图 12.30 所示，当用鼠标拖动改变旋钮的刻度值时，Label 标签中的文字大小也会发生改变，如图 12.31 所示。

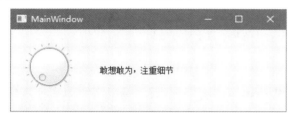

图 12.30　默认效果

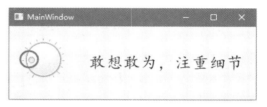

图 12.31　改变旋钮的值时改变 Label 的字体大小

12.4.2　滚动条：QScrollBar

PyQt5 提供了两个滚动条控件，分别是水平滚动条 HorizontalScrollBar（见图 12.32）和垂直滚动条 VerticalScrollBar（见图 12.33），但这两个滚动条控件对应的类都是 QScrollBar 类，这两个控件通过水平的或垂直的滚动条，可以扩大当前窗口的有效装载面积，从而装载更多的控件。

 Horizontal Scroll Bar　　　　　　　🔲 Vertical Scroll Bar

图 12.32　HorizontalScrollBar 控件图标　　　　图 12.33　VerticalScrollBar 控件图标

QScrollBar 滚动条类的常用方法及说明如表 12.10 所示。

表 12.10　QScrollBar 滚动条类的常用方法及说明

方　　法	说　　明
setMinimum()	设置滚动条最小值
setMaximum()	设置滚动条最大值
setOrientation()	设置滚动条显示方向，取值如下。 ◆ Qt.Horizontal：水平滚动条； ◆ Qt.Vertical：垂直滚动条
setValue()	设置滚动条的值
value()	获取滚动条的当前值

QScrollBar 滚动条类的常用信号及说明如表 12.11 所示。

表 12.11　QScrollBar 滚动条类的常用信号及说明

信　　号	说　　明
valueChanged	当滚动条的值发生改变时发射该信号
sliderMoved	当用户拖动滚动条的滑块时发射该信号

将水平滚动条和垂直滚动条拖放到 PyQt5 窗口中的效果如图 12.34 所示。

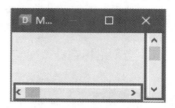

图 12.34　PyQt5 窗口中的水平滚动条和垂直滚动条效果

技巧

滚动条控件通常与其他控件配合使用，如 ScrollArea、TableWidget 表格等，另外，也可以使用滚动条控件实现与滑块控件同样的功能，实际上，滚动条控件也是一种特殊的滑块控件。

12.5　小　　结

本章重点讲解了 PyQt5 程序开发中用到的一些高级控件，主要包括 ProgressBar 进度条控件、QSlider 滑块控件、树控件、分割线控件、弹簧控件、Dial 旋钮控件和 QScrollBar 滚动条控件，另外，还对如何在程序中自定义等待提示框进行了介绍。学习本章内容时，重点需要掌握 ProgressBar 进度条控件、QSlider 滑块控件和 TreeWidget 树控件的使用方法。

第 13 章

对话框的使用

平时在使用各种软件或者网站时，经常会看到各种各样的对话框，有的对话框可以与用户进行交互，而有的只是显示一些提示信息。使用 PyQt5 设计的窗口程序，同样支持弹出对话框，在 PyQt5 中，常用的对话框有 QMessageBox 内置对话框、QFileDialog 对话框、QInputDialog 对话框、QFontDialog 对话框和 QColorDialog 对话框。本章将对开发 PyQt5 窗口应用程序中经常用到的对话框进行详细讲解。

13.1   QMessageBox: 对话框

我们平时使用软件时可以看到各种各样的对话框，如图 13.1 所示为电脑管家的退出对话框。

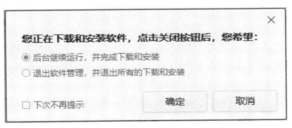

图 13.1   使用软件或者网站时出现的对话框

本节将对 PyQt5 中的 QMessageBox 对话框进行讲解。

13.1.1   对话框的种类

在 PyQt5 中，对话框使用 QMessageBox 类表示，PyQt5 内置 5 种不同类型的对话框，分别是消息对话框、问答对话框、警告对话框、错误对话框和关于对话框，它们的主要区别在于，弹出的对话框中的图标不同。PyQt5 内置的 5 种不同类型的对话框及说明如表 13.1 所示。

表 13.1　PyQt5 内置的 5 种不同类型对话框

对话框类型	说　明	对话框类型	说　明
QMessageBox.information()	消息对话框	QMessageBox.critical()	错误对话框
QMessageBox.question()	问答对话框	QMessageBox.about()	关于对话框
QMessageBox.warning()	警告对话框		

13.1.2　对话框的使用方法

PyQt5 内置的 5 种不同类型对话框在使用时是类似的，本节将以消息对话框为例讲解对话框的使用方法。消息对话框使用 QMessageBox.information()表示，它的语法格式如下：

```
QMessageBox.information(QWidget, 'Title', 'Content', buttons, defaultbutton)
```

- ☑　QWidget：self 或者窗口对象，表示该对话框所属的窗口。
- ☑　Title：字符串，表示对话框的标题。
- ☑　Content：字符串，表示对话框中的提示内容。
- ☑　buttons：对话框上要添加的按钮，多个按钮之间用"|"来连接，常见的按钮种类如表 13.2 所示，该值可选，没有指定该值时，默认为 OK 按钮。
- ☑　defaultbutton：默认选中的按钮，该值可选，没有指定该值时，默认为第一个按钮。

表 13.2　对话框中的按钮种类

按 钮 种 类	说　明	按 钮 种 类	说　明
QMessageBox.Ok	同意操作	QMessageBox.Ignore	忽略操作
QMessageBox.Yes	同意操作	QMessageBox.Close	关闭操作
QMessageBox.No	取消操作	QMessageBox.Cancel	取消操作
QMessageBox.Abort	终止操作	QMessage.Open	打开操作
QMessageBox.Retry	重试操作	QMessage.Save	保存操作

说明

QMessageBox.about()关于对话框中不能指定按钮。其语法如下：

```
QMessageBox.about(QWidget, 'Title', 'Content')
```

【实例 13.1】　弹出 5 种不同的对话框（实例位置：资源包\Code\13\01）

打开 Qt Designer 设计器，新建一个窗口，在窗口中添加 5 个 PushButton 控件，并分别设置它们的文本为"消息框""警告框""问答框""错误框"和"关于框"，设计完成后保存为.ui 文件，使用 PyUIC 工具将其转换为.py 代码文件。在.py 代码文件中，定义 5 个槽函数，分别使用 QMessageBox 类的不同方法弹出对话框。代码如下：

```
def info(self):                    # 显示消息对话框
    QMessageBox.information(None, '消息', '这是一个消息对话框', QMessageBox.Ok)
```

```
def warn(self):                    # 显示警告对话框
    QMessageBox.warning(None, '警告', '这是一个警告对话框', QMessageBox.Ok)
def question(self):                # 显示问答对话框
    QMessageBox.question(None, '问答', '这是一个问答对话框', QMessageBox.Ok)
def critical(self):                # 显示错误对话框
    QMessageBox.critical(None, '错误', '这是一个错误对话框', QMessageBox.Ok)
def about(self):                   # 显示关于对话框
    QMessageBox.about(None, '关于', '这是一个关于对话框')
```

分别为 5 个 PushButton 控件的 clicked 信号绑定自定义的槽函数，以便在单击按钮时，弹出相应的对话框。代码如下：

```
# 关联"消息框"按钮的方法
self.pushButton.clicked.connect(self.info)
# 关联"警告框"按钮的方法
self.pushButton_2.clicked.connect(self.warn)
# 关联"问答框"按钮的方法
self.pushButton_3.clicked.connect(self.question)
# 关联"错误框"按钮的方法
self.pushButton_4.clicked.connect(self.critical)
# 关联"关于框"按钮的方法
self.pushButton_5.clicked.connect(self.about)
```

为.py 文件添加__main__主方法，然后运行程序，主窗口效果如图 13.2 所示。

分别单击主窗口的各个按钮，可以弹出相应的对话框，消息对话框、警告对话框、问答对话框、错误对话框和关于对话框的效果分别如图 13.3～图 13.7 所示。

图 13.2　主窗口

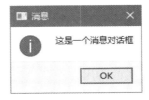

图 13.3　消息对话框

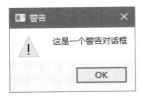

图 13.4　警告对话框

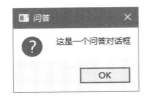

图 13.5　问答对话框

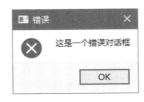

图 13.6　错误对话框

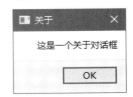

图 13.7　关于对话框

13.1.3　与对话框进行交互

实际开发时，可能会需要根据对话框的返回值执行相应的操作，PyQt5 中的 QMessageBox 对话框支持获取返回值，例如，修改【实例 13.1】中的消息对话框的槽函数，使其弹出一个带有"Yes"和"No"

按钮的对话框，然后判断当用户单击"Yes"按钮时，弹出"您同意了本次请求……"的信息提示。修改后的代码如下：

```
def info(self):                                # 显示消息对话框
    # 获取对话框的返回值
    select = QMessageBox.information(None, '消息', '这是一个消息对话框', QMessageBox.Yes |
QMessageBox.No)
    if select==QMessageBox.Yes:                # 判断是否单击了"Yes"按钮
        QMessageBox.information(MainWindow,'提醒','您同意了本次请求……')
```

重新运行程序，单击主窗口中的"消息框"按钮，即可弹出一个带有"Yes"和"No"按钮的对话框，单击"Yes"按钮时，弹出"您同意了本次请求……"的信息提示，如图 13.8 所示。

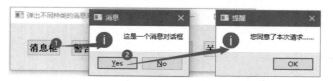

图 13.8　单击"Yes"按钮时弹出的信息提示

13.2　QFileDialog：文件对话框

13.2.1　QFileDialog 类概述

PyQt5 中的文件对话框使用 QFileDialog 类表示，该类继承自 QDialog 类，它允许用户选择文件或者文件夹，也允许用户遍历文件系统，以便选择一个或多个文件或者文件夹。

QFileDialog 类的常用方法及说明如表 13.3 所示。

表 13.3　QFileDialog 类的常用方法及说明

方　　法	说　　明
getOpenFileName()	获取一个打开文件的文件名
getOpenFileNames()	获取多个打开文件的文件名
getSaveFileName()	获取保存的文件名
getExistingDirectory()	获取一个打开的文件夹
setAcceptMode()	设置接收模式，取值如下。 ◆ QFileDialog.AcceptOpen：设置文件对话框为打开模式，这是默认值； ◆ QFileDialog.AcceptSave：设置文件对话框为保存模式
setDefaultSuffix()	设置文件对话框中的文件名的默认后缀名
setFileMode()	设置可以选择的文件类型，取值如下。 ◆ QFileDialog.AnyFile：任意文件（无论文件是否存在）； ◆ QFileDialog.ExistingFile：已存在的文件； ◆ QFileDialog.ExistingFiles：已存在的多个文件；

方　　法	说　　明
setFileMode()	◆ QFileDialog.Directory：文件夹； ◆ QFileDialog.DirectoryOnly：文件夹（选择时只能选中文件夹）
setDirectory()	设置文件对话框的默认打开位置
setNameFilter()	设置名称过滤器，多个类型的过滤器之间用两个分号分割（例如：所有文件(*.*);;Python 文件(*.py)）；而一个过滤器中如果有多种格式，可以用空格分割（例如：图片文件(*.jpg *.png *.bmp)）
setViewMode()	设置显示模式，取值如下。 ◆ QFileDialog.Detail：显示文件详细信息，包括文件名、大小、日期等信息； ◆ QFileDialog.List：以列表形式显示文件名
selectedFile()	获取选择的一个文件或文件夹名字
selectedFiles()	获取选择的多个文件或文件夹名字

13.2.2　使用 QFileDialog 选择文件

本节将对如何使用 QFileDialog 类在 PyQt5 窗口中选择文件进行讲解

【实例 13.2】　选择并显示图片文件（实例位置：资源包\Code\13\02）

打开 Qt Designer 设计器，新建一个窗口，在窗口中添加一个 PushButton 控件和一个 ListWidget 控件，其中，PushButton 控件用来执行操作，而 ListWidget 控件用来显示选择的图片文件，设计完成后保存为.ui 文件，使用 PyUIC 工具将其转换为.py 代码文件。在.py 代码文件中，定义一个 bindList()槽函数，用来使用 QFileDialog 类创建一个文件对话框，在该文件对话框中设置可以选择多个文件，并且只能显示图片文件，选择完之后，会将选择的文件显示到 ListWidget 列表中；最后将自定义的 bindList()槽函数绑定到 PushButton 控件的 clicked 信号上。完整代码如下：

```python
from PyQt5 import QtCore, QtGui, QtWidgets
class Ui_MainWindow(object):
    def setupUi(self, MainWindow):
        MainWindow.setObjectName("MainWindow")
        MainWindow.resize(370, 323)
        self.centralwidget = QtWidgets.QWidget(MainWindow)
        self.centralwidget.setObjectName("centralwidget")
        # 创建一个按钮控件
        self.pushButton = QtWidgets.QPushButton(self.centralwidget)
        self.pushButton.setGeometry(QtCore.QRect(20, 20, 91, 23))
        self.pushButton.setObjectName("pushButton")
        # 创建一个 ListWidget 列表，用来显示选择的图片文件
        self.listWidget = QtWidgets.QListWidget(self.centralwidget)
        self.listWidget.setGeometry(QtCore.QRect(20, 50, 331, 261))
        self.listWidget.setObjectName("listWidget")
        MainWindow.setCentralWidget(self.centralwidget)
        self.retranslateUi(MainWindow)
        QtCore.QMetaObject.connectSlotsByName(MainWindow)
```

```
        self.pushButton.clicked.connect(self.bindList)          # 为按钮的 clicked 信号绑定槽函数
    def bindList(self):
        from PyQt5.QtWidgets import QFileDialog
        dir =QFileDialog()                                      # 创建文件对话框
        dir.setFileMode(QFileDialog.ExistingFiles)              # 设置多选
        dir.setDirectory('C:\\')                                # 设置初始路径为 C 盘
        # 设置只显示图片文件
        dir.setNameFilter('图片文件(*.jpg *.png *.bmp *.ico *.gif)')
        if dir.exec_():                                         # 判断是否选择了文件
            self.listWidget.addItems(dir.selectedFiles())      # 将选择的文件显示在列表中
    def retranslateUi(self, MainWindow):
        _translate = QtCore.QCoreApplication.translate
        MainWindow.setWindowTitle(_translate("MainWindow", "MainWindow"))
        self.pushButton.setText(_translate("MainWindow", "选择文件"))
if __name__ == '__main__':                                     # 程序入口
    import sys
    app = QtWidgets.QApplication(sys.argv)
    MainWindow = QtWidgets.QMainWindow()                       # 创建窗体对象
    ui = Ui_MainWindow()                                       # 创建 PyQt5 设计的窗体对象
    ui.setupUi(MainWindow)                                     # 调用 PyQt5 窗体方法，对窗体对象初始化设置
    MainWindow.show()                                          # 显示窗体
    sys.exit(app.exec_())                                      # 程序关闭时退出进程
```

运行程序，单击主窗口中的"选择文件"按钮，弹出"打开"对话框，该对话框中只显示图片文件，如图 13.9 所示，按 Ctrl 键，可以选择多个文件，选择完文件后，单击"打开"按钮，即可将选择的图片文件显示在 ListWidget 列表中，如图 13.10 所示。

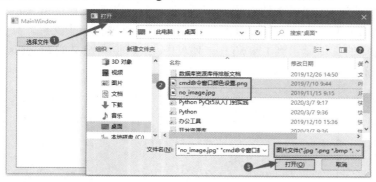

图 13.9　打开"打开"对话框并选择图片文件

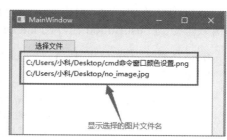

图 13.10　显示选择的图片文件

技巧

Python 使用 QFileDialog 显示打开对话框时，还可以使用 getOpenFileName()方法或者 getOpenFileNames()方法，其中，getOpenFileName()方法用来获取一个打开文件的文件名，而 getOpenFileNames()方法可以获取多个打开文件的文件名，例如，【实例 13.2】中 bindList()槽函数中打开文件的代码可以替换如下：

```
def bindList(self):
    from PyQt5.QtWidgets import QFileDialog
    files, filetype = QFileDialog.getOpenFileNames(None, '打开', 'C:\\', '图片文件(*.jpg *.png *.bmp *.ico *.gif)')
    self.listWidget.addItems(files)
```

13.2.3　使用 QFileDialog 选择文件夹

使用 QFileDialog 选择文件夹时，需要用到 getExistingDirectory()方法，该方法需要指定打开对话框的标题和要打开的默认路径。

【实例 13.3】　以列表显示指定文件夹中的所有文件（实例位置：资源包\Code\13\03）

修改【实例 13.2】，在设计的窗口中添加一个 LineEdit 控件，用来显示选择的路径，并且将 PushButton 控件的文本修改为"选择"，然后对 bindList()自定义槽函数进行修改，在该函数中，主要使用 QFileDialog.getExistingDirectory()方法打开一个选择文件夹的对话框，在该对话框中选择一个路径后，首先将选择的路径显示到 LineEdit 文本框中；然后使用 os 模块的 listdir()方法获取该文件夹中的所有文件和子文件夹，并将它们显示到 ListWidget 列表中，主要代码如下：

```
def bindList(self):
    from PyQt5.QtWidgets import QFileDialog
    import os                              # 导入 os 模块
    # 创建选择路径对话框
    dir = QFileDialog.getExistingDirectory(None, "选择文件夹路径", os.getcwd())
    self.lineEdit.setText(dir)             # 在文本框中显示选择的路径
    list = os.listdir(dir)                 # 遍历选择的文件夹
    self.listWidget.addItems(list)         # 将文件夹中的所有文件显示在列表中
```

运行程序，单击"选择"按钮，选择一个本地文件夹，即可将该文件夹中的所有文件及子文件夹显示在下方的列表中，如图 13.11 所示。

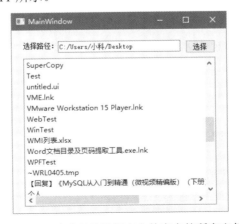

图 13.11　以列表显示指定文件夹中的所有文件

13.3 QInputDialog: 输入对话框

13.3.1 QInputDialog 概述

QInputDialog 类表示一个标准的输入对话框，该对话框由一个文本框（或者数字选择框，或者下拉列表框）和两个按钮（OK 按钮和 Cancel 按钮）组成，它可以与用户进行简单的交互，例如，在主窗口中获取输入对话框中输入或者选择的值。

QInputDialog 类的常用方法及语法如下。

☑ getText()方法

显示一个用于输入字符串的文本编辑框。语法如下：

text, flag=QInputDialog.getText(QWidget,dlgTitle,txtLabel,echoMode,defaultInput)

getText()方法的参数及返回值说明如表 13.4 所示。

表 13.4 getText()方法的参数及返回值

参　　数	说　　明
QWidget	父窗口对象
dglTitle	QInputDialog 的标题
txtLabel	QInputDialog 内部显示的文本
echoMode	文本编辑框内容的显示方式
defaultInput	文本编辑框默认显示内容
返回值	一个元组，其中 text 表示文本编辑框内的字符串，flag 表示是否正常返回

☑ getItem()方法

显示一个 ComboBox 下拉列表控件，用户可从中选择数据。语法如下：

text,flag =QInputDialog.getItem(QWidget,dlgTitle,txtLabel,items,curIndex,editable)

getItem()方法的参数及返回值说明如表 13.5 所示。

表 13.5 getItem()方法的参数及返回值

参　　数	说　　明
QWidget	父窗口对象
dglTitle	QInputDialog 的标题
txtLabel	QInputDialog 内部显示的文本
items	ComboBox 组件的内容列表
curIndex	默认显示 ComboBox 组件哪一个索引的内容
editable	ComboBox 组件是否可被编辑
返回值	一个元组，其中 text 表示从 ComboBox 下拉列表中选择的内容，flag 表示是否正常返回

☑ getInt()方法

显示一个用于输入整数的编辑框，显示的是 SpinBox 控件。语法如下：

inputValue,flag =QInputDialog.getInt(QWidget,dlgTitle,txtLabel,defaultValue,minValue,maxValue,stepValue)

getInt()方法的参数及返回值说明如表 13.6 所示。

表 13.6　getInt()方法的参数及返回值

参　　数	说　　明
QWidget	父窗口对象
dglTitle	QInputDialog 的标题
txtLabel	QInputDialog 内部显示的文本
defaultValue	SpinBox 控件默认值
minValue	SpinBox 控件最小值
maxValue	SpinBox 控件最大值
stepValue	SpinBox 控件单步值
返回值	一个元组，其中 inputValue 表示 SpinBox 中选择的整数值，flag 表示是否正常返回

☑ getDouble()方法

显示一个用于输入浮点数的编辑框，显示的是 DoubleSpinBox 控件。语法如下：

inputValue,flag =QInputDialog.getDouble(QWidget,dlgTitle,txtLabel,defaultValue,minValue,maxValue,decimals);

getDouble()方法的参数及返回值说明如表 13.7 所示。

表 13.7　getDouble()方法的参数及返回值

参　　数	说　　明
QWidget	父窗口对象
dglTitle	QInputDialog 的标题
txtLabel	QInputDialog 内部显示的文本
defaultValue	DoubleSpinBox 控件默认值
minValue	DoubleSpinBox 控件最小值
maxValue	DoubleSpinBox 控件最大值
decimals	DoubleSpinBox 控件显示的小数点位数控制
返回值	一个元组，其中 inputValue 表示 DoubleSpinBox 中选择的小数值，flag 表示是否正常返回

13.3.2　QInputDialog 对话框的使用

本节通过一个具体的实例讲解 QInputDialog 对话框在实际开发中的应用。

【实例 13.4】　设计不同种类的输入框（实例位置：资源包\Code\13\04）

使用 Qt Designer 设计器创建一个 MainWindow 窗口，其中添加 4 个 LineEdit 控件，分别用来录入学生的姓名、年龄、班级和分数信息，将设计的窗口保存为.ui 文件，使用 PyUIC 工具将.ui 文件转换为.py 文件。在.py 文件中，分别使用 QInputDialog 类的 4 种方法弹出不同的输入框，在输入框中完成学生信息的录入。代码如下：

```python
from PyQt5 import QtCore, QtGui, QtWidgets
from PyQt5.QtWidgets import QInputDialog
class Ui_MainWindow(object):
    def setupUi(self, MainWindow):
        MainWindow.setObjectName("MainWindow")
        MainWindow.resize(210, 164)
        self.centralwidget = QtWidgets.QWidget(MainWindow)
        self.centralwidget.setObjectName("centralwidget")
        # 添加"姓名"标签
        self.label = QtWidgets.QLabel(self.centralwidget)
        self.label.setGeometry(QtCore.QRect(30, 20, 41, 16))
        self.label.setObjectName("label")
        # 添加输入姓名的文本框
        self.lineEdit = QtWidgets.QLineEdit(self.centralwidget)
        self.lineEdit.setGeometry(QtCore.QRect(70, 20, 113, 20))
        self.lineEdit.setObjectName("lineEdit")
        # 添加"年龄"标签
        self.label_2 = QtWidgets.QLabel(self.centralwidget)
        self.label_2.setGeometry(QtCore.QRect(30, 56, 41, 16))
        self.label_2.setObjectName("label_2")
        # 添加输入年龄的文本框
        self.lineEdit_2 = QtWidgets.QLineEdit(self.centralwidget)
        self.lineEdit_2.setGeometry(QtCore.QRect(70, 56, 113, 20))
        self.lineEdit_2.setObjectName("lineEdit_2")
        # 添加"班级"标签
        self.label_3 = QtWidgets.QLabel(self.centralwidget)
        self.label_3.setGeometry(QtCore.QRect(30, 90, 41, 16))
        self.label_3.setObjectName("label_3")
        # 添加输入班级的文本框
        self.lineEdit_3 = QtWidgets.QLineEdit(self.centralwidget)
        self.lineEdit_3.setGeometry(QtCore.QRect(70, 90, 113, 20))
        self.lineEdit_3.setObjectName("lineEdit_3")
        # 添加"分数"标签
        self.label_4 = QtWidgets.QLabel(self.centralwidget)
        self.label_4.setGeometry(QtCore.QRect(30, 126, 41, 16))
        self.label_4.setObjectName("label_4")
        # 添加输入分数的文本框
        self.lineEdit_4 = QtWidgets.QLineEdit(self.centralwidget)
        self.lineEdit_4.setGeometry(QtCore.QRect(70, 126, 113, 20))
        self.lineEdit_4.setObjectName("lineEdit_4")
        MainWindow.setCentralWidget(self.centralwidget)
        self.retranslateUi(MainWindow)
        QtCore.QMetaObject.connectSlotsByName(MainWindow)
        # 为"姓名"文本框的按 Enter 信号绑定槽函数，获取用户输入的姓名
        self.lineEdit.returnPressed.connect(self.getname)
        # 为"年龄"文本框的按 Enter 信号绑定槽函数，获取用户输入的年龄
```

```
        self.lineEdit_2.returnPressed.connect(self.getage)
        # 为"班级"文本框的按 Enter 信号绑定槽函数，获取用户选择的班级
        self.lineEdit_3.returnPressed.connect(self.getgrade)
        # 为"分数"文本框的按 Enter 信号绑定槽函数，获取用户输入的分数
        self.lineEdit_4.returnPressed.connect(self.getscore)
    def retranslateUi(self, MainWindow):
        _translate = QtCore.QCoreApplication.translate
        MainWindow.setWindowTitle(_translate("MainWindow", "录入学生信息"))
        self.label.setText(_translate("MainWindow", "姓名："))
        self.label_2.setText(_translate("MainWindow", "年龄："))
        self.label_3.setText(_translate("MainWindow", "班级："))
        self.label_4.setText(_translate("MainWindow", "分数："))
    # 自定义获取姓名的槽函数
    def getname(self):
        # 弹出可以输入字符串的输入框
        name,ok = QInputDialog.getText(MainWindow, "姓名", "请输入姓名", QtWidgets.QLineEdit.Normal, "明
日科技")
        if ok:                                         # 判断是否单击了 OK 按钮
            self.lineEdit.setText(name)                # 获取输入对话框中的字符串，显示在文本框中
    # 自定义获取年龄的槽函数
    def getage(self):
        # 弹出可以选择或输入年龄的输入框
        age,ok = QInputDialog.getInt(MainWindow, "年龄", "请选择年龄", 20,1,100,1)
        if ok:                                         # 判断是否单击了"OK"按钮
            self.lineEdit_2.setText(str(age))          # 获取输入对话框中的年龄，显示在文本框中
    # 自定义获取班级的槽函数
    def getgrade(self):
        # 弹出可以选择班级的输入框
        grade,ok = QInputDialog.getItem(MainWindow, "班级", "请选择班级", ('三年一班','三年二班','三年三班
'),0,False)
        if ok:                                         # 判断是否单击了 OK 按钮
            self.lineEdit_3.setText(grade)             # 获取输入对话框中选择的班级，显示在文本框中
    # 自定义获取分数的槽函数
    def getscore(self):
        # 弹出可以选择或输入分数的输入框，模板保留 2 位小数
        scroe,ok = QInputDialog.getDouble(MainWindow, "分数", "请选择分数",0.01,0,100,2)
        if ok:                                         # 判断是否单击了"OK"按钮
            self.lineEdit_4.setText(str(scroe))        # 获取输入对话框中的分数，显示在文本框中
if __name__ == '__main__':                             # 主方法
    import sys
    app = QtWidgets.QApplication(sys.argv)
    MainWindow = QtWidgets.QMainWindow()               # 创建窗体对象
    ui = Ui_MainWindow()                               # 创建 PyQt5 设计的窗体对象
    ui.setupUi(MainWindow)                             # 调用 PyQt5 窗体的方法对窗体对象进行初始化设置
    MainWindow.show()                                  # 显示窗体
    sys.exit(app.exec_())                              # 程序关闭时退出进程
```

　　运行程序，在相应文本框中按 Enter 键，即可弹出相应的输入框。姓名输入框如图 13.12 所示，年龄输入框如图 13.13 所示。

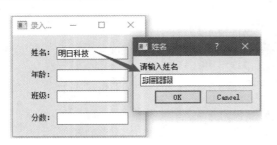

图 13.12　姓名输入框　　　　　　　　　　　图 13.13　年龄输入框

班级输入框如图 13.14 所示，分数输入框如图 13.15 所示。

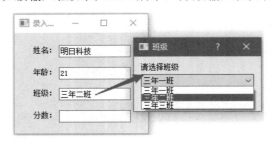

图 13.14　班级输入框　　　　　　　　　　　图 13.15　分数输入框

说明

在弹出整数和小数输入框时，用户除了可以选择其中的值以外，还可以手动输入值，但不能超出设置的取值范围。

13.4　字体和颜色对话框

字体对话框、颜色对话框通常用来对文本的字体、颜色进行设置，在 PyQt5 中，使用 QFontDialog 类表示字体对话框，而使用 QColorDialog 类表示颜色对话框。本节将对字体对话框和颜色对话框的使用进行介绍。

13.4.1　QFontDialog：字体对话框

QFontDialog 类表示字体对话框，用户可以从中选择字体的大小、样式、格式等信息，类似 Word 中的字体对话框。

QFontDialog 类最常用的方法是 getFont()方法，用来获取在字体对话框中选择的字体相关的信息，其语法如下：

```
QFontDialog.getFont()
```

该方法的返回值包含一个 QFont 对象和一个标识，其中，QFont 对象直接存储字体相关的信息，而标识用来确定是否正常返回，即是否单击了字体对话框中的 OK 按钮。

13.4.2　QColorDialog：颜色对话框

QColorDialog 类表示颜色对话框，用户可以从中选择颜色。

QColorDialog 类最常用的方法是 getColor()方法，用来获取在颜色对话框中选择的颜色信息，其语法如下：

QColorDialog.getColor()

该方法的返回值是一个 QColor 对象，存储选择的颜色相关的信息。

技巧

选择完颜色后，可以使用 QColor 对象的 isValid()方法判断选择的颜色是否有效。

13.4.3　字体和颜色对话框的使用

本节通过一个实例讲解 QFontDialog 字体对话框和 QColorDialog 颜色对话框在实际中的应用，这里分别使用这两个对话框对 TextEdit 文本框中文本的字体和颜色进行设置。

【实例 13.5】　动态设置文本的字体和颜色（实例位置：资源包\Code\13\05）

使用 Qt Designer 设计器创建一个 MainWindow 窗口，其中添加两个 PushButton 控件、一个水平布局管理器和一个 TextEdit 控件。其中，两个 PushButton 控件分别用来执行设置字体和颜色的操作；水平布局管理器用来放置 TextEdit 控件，以便使该控件能自动适应大小；TextEdit 控件用来输入文本，以便体现设置的字体和颜色。设计完成后保存为.ui 文件，使用 PyUIC 工具将.ui 文件转换为.py 文件。

在转换后的.py 文件中，首先自定义两个槽函数 setfont()和 setcolor()，分别用来设置 TextEdit 控件中的字体和颜色；然后分别将这两个自定义的槽函数绑定到两个 PushButton 控件的 clicked 信号；最后为.py 文件添加__main__主方法。完整代码如下：

```python
from PyQt5 import QtCore, QtGui, QtWidgets
from PyQt5.QtWidgets import QFontDialog,QColorDialog
class Ui_MainWindow(object):
    def setupUi(self, MainWindow):
        MainWindow.setObjectName("MainWindow")
        MainWindow.resize(412, 166)
        self.centralwidget = QtWidgets.QWidget(MainWindow)
        self.centralwidget.setObjectName("centralwidget")
        # 添加"设置字体"按钮
        self.pushButton = QtWidgets.QPushButton(self.centralwidget)
        self.pushButton.setGeometry(QtCore.QRect(10, 10, 75, 23))
```

```
                self.pushButton.setObjectName("pushButton")
                # 添加一个水平布局管理器，主要为了使 TextEdit 控件位于该区域中
                self.horizontalLayoutWidget = QtWidgets.QWidget(self.centralwidget)
                self.horizontalLayoutWidget.setGeometry(QtCore.QRect(10, 40, 401, 121))
                self.horizontalLayoutWidget.setObjectName("horizontalLayoutWidget")
                self.horizontalLayout = QtWidgets.QHBoxLayout(self.horizontalLayoutWidget)
                self.horizontalLayout.setContentsMargins(0, 0, 0, 0)
                self.horizontalLayout.setObjectName("horizontalLayout")
                # 添加标签控件，用来体现设置的字体和颜色
                self.textEdit = QtWidgets.QTextEdit(self.horizontalLayoutWidget)
                self.textEdit.setObjectName("label")
                self.horizontalLayout.addWidget(self.textEdit)
                # 添加"设置颜色"按钮
                self.pushButton_2 = QtWidgets.QPushButton(self.centralwidget)
                self.pushButton_2.setGeometry(QtCore.QRect(100, 10, 75, 23))
                self.pushButton_2.setObjectName("pushButton_2")
                MainWindow.setCentralWidget(self.centralwidget)
                self.retranslateUi(MainWindow)
                QtCore.QMetaObject.connectSlotsByName(MainWindow)
                # 为"设置字体"按钮的 clicked 信号关联槽函数
                self.pushButton.clicked.connect(self.setfont)
                # 为"设置颜色"按钮的 clicked 信号关联槽函数
                self.pushButton_2.clicked.connect(self.setcolor)
        def setfont(self):
                font, ok = QFontDialog.getFont()                    # 字体对话框
                if ok:                                              # 如果选择了字体
                        self.textEdit.setFont(font)                 # 将选择的字体作为标签的字体
        def setcolor(self):
                color = QColorDialog.getColor()                     # 颜色对话框
                if color.isValid():                                 # 判断颜色是否有效
                        self.textEdit.setTextColor(color)           # 将选择的颜色作为标签的字体
        def retranslateUi(self, MainWindow):
                _translate = QtCore.QCoreApplication.translate
                MainWindow.setWindowTitle(_translate("MainWindow", "MainWindow"))
                self.pushButton.setText(_translate("MainWindow", "设置字体"))
                self.textEdit.setText(_translate("MainWindow", "敢想敢为"))
                self.pushButton_2.setText(_translate("MainWindow", "设置颜色"))
# 主方法
if __name__ == '__main__':
        import sys
        app = QtWidgets.QApplication(sys.argv)
        MainWindow = QtWidgets.QMainWindow()                        # 创建窗体对象
        ui = Ui_MainWindow()                                        # 创建 PyQt5 设计的窗体对象
        ui.setupUi(MainWindow)                                      # 调用 PyQt5 窗体方法，对窗体对象初始化设置
        MainWindow.show()                                           # 显示窗体
        sys.exit(app.exec_())                                       # 程序关闭时退出进程
```

运行程序，单击"设置字体"按钮，在弹出的对话框中设置完字体后，单击 OK 按钮，即可将选择的字体应用于文本框中的文字，效果如图 13.16 所示。

设置颜色时，首先需要选中要设置颜色的文字，然后单击"设置颜色"按钮，在弹出的对话框中选择颜色后，单击"OK"按钮，即可将选择的颜色应用于文本框中选中的文字，效果如图 13.17 所示。

图 13.16　设置字体

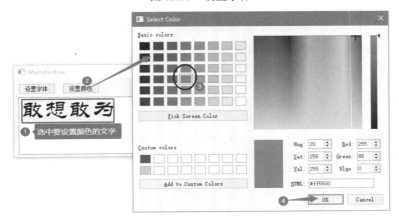

图 13.17　设置颜色

13.5　小　　结

本章对 PyQt5 中的多种单元格的使用进行了详细讲解，包括 QMessageBox 对话框、QFileDialog 文件对话框、QInputDialog 输入对话框、QFontDialog 字体对话框和 QColorDialog 颜色对话框。学习本章内容时，应该重点掌握 QMessageBox 对话框、QFileDialog 文件对话框和 QInputDialog 输入对话框的使用。

第 14 章

使用 Python 操作数据库

程序运行的时候，数据都是在内存中的。当程序终止的时候，通常都需要将数据保存到磁盘上。为了便于程序保存和读取数据，并能直接通过条件快速查询到指定的数据，数据库（Database）这种专门用于集中存储和查询的软件应运而生。本章将介绍 Python 数据库编程接口的知识，以及使用 SQLite 和 MySQL 存储数据的方法。

14.1　数据库编程接口

在项目开发中，数据库应用必不可少。虽然数据库的种类有很多，如 SQLite、MySQL、Oracle 等，但是它们的功能基本都是一样的，为了对数据库进行统一的操作，大多数语言都提供了简单的、标准化的数据库接口（API）。在 Python Database API 2.0 规范中，定义了 Python 数据库 API 接口的各个部分，如模块接口、连接对象、游标对象、类型对象和构造器、DB API 的可选扩展以及可选的错误处理机制等。本节将重点介绍数据库 API 接口中的连接对象和游标对象。

14.1.1　连接对象

数据库连接对象（Connection Object）主要提供获取数据库游标对象和提交/回滚事务的方法，以及关闭数据库连接。

1. 获取连接对象

如何获取连接对象呢？这就需要使用 connect()函数，该函数有多个参数，具体使用哪个参数，取决于使用的数据库类型。例如，如果访问 Oracle 数据库和 MySQL 数据库，则必须同时下载 Oracle 和 MySQL 数据库模块，这些模块在获取连接对象时，都需要使用 connect()函数。connect()函数常用的参数及说明如表 14.1 所示。

表 14.1　connect()函数常用的参数及说明

参　　数	说　　明
dsn	数据源名称，给出该参数表示数据库依赖
user	用户名
password	用户密码
host	主机名
database	数据库名称

例如，使用 PyMySQL 模块连接 MySQL 数据库，示例代码如下：

```
conn = pymysql.connect(host='localhost',
                       user='user',
                       password='passwd',
                       db='test',
                       charset='utf8',
                       cursorclass=pymysql.cursors.DictCursor)
```

说明

上面代码中，pymysql.connect()使用的参数与表 14.1 中并不完全相同。在使用时，要以具体的数据库模块为准。

2．连接对象的方法

connect()函数返回连接对象，该对象表示当前与数据库的会话。连接对象支持的方法如表 14.2 所示。

表 14.2　连接对象方法

方　　法	说　　明
close()	关闭数据库连接
commit()	提交事务
rollback()	回滚事务
cursor()	获取游标对象，操作数据库，如执行 DML 操作、调用存储过程等

技巧

commit()方法用于提交事务，事务主要用于处理数据量大、复杂度高的数据。如果操作的是一系列的动作，例如，张三给李四转账，有如下两种操作：

（1）张三账户金额减少；

（2）李四账户金额增加。

这时使用事务可以维护数据库的完整性，保证两个操作要么全部执行，要么全部不执行。

14.1.2　游标对象

游标对象（Cursor Object）代表数据库中的游标，用于指示抓取数据操作的上下文，主要提供执行

SQL 语句、调用存储过程、获取查询结果等方法。

如何获取游标对象呢？通过使用连接对象的 cursor()方法可以获取游标对象。游标对象的主要属性及说明如下。

- ☑ description 属性：表示数据库列类型和值的描述信息。
- ☑ rowcount 属性：返回结果的行数统计信息，如 SELECT、UPDATE、CALLPROC 等。

游标对象的方法及说明如表 14.3 所示。

表 14.3　游标对象方法

方　法　名	说　　明
callproc(procname[, parameters])	调用存储过程，需要数据库支持
close()	关闭当前游标
execute(operation[, parameters])	执行数据库操作，SQL 语句或者数据库命令
executemany(operation, seq_of_params)	用于批量操作，如批量更新
fetchone()	获取查询结果集中的下一条记录
fetchmany(size)	获取指定数量的记录
fetchall()	获取结果集的所有记录
nextset()	跳至下一个可用的结果集
arraysize()	指定使用 fetchmany()获取的行数，默认为 1
setinputsizes(sizes)	设置在调用 execute*()方法时分配的内存区域大小
setoutputsize(sizes)	设置列缓冲区大小，对大数据列如 LONGS 和 BLOBS 尤其有用

14.2　使用内置的 SQLite

与许多其他数据库管理系统不同，SQLite 不是一个客户端/服务器结构的数据库引擎，而是一种嵌入式数据库，该数据库本身就是一个文件。SQLite 将整个数据库（包括定义、表、索引以及数据本身）作为一个单独的、可跨平台使用的文件存储在主机中。由于 SQLite 本身是使用 C 语言开发的，而且体积很小，所以经常被集成到各种应用程序中。Python 就内置了 SQLite3，所以在 Python 中使用 SQLite 数据库，不需要安装任何模块，直接即可使用。

14.2.1　创建数据库文件

由于 Python 中已经内置了 SQLite3，所以可以直接使用 import 语句导入 SQLite3 模块。Python 操作数据库的通用的流程如图 14.1 所示。

【实例 14.1】　创建 SQLite 数据库文件（实例位置：资源包\Code\14\01）

创建一个 mrsoft.db 的数据库文件，然后执行 SQL 语句创建一个 user（用户表），user 表包含 id 和 name 两个字段。具体代码如下：

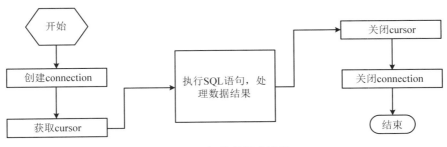

图 14.1　操作数据库流程

```
import sqlite3
# 连接到 SQLite 数据库
# 数据库文件是 mrsoft.db，如果文件不存在，会自动在当前目录创建
conn = sqlite3.connect('mrsoft.db')
# 创建一个 Cursor
cursor = conn.cursor()
# 执行一条 SQL 语句，创建 user 表
cursor.execute('create  table  user (id int(10)   primary key, name varchar(20))')
# 关闭游标
cursor.close()
# 关闭 Connection
conn.close()
```

在上面代码中，使用 sqlite3.connect()方法连接 SQLite 数据库文件 mrsoft.db，由于 mrsoft.db 文件并不存在，所以会在本实例 Python 代码同级目录下创建 mrsoft.db 文件，该文件包含了 user 表的相关信息。mrsoft.db 文件所在目录如图 14.2 所示。

图 14.2　mrsoft.db 文件所在目录

说明

再次运行【实例 14.1】时，会出现提示信息：sqlite3.OperationalError:table user alread exists。这是因为 user 表已经存在。

14.2.2　操作 SQLite

1．新增用户数据信息

向数据表中新增数据可以使用 SQL 中的 insert 语句。语法如下：

insert into 表名(字段名 1,字段名 2,...,字段名 n)   values (字段值 1,字段值 2,...,字段值 n)

在【实例 14.1】创建的 user 表中，有 2 个字段，字段名分别为 id 和 name，而字段值需要根据字段的数据类型来赋值，如 id 是一个长度为 10 的整型，name 是长度为 20 的字符串型数据。向 user 表中插入 3 条用户信息记录，则 SQL 语句如下：

```
cursor.execute('insert into user (id, name) values (1, "MRSOFT")')
cursor.execute('insert into user (id, name) values (2, "Andy")')
cursor.execute('insert into user (id, name) values (3, "明日科技小助手")')
```

下面通过一个实例介绍一下向 SQLite 数据库中插入数据的流程。

【实例 14.2】 新增用户数据信息（实例位置：资源包\Code\14\02）

由于在【实例 14.1】中已经创建了 user 表，所以本实例可以直接操作 user 表，向 user 表中插入 3 条用户信息。此外，由于是新增数据，需要使用 commit()方法提交事务。因为对于增加、修改和删除操作，使用 commit()方法提交事务后，如果相应操作失败，可以使用 rollback()方法回滚到操作之前的状态。新增用户数据信息具体代码如下：

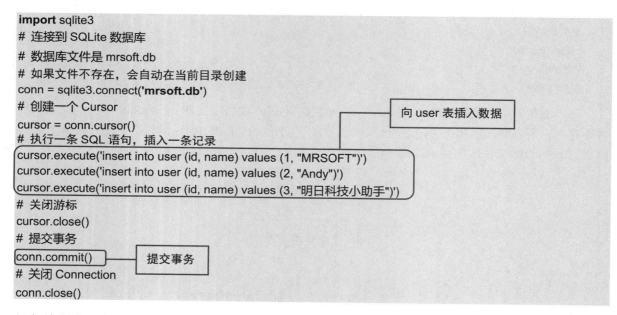

```
import sqlite3
# 连接到 SQLite 数据库
# 数据库文件是 mrsoft.db
# 如果文件不存在，会自动在当前目录创建
conn = sqlite3.connect('mrsoft.db')
# 创建一个 Cursor
cursor = conn.cursor()
# 执行一条 SQL 语句，插入一条记录          向 user 表插入数据
cursor.execute('insert into user (id, name) values (1, "MRSOFT")')
cursor.execute('insert into user (id, name) values (2, "Andy")')
cursor.execute('insert into user (id, name) values (3, "明日科技小助手")')
# 关闭游标
cursor.close()
# 提交事务
conn.commit()          提交事务
# 关闭 Connection
conn.close()
```

运行该程序，会向 user 表中插入 3 条记录。为验证程序是否正常运行，可以再次运行，如果提示如下信息，说明插入成功（因为 user 表已经保存了上一次插入的记录，所以再次插入会报错）：

sqlite3.IntegrityError: UNIQUE constraint failed: user.id

2．查看用户数据信息

查找数据表中的数据可以使用 SQL 中的 select 语句。语法如下：

select 字段名 1,字段名 2,字段名 3,... from 表名 where 查询条件

查看用户信息的代码与插入数据信息大致相同，不同点在于使用的 SQL 语句不同。此外，查询数据时通常使用如下 3 种方式。

☑　fetchone()：获取查询结果集中的下一条记录。

☑　fetchmany(size)：获取指定数量的记录。

☑　fetchall()：获取结构集的所有记录。

下面通过一个实例来查看这 3 种查询方式的区别。

【实例 14.3】　使用 3 种方式查询用户数据信息（实例位置：资源包\Code\14\03）

分别使用 fetchone()、fetchmany() 和 fetchall() 这 3 种方式查询用户信息。具体代码如下：

```python
import sqlite3
# 连接到 SQLite 数据库,数据库文件是 mrsoft.db
conn = sqlite3.connect('mrsoft.db')
# 创建一个 Cursor
cursor = conn.cursor()
# 执行查询语句
cursor.execute('select * from user')
# 获取查询结果
result1 = cursor.fetchone()          ───────  获取查询结果的语句块
print(result1)
# 关闭游标
cursor.close()
# 关闭 Connection
conn.close()
```

使用 fetchone() 方法返回的 result1 为一个元组，运行结果如下：

```
(1,'MRSOFT')
```

（1）修改【实例 14.3】的代码，将获取查询结果的语句块代码修改为：

```python
result2 = cursor.fetchmany(2) # 使用 fetchmany 方法查询多条数据
print(result2)
```

使用 fetchmany() 方法传递一个参数，其值为 2，默认为 1。返回的 result2 为一个列表，列表中包含 2 个元组。运行结果如下：

```
[(1,'MRSOFT'),(2,'Andy')]
```

（2）修改【实例 14.3】的代码，将获取查询结果的语句块代码修改为：

```python
result3 = cursor.fetchall() # 使用 fetchall 方法查询所有数据
print(result3)
```

使用 fetchall() 方法返回的 result3 为一个列表，列表中包含所有 user 表中数据组成的元组。运行结果如下：

```
[(1,'MRSOFT'),(2,'Andy'),(3,'明日科技')]
```

（3）修改【实例 14.3】的代码，将获取查询结果的语句块代码修改为：

```
cursor.execute('select * from user where id > ?',(1,))
result3 = cursor.fetchall()
print(result3)
```

在 select 查询语句中，使用问号作为占位符代替具体的数值，然后使用一个元组来替换问号（注意，不要忽略元组中最后的逗号）。上述查询语句等价于：

```
cursor.execute('select * from user where id > 1')
```

运行结果如下：

```
[(2,'Andy'),(3,'明日科技')]
```

说明

使用占位符的方式可以避免 SQL 注入的风险，推荐使用这种方式。

3．修改用户数据信息

修改数据表中的数据可以使用 SQL 中的 update 语句，语法如下：

```
update  表名  set 字段名 = 字段值  where 查询条件
```

下面通过一个实例来讲解如何修改 user 表中的用户信息。

【实例 14.4】 修改用户数据信息（实例位置：资源包\Code\14\04）

将 SQLite 数据库中 user 表 ID 为 1 的数据 name 字段值"MRSOFT"修改为"MR"，并使用 fetchall()方法获取修改后表中的所有数据。具体代码如下：

```python
import sqlite3
# 连接到 SQLite 数据库,数据库文件是 mrsoft.db
conn = sqlite3.connect('mrsoft.db')
# 创建一个 Cursor
cursor = conn.cursor()
cursor.execute('update user set name = ? where id = ?',('MR',1))
cursor.execute('select * from user')
result = cursor.fetchall()
print(result)
# 关闭游标
cursor.close()
# 提交事务
conn.commit()
# 关闭 Connection:
conn.close()
```

运行结果如下:

[(1, 'MR'), (2, 'Andy'), (3, '明日科技小助手')]

4. 删除用户数据信息

删除数据表中的数据可以使用 SQL 中的 delete 语句,语法如下:

delete from　表名　where　查询条件

下面通过一个实例来讲解如何删除 user 表中指定用户的信息。

【实例 14.5】　删除用户数据信息(实例位置:资源包\Code\14\05)

将 SQLite 数据库中 user 表 ID 为 1 的数据删除,并使用 fetchall()获取表中的所有数据,查看删除后的结果。具体代码如下:

```python
import sqlite3
# 连接到 SQLite 数据库,数据库文件是 mrsoft.db
conn = sqlite3.connect('mrsoft.db')
# 创建一个 Cursor
cursor = conn.cursor()
# 删除 ID 为 1 的用户
cursor.execute('delete from user where id = ?',(1,))
# 获取所有用户信息
cursor.execute('select * from user')
# 记录查询结果
result = cursor.fetchall()
print(result)
# 关闭游标
cursor.close()
# 提交事务
conn.commit()
# 关闭 Connection:
conn.close()
```

执行上述代码后,user 表中 ID 为 1 的数据将被删除。运行结果如下:

[(2, 'Andy'), (3, '明日科技小助手')]

14.3　MySQL 数据库的使用

MySQL 数据库是 Oracle 公司所属的一款开源数据库软件,由于其免费特性,得到了全世界用户的喜爱,本节将首先对 MySQL 数据库的下载、安装、配置进行介绍,然后讲解如何使用 Python 操作 MySQL 数据库。

14.3.1 下载安装 MySQL

本节将主要对 MySQL 数据库的下载、安装、配置、启动及管理进行讲解。

1. 下载 MySQL

MySQL 数据库最新版本是 8.0 版，另外比较常用的还有 5.7 版本，本节将以 MySQL 8.0 为例讲解其下载过程。

（1）在浏览器的地址栏中输入地址：https://dev.mysql.com/downloads/windows/installer/8.0.html，并按 Enter 键，将进入当前最新版本 MySQL 8.0 的下载页面，选择离线安装包，如图 14.3 所示。

图 14.3　MySQL 8.0 的下载页面

说明

如果想要使用 MySQL 5.7 版本，可以访问 https://dev.mysql.com/downloads/windows/installer/5.7.html 进行下载。

（2）单击"Download"按钮下载，进入开始下载页面，如果有 MySQL 的账户，可以单击 Login 按钮，登录账户后下载，如果没有，可以直接单击下方的"No thanks, just start my download."超链接，跳过注册步骤，直接下载，如图 14.4 所示。

2. 安装 MySQL

下载完成以后，开始安装 MySQL。双击安装文件，在界面中选中"I accept the license terms"，单击"Next"，进入选择设置类型界面。在选择设置中有 5 种类型，说明如下。

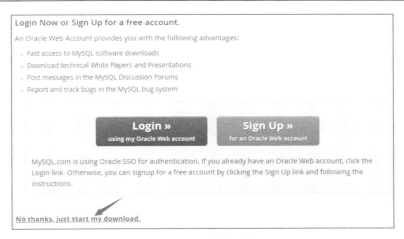

图 14.4　不注册，直接下载 MySQL

☑ Developer Default：安装 MySQL 服务器以及开发 MySQL 应用所需的工具。工具包括开发和管理服务器的 GUI 工作台、访问操作数据的 Excel 插件、与 Visual Studio 集成开发的插件、通过 NET/Java/C/C++/ODBC 等访问数据的连接器、官方示例和教程、开发文档等。

☑ Server only：仅安装 MySQL 服务器，适用于部署 MySQL 服务器。

☑ Client only：仅安装客户端，适用于基于已存在的 MySQL 服务器进行 MySQL 应用开发的情况。

☑ Full：安装 MySQL 所有可用组件。

☑ Custom：自定义需要安装的组件。

MySQL 会默认选择"Developer Default"类型，这里我们选择纯净的"Server only"类型，如图 14.5 所示，然后一直默认选择安装。

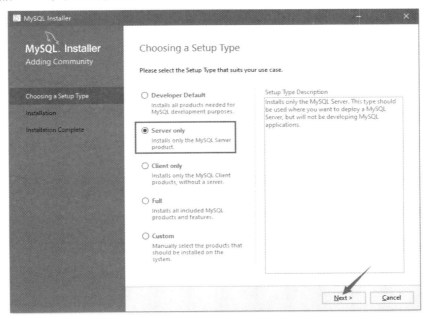

图 14.5　选择安装类型

3．设置环境变量

安装完成以后，默认的安装路径是"C:\Program Files\MySQL\MySQL Server 8.0\bin"。下面设置环境变量，以便在任意目录下使用 MySQL 命令，这里以 Windows 10 系统为例进行介绍。右键单击"此电脑"，选择"属性"→"高级系统设置"→"环境变量"→"PATH"→"编辑"，在弹出的"编辑环境变量"对话框中，单击"新建"按钮，然后将"C:\Program Files\MySQL\MySQL Server 8.0\bin"写入变量值中，如图 14.6 所示。

4．启动 MySQL

使用 MySQL 数据库前，需要先启动 MySQL。在 CMD 窗口中输入命令行"net start mysql80"来启动 MySQL 8.0。启动成功后，使用账户和密码进入 MySQL。输入命令"mysql -u root -p"，按 Enter 键，提示"Enter password:"，输入安装 MySQL 时设置的密码，这里输入"root"，即可进入 MySQL，如图 14.7 所示。

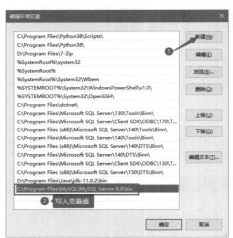

图 14.6 设置环境变量

图 14.7 启动 MySQL

技巧

如果在 CMD 命令窗口中使用"net start mysql80"命令启动 MySQL 服务时，出现如图 14.8 所示的提示，这主要是由于 Windows 10 系统的权限设置引起的，只需要以管理员身份运行 CMD 命令窗口即可，如图 14.9 所示。

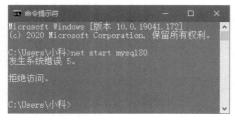

图 14.8 启动 MySQL 服务时的错误

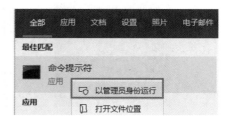

图 14.9 以管理员身份运行 CMD 命令窗口

5．使用 Navicat for MySQL 管理软件

在命令提示符下操作 MySQL 数据库的方式对初学者并不友好，而且需要有专业的 SQL 语言知识，所以各种 MySQL 图形化管理工具应运而生，其中 Navicat for MySQL 就是一个广受好评的桌面版 MySQL 数据库管理和开发工具，它使用图形化的用户界面，可以让用户使用和管理 MySQL 数据库更为轻松，官方网址：https://www.navicat.com.cn。

> **说明**
>
> Navicat for MySQL 是一个收费的数据库管理软件，官方提供免费试用版，可以试用 14 天，如果要继续使用，需要从官方购买，或者通过其他方法解决。

首先下载并安装 Navicat for MySQL，安装完之后打开，新建 MySQL 连接，如图 14.10 所示。

弹出"新建连接"对话框，在该对话框中输入连接信息。输入连接名，这里输入"mr"，输入主机名或 IP 地址为"localhost"或"127.0.0.1"，输入 MySQL 数据库的登录密码，这里为"root"，如图 14.11 所示。

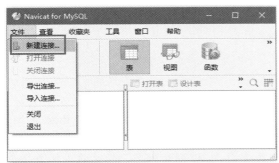

图 14.10　新建 MySQL 连接

图 14.11　输入连接信息

单击"确定"按钮，创建完成。此时，双击新建的数据连接名"mr"，即可查看该连接下的数据库，如图 14.12 所示。

图 14.12　查看连接名下的已有数据库

下面使用 Navicat 创建一个名为"mrsoft"的数据库，步骤为：右键单击"mr"，选择"新建数据库"，输入数据库信息，如图 14.13 所示。

图 14.13　创建数据库

14.3.2　安装 PyMySQL 模块

由于 MySQL 服务器以独立的进程运行，并通过网络对外服务，所以，需要支持 Python 的 MySQL 驱动连接到 MySQL 服务器。在 Python 中支持 MySQL 数据库的模块有很多，这里选择使用 PyMySQL。PyMySQL 的安装比较简单，使用管理员身份运行系统的 CMD 命令窗口，然后输入如下命令：

```
pip install PyMySQL
```

按 Enter 键，效果如图 14.14 所示。

图 14.14　安装 PyMySQL 模块

14.3.3　连接数据库

使用数据库的第一步是连接数据库，接下来使用 PyMySQL 模块连接 MySQL 数据库。由于 PyMySQL 也遵循 Python Database API 2.0 规范，所以操作 MySQL 数据库的方式与 SQLite 相似。

【实例 14.6】 使用 PyMySQL 连接数据库（实例位置：资源包\Code\14\06）

在 14.3.1 节已经创建了一个 MySQL 数据库 "mrsoft"，并且在安装数据库时设置了数据库的用户名 "root" 和密码 "root"。下面通过以上信息，使用 connect() 方法连接 MySQL 数据库。具体代码如下：

```python
import pymysql
# 打开数据库连接,参数 1:数据库域名或 IP；参数 2：数据库账号；参数 3：数据库密码；
# 参数 4：数据库名称
db = pymysql.connect("localhost", "root", "root", "mrsoft")
# 使用 cursor() 方法创建一个游标对象 cursor
cursor = db.cursor()
# 使用 execute()  方法执行 SQL 查询
cursor.execute("SELECT VERSION()")
# 使用 fetchone() 方法获取单条数据
data = cursor.fetchone()
print ("Database version : %s " % data)
# 关闭数据库连接
db.close()
```

在上述代码中，首先使用 connect() 方法连接数据库，并使用 cursor() 方法创建游标；然后使用 excute() 方法执行 SQL 语句查看 MySQL 数据库的版本，并使用 fetchone() 方法获取数据；最后使用 close() 方法关闭数据库连接。运行结果如下：

```
Database version : 8.0.19
```

14.3.4　创建数据表

数据库连接成功以后，我们就可以为数据库创建数据表了。下面通过 execute() 方法来为数据库创建 books 图书表。

【实例 14.7】 创建 books 图书表（实例位置：资源包\Code\14\07）

books 表包含 id（主键）、name（图书名称）、category（图书分类）、price（图书价格）和 publish_time（出版时间）5 个字段。创建 books 表的 SQL 语句如下：

```sql
CREATE TABLE books (
  id int(8) NOT NULL AUTO_INCREMENT,
  name varchar(50) NOT NULL,
  category varchar(50) NOT NULL,
  price decimal(10,2) DEFAULT NULL,
  publish_time date DEFAULT NULL,
  PRIMARY KEY (id)
) ENGINE=MyISAM AUTO_INCREMENT=1 DEFAULT CHARSET=utf8;
```

在创建数据表前，使用如下语句检测是否已经存在该数据库：

```sql
DROP TABLE IF EXISTS 'books';
```

如果 mrsoft 数据库中已经存在 books，那么先删除 books，然后再创建 books 数据表。具体代码如下：

```python
import pymysql
# 打开数据库连接
db = pymysql.connect("localhost", "root", "root", "mrsoft")
# 使用 cursor() 方法创建一个游标对象 cursor
cursor = db.cursor()
# 使用 execute() 方法执行 SQL，如果表存在则删除
cursor.execute("DROP TABLE IF EXISTS books")
# 使用预处理语句创建表
sql = """
CREATE TABLE books (
    id int(8) NOT NULL AUTO_INCREMENT,
    name varchar(50) NOT NULL,
    category varchar(50) NOT NULL,
    price decimal(10,2) DEFAULT NULL,
    publish_time date DEFAULT NULL,
    PRIMARY KEY (id)
) ENGINE=MyISAM AUTO_INCREMENT=1 DEFAULT CHARSET=utf8;
"""
# 执行 SQL 语句
cursor.execute(sql)
# 关闭数据库连接
db.close()
```

运行上述代码后，在 mrsoft 数据库中即可创建一个 books 表。打开 Navicat（如果已经打开，请按 F5 键刷新），发现 mrsoft 数据库下多了一个 books 表，右键单击 books，选择"设计表"，效果如图 14.15 所示。

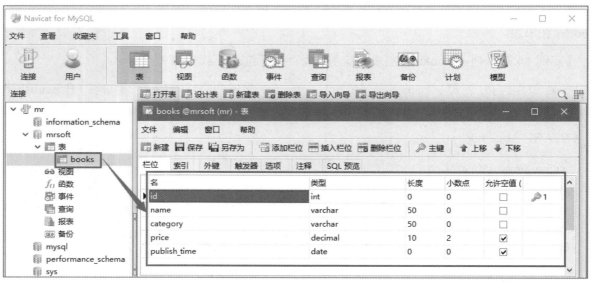

图 14.15　创建 books 表效果

14.3.5　操作 MySQL 数据表

MySQL 数据表的操作主要包括数据的增删改查，与操作 SQLite 类似，这里通过一个实例讲解如何在 books 表中新增数据，以及如何修改、删除和查找数据。

【实例 14.8】　批量添加图书数据（实例位置：资源包\Code\14\08）

在向 books 图书表中插入图书数据时，可以使用 excute()方法添加一条记录，也可以使用 executemany()方法批量添加多条记录。executemany()方法格式如下：

executemany(operation, seq_of_params)

☑　operation：操作的 SQL 语句。

☑　seq_of_params：参数序列。

使用 executemany()方法批量添加多条记录的具体代码如下：

```python
import pymysql
# 打开数据库连接
db = pymysql.connect("localhost", "root", "root", "mrsoft",charset="utf8")
# 使用 cursor()方法获取操作游标
cursor = db.cursor()
# 数据列表
data = [("零基础学 Python",'Python','79.80','2018-5-20'),
        ("Python 从入门到项目实践",'Python','99.80','2019-6-18'),
        ("PyQt5 从入门到实践",'Python','69.80','2020-5-21'),
        ("OpenCV 从入门到实践",'Python','69.80','2020-5-21'),
        ("Python 算法从入门到实践",'Python','69.80','2020-5-21'),
        ]
try:
    # 执行 sql 语句，插入多条数据
    cursor.executemany("insert into books(name, category, price, publish_time) values (%s,%s,%s,%s)",
data)
    # 提交数据
    db.commit()
except:
    # 发生错误时回滚
    db.rollback()
# 关闭数据库连接
db.close()
```

在上面的代码中，需要注意以下几点。

☑　使用 connect()方法连接数据库时，额外设置字符集 charset=utf8，可以防止插入中文时出现乱码。

☑ 在使用 insert 语句插入数据时，使用%s 作为占位符，可以防止 SQL 注入。

运行程序，然后在 Navicat 中查看 books 表中的数据，如图 14.16 所示。

id	name	category	price	publish_time
1	零基础学Python	Python	79.8	2018-05-20
2	Python从入门到项目实践	Python	99.8	2019-06-18
3	PyQt5从入门到实践	Python	69.8	2020-05-21
4	OpenCV从入门到实践	Python	69.8	2020-05-21
5	Python算法从入门到实践	Python	69.8	2020-05-21

图 14.16 插入的 books 表中的数据

14.4 小 结

本章主要介绍了使用 Python 操作数据库的基础知识。通过本章的学习，使读者能够理解 Python 数据库编程接口，并掌握 Python 操作数据库的通用流程，掌握数据库连接对象的常用方法，并能够具备独立完成设计数据库的能力。希望本章能够起到抛砖引玉的作用，从而帮助读者在此基础上更深层次地学习 Python 操作 SQLite 和 MySQL 数据库的相关技术，并能够应用于实际的项目开发中。

第 15 章

表格控件的使用

表格控件可以以行和列的形式显示数据，比如在需要显示车票信息、薪资收入、进销存报表、学生成绩等类似的数据时，通常都采用表格来显示，例如，在 12306 网站中显示火车票信息时就使用表格来显示。本章将对 PyQt5 中的表格控件使用进行详细讲解。

15.1 TableWidget 表格控件

PyQt5 提供了两种表格控件，分别是 TableWidget 和 TableView，其中，TableView 是基于模型的，它是 TableWidget 的父类，使用 TableView 时，首先需要建立模型，然后再保存数据；而 TableWidget 是 TableView 的升级版本，它已经内置了一个数据存储模型 QTableWidgetItem，我们在使用时，不必自己建立模型，而直接使用 setItem()方法即可添加数据。所以在实际开发时，推荐使用 TableWidget 控件作为表格，TableWidget 控件图标如图 15.1 所示。

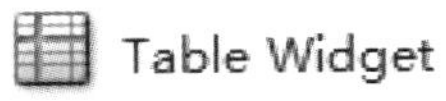

▦ Table Widget

图 15.1　TableWidget 控件图标

由于 QTableWidget 类继承自 QTableView，因此，它具有 QTableView 的所有公共方法，另外，它还提供了一些自身特有的方法，如表 15.1 所示。

表 15.1　QTableWidget 类的常用方法及说明

方　　法	说　　明
setRowCount()	设置表格的行数
setColumnCount()	设置表格的列数
setHorizontalHeaderLabels()	设置表格中的水平标题名称
setVerticalHeaderLabels()	设置表格中的垂直标题名称
setItem()	设置每个单元格中的内容
setCellWidget()	设置单元格的内容为 QWidget 控件

方　　法	说　　明
resizeColumnsToContents()	使表格的列的宽度跟随内容改变
resizeRowsToContents()	使表格的行的高度跟随内容改变
setEditTriggers()	设置表格是否可以编辑，取值如下。 ◆ QAbstractItemView.NoEditTriggers0No：不能编辑表格内容； ◆ QAbstractItemView.CurrentChanged1Editing：允许对单元格进行编辑； ◆ QAbstractItemView.DoubleClicked2Editing：双击时可以编辑单元格； ◆ QAbstractItemView.SelectedClicked4Editing：单击时可以编辑单元格； ◆ QAbstractItemView.EditKeyPressed8Editing：按修改键时可以编辑单元格； ◆ QAbstractItemView.AnyKeyPressed16Editing：按任意键都可以编辑单元格
setSpan()	合并单元格，该方法的 4 个参数如下。 ◆ row：要改变的单元格的行索引； ◆ column：要改变的单元格的列索引； ◆ rowSpanCount：需要合并的行数； ◆ columnSpanCount：需要合并的列数
setShowGrid()	设置是否显示网格线，默认不显示
setSelectionBehavior()	设置表格的选择行为，取值如下。 ◆ QAbstractItemView.SelectItems0Selecting：选中当前单元格； ◆ QAbstractItemView.SelectRows1Selecting：选中整行； ◆ QAbstractItemView.DoubleClicked2Editing：选中整列
setTextAlignment()	设置单元格内文字的对齐方式，取值如下。 ◆ Qt.AlignLeft：与单元格左边缘对齐； ◆ Qt.AlignRight：与单元格右边缘对齐； ◆ Qt.AlignHCenter：单元格内水平居中对齐； ◆ Qt.AlignJustify：单元格内两端对齐； ◆ Qt.AlignTop：与单元格顶部边缘对齐； ◆ Qt.AlignBottom：与单元格底部边缘对齐； ◆ Qt.AlignVCenter：单元格内垂直居中对齐
setAlternatingRowColors()	设置表格颜色交错显示
setColumnWidth()	设置单元格的宽度
setRowHeight()	设置单元格的高度
sortItems()	设置单元格内容的排序方式，取值如下。 ◆ Qt.DescendingOrder：降序； ◆ Qt.AscendingOrder：升序
rowCount()	获取表格中的行数
columnCount()	获取表格中的列数
verticalHeader()	获取表格的垂直标题头
horizontalHeader()	获取表格的水平标题头

QTableWidgetItem 类表示 QTableWidget 中的单元格，一个表格就是由多个单元格组成的，QTableWidgetItem 类的常用方法如表 15.2 所示。

表 15.2　QTableWidgetItem 类的常用方法及说明

方　　法	说　　明
setText()	设置单元格的文本
setCheckState()	设置指定单元格的选中状态，取值如下。 ◆ Qt.Checked：单元格选中； ◆ Qt.Unchecked：单元格未选中
setIcon()	为单元格设置图标
setBackground()	设置单元格的背景色
setForeground()	设置单元格内文本的颜色
setFont()	设置单元格内文本的字体
text()	获取单元格的文本

下面对 TableWidget 控件的常见用法进行讲解。

15.2　在表格中显示数据库数据

使用 TableWidget 控件显示数据主要用到 QTableWidgetItem 类，使用该类创建表格中的单元格，并指定要显示的文本或者图标后，即可使用 TableWidget 对象的 setItem()方法将其添加到表格中。

【实例 15.1】　使用表格显示 MySQL 数据（实例位置：资源包\Code\15\01）

创建一个.py 文件，导入 PyQt5 中的相应模块，在该程序中，主要使用 PyMySQL 模块从数据库中查询数据，并且将查到的数据显示在 TableWidget 表格中。代码如下：

```python
from PyQt5.QtWidgets import *
class Demo(QWidget):
    def __init__(self,parent=None):
        super(Demo,self).__init__(parent)
        self.initUI()                              # 初始化窗口
    def initUI(self):
        self.setWindowTitle("使用表格显示数据库中的数据")
        self.resize(400,180)                       # 设置窗口大小
        vhayout=QHBoxLayout()                      # 创建水平布局
        table=QTableWidget()                       # 创建表格
        import pymysql
        # 打开数据库连接
        db = pymysql.connect("localhost", "root", "root", "mrsoft",charset="utf8")
        cursor = db.cursor()                       # 使用 cursor()方法获取操作游标
        cursor.execute("select * from books")      # 执行 SQL 语句
        result=cursor.fetchall()                   # 获取所有记录
        row = cursor.rowcount                      # 取得记录个数，用于设置表格的行数
```

```
            vol = len(result[0])                        # 取得字段数，用于设置表格的列数
            cursor.close()                              # 关闭游标
            db.close()                                  # 关闭连接
            table.setRowCount(row)                      # 设置表格行数
            table.setColumnCount(vol)                   # 设置表格列数
            table.setHorizontalHeaderLabels(['ID','图书名称','图书分类','图书价格','出版时间'])   # 设置表格的标题名称
            for i in range(row):                        # 遍历行
                for j in range(vol):                    # 遍历列
                    data = QTableWidgetItem(str(result[i][j]))       # 转换后可插入表格
                    table.setItem(i, j, data)
            table.resizeColumnsToContents()             # 使列宽跟随内容改变
            table.resizeRowsToContents()                # 使行高跟随内容改变
            table.setAlternatingRowColors(True)         # 使表格颜色交错显示
            vhayout.addWidget(table)                     # 将表格添加到水平布局中
            self.setLayout(vhayout)                     # 设置当前窗口的布局方式
if __name__=='__main__':
    import sys
    app=QApplication(sys.argv)                          # 创建窗口程序
    demo=Demo()                                         # 创建窗口类对象
    demo.show()                                         # 显示窗口
    sys.exit(app.exec_())
```

运行程序，效果如图 15.2 所示。

图 15.2　使用表格显示 MySQL 数据

15.3　隐藏垂直标题

表格在显示数据时，默认会以编号的形式自动形成一列垂直标题，如果需要隐藏，可以使用 verticalHeader()获取垂直标题，然后使用 setVisible()方法将其隐藏。代码如下：

```
table.verticalHeader().setVisible(False) # 隐藏垂直标题
```

对比效果如图 15.3 所示。

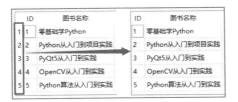

图 15.3　隐藏垂直标题

技巧

如果需要隐藏表格的水平标题，可以使用如下代码：

table.horizontalHeader().setVisible(**False**)　　　　　　　　　　　　　　# 隐藏水平标题

15.4　设置最后一列自动填充容器

表格中的列默认会以默认宽度显示，但如果遇到窗口伸缩的情况，在放大窗口时，由于表格是固定的，就会造成窗口中可能会出现大面积的空白区域，影响整体的美观。在 PyQt5 中可以使用 setstret-chlastSection( ) 方法将表格的最后一列设置为自动伸缩列，这样就可以自动填充整个容器。代码如下：

table.horizontalHeader().setStretchLastSection(**True**)　　　　# 设置最后一列自动填充容器

技巧

上面的代码将最后一列设置为了自动伸缩列，除此之外，还可以将整个表格设置为自动伸缩模式，这样，在放大或者缩小窗口时，整个表格的所有列都会按比例自动缩放。代码如下：

table.horizontalHeader().setSectionResizeMode(QtWidgets.QHeaderView.Stretch)

对比效果如图 15.4 所示。

图 15.4　设置最后一列自动填充容器

15.5 禁止编辑单元格

当双击表格中的某个单元格时，表格中的数据在默认情况下是可以编辑的，但如果只需要查看数据，则可以使用表格对象的 setEditTriggers()方法将表格的单元格设置为禁止编辑状态。代码如下：

```
table.setEditTriggers(QtWidgets.QAbstractItemView.NoEditTriggers)          # 禁止编辑单元格
```

对比效果如图 15.5 所示。

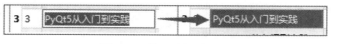

图 15.5 禁止编辑单元格

15.6 设置单元格的文本颜色

使用 QTableWidgetItem 对象的 setForeground()方法可以设置单元格内文本的颜色，其参数为一个 QBrush 对象，在该对象中可以使用颜色名或者 RGB 值来对颜色进行设置。例如，将【实例 15.1】中表格内的文字设置为绿色。代码如下：

```
data.setForeground(QtGui.QBrush(QtGui.QColor("green")))          # 设置单元格文本颜色
```

对比效果如图 15.6 所示。

	ID	图书名称	图书分类	图书价格	出版时间
1	1	零基础学Python	Python	79.80	2018-05-20
2	2	Python从入门到项目实践	Python	99.80	2019-06-18

	ID	图书名称	图书分类	图书价格	出版时间
1	1	零基础学Python	Python	79.80	2018-05-20
2	2	Python从入门到项目实践	Python	99.80	2019-06-18

图 15.6 设置单元格的文本颜色

技巧

如果需要设置单元格的背景颜色，可以使用 setBackground()方法，例如，将单元格背景设置为黄色，代码如下：

```
data.setBackground(QtGui.QBrush(QtGui.QColor("yellow")))          # 设置单元格背景颜色
```

效果如图 15.7 所示。

图 15.7　设置单元格的背景颜色

15.7　设置指定列的排序方式

使用 QTableWidget 对象的 sortItems()方法，可以设置表格中指定列的排序方式。其语法如下：

sortItems(column, order)

参数说明如下。

☑　column：一个整数数字，表示要进行排序的列索引。

☑　order：一个枚举值，指定排序方式，其中，Qt.DescendingOrder 表示降序，Qt.AscendingOrder 表示升序。

例如，将【实例 15.1】中表格内的"出版时间"一列按照降序排列，由于"出版时间"列的索引是 4，所以代码编写如下：

table.sortItems(4,QtCore.Qt.DescendingOrder) # 设置降序排序

对比效果如图 15.8 所示。

图 15.8　设置降序排序

15.8　在指定列中显示图片

表格除了可以显示文字，还可以显示图片，显示图片可以在创建 QTableWidgetItem 对象时传入

QIcon 图标对象实现。例如，在【实例 15.1】的表格中的第 4 列"出版时间"旁边显示一个日历图片，代码如下：

```
if j==4:                                                      # 如果是第 4 列，则显示图片
    data = QTableWidgetItem(QtGui.QIcon("date.png"),str(result[i][j]))    # 插入文字和图片
else:
    data = QTableWidgetItem(str(result[i][j]))   # 直接插入文字
```

对比效果如图 15.9 所示。

	ID	图书名称	图书分类	图书价格	出版时间	书价格		出版时间
1	1	零基础学Python	Python	79.80	2018-05-20	.80	📅	2018-05-20
2	2	Python从入门到项目实践	Python	99.80	2019-06-18	.80	📅	2019-06-18
3	3	PyQt5从入门到实践	Python	69.80	2020-05-21	.80	📅	2020-05-21
4	4	OpenCV从入门到实践	Python	69.80	2020-05-21	.80	📅	2020-05-21
5	5	Python算法从入门到实践	Python	69.80	2020-05-21	.80	📅	2020-05-21

图 15.9　在单元格中显示图片

15.9　向指定列中添加 PyQt5 标准控件

TableWidget 表格不仅可以显示文字、图片，还可以显示 PyQt5 的标准控件，实现该功能需要使用 setCellWidget()方法，语法如下：

```
setCellWidget(row, column, QWidget)
```

参数说明如下。

☑　row：一个整数数字，表示要添加控件的单元格的行索引。

☑　column：一个整数数字，表示要添加控件的单元格的列索引。

☑　QWidget：PyQt5 标准控件。

例如，将【实例 15.1】的表格中的第 2 列"图书分类"显示为一个 ComboBox 下拉列表，允许用户从中选择数据。代码如下：

```
# 将第 2 列设置为 ComboBox 下拉列表
if j==2:                                                    # 判断是否为第 2 列
    comobox = QComboBox()                                   # 创建一个下拉列表对象
    # 为下拉列表设置数据源
    comobox.addItems(['Python', 'Java', 'C 语言', '.NET'])
    comobox.setCurrentIndex(0)                              # 默认选中第一项
    table.setCellWidget(i,2,comobox)                        # 将创建的下拉列表显示在表格中
else:
    data = QTableWidgetItem(str(result[i][j]))             # 转换后可插入表格
    table.setItem(i, j, data)
```

对比效果如图 15.10 所示。

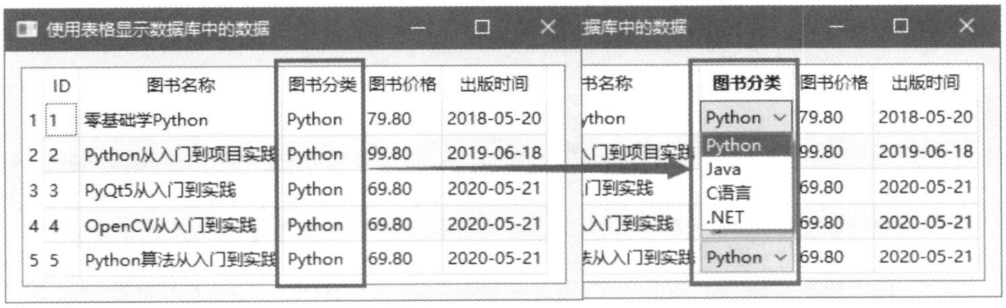

图 15.10　在表格的指定列中添加 PyQt5 控件

技巧

通过使用 setCellWidget() 方法可以向表格中添加任何 PyQt5 标准控件，例如，在实际项目开发中常见的 "查看详情" "编辑" "删除" 按钮、指示某行是否选中的复选框等。

15.10　合并指定单元格

在实际项目开发中，经常遇到合并单元格的情况。例如，在【实例 15.1】中，有部分图书的价格相同，出版时间相同，另外，还有部分图书的图书分类相同，遇到类似这种情况，就可以将显示相同数据的单元格进行合并。在 PyQt5 中合并表格的单元格，需要使用 setSpan() 方法，该方法的语法如下：

```
setSpan(row, column, rowSpanCount,columnSpanCount)
```

参数说明如下。

☑　row：一个整数数字，表示要改变的单元格的行索引。

☑　column：一个整数数字，表示要改变的单元格的列索引。

☑　rowSpanCount：一个整数数字，表示需要合并的行数。

☑　columnSpanCount：一个整数数字，表示需要合并的列数。

例如，将【实例 15.1】中显示相同数据的单元格进行合并，代码如下：

```
# 合并第 3 列的第 1—5 行
# （0 表示第 1 行，2 表示第 3 列，5 表示跨越 5 行<1、2、3、4、5 行>，1 表示跨越 1 列）
table.setSpan(0, 2, 5, 1)
# 合并第 4 列的第 3—5 行
# （2 表示第 3 行，3 表示第 4 列，3 表示跨越 3 行<3、4、5 行>，1 表示跨越 1 列）
table.setSpan(2, 3, 3, 1)
# 合并第 5 列的第 3—5 行
# （2 表示第 3 行，4 表示第 5 列，3 表示跨越 3 行<3、4、5 行>，1 表示跨越 1 列）
table.setSpan(2, 4, 3, 1)
```

对比效果如图 15.11 所示。

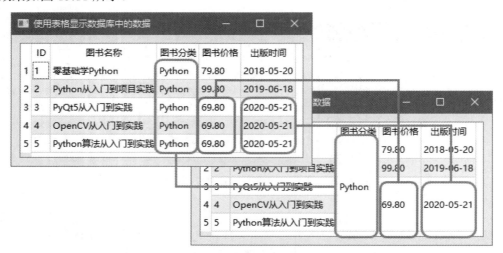

图 15.11　合并内容相同的单元格

15.11　小　　　结

表格是界面中显示数据最常采用的一种方式，在 PyQt5 中使用 TableWidget 表示表格控件，本章首先对如何使用表格控件显示数据库中的数据进行了讲解，然后对表格的各种操作设置进行了讲解，包括内容自动填充、禁止编辑单元格、设置颜色、排序、在表格中显示图片、合并单元格等。通过本章的学习，读者应该熟练掌握 PyQt5 中表格的使用方法，并能够熟练地将其应用于实际的项目开发中。

第 3 篇　高级应用

本篇介绍文件及文件夹操作、PyQt5 绘图技术、多线程编程以及 PyQt5 程序的打包发布。学习完这一部分，能够开发文件流程序、图形图像程序、多线程应用程序等，并能够对 PyQt5 程序进行打包。

第 16 章

文件及文件夹操作

在变量、序列和对象中存储的数据是暂时的，程序结束后就会丢失。为了能够长时间地保存程序中的数据，需要将其保存到磁盘文件中。Python 中内置了对文件和文件夹进行操作的模块，而 PyQt5 同样提供了对文件和文件夹进行操作的类。本章将分别进行讲解。

16.1 Python 内置的文件操作

Python 中内置了文件（File）对象。在使用文件对象时，首先需要通过内置的 open()方法创建一个文件对象，然后通过该对象提供的方法进行一些基本文件操作。例如，可以使用文件对象的 write()方法向文件中写入内容，以及使用 close()方法关闭文件等。下面将介绍如何使用 Python 的文件对象进行基本文件操作。

16.1.1 创建和打开文件

在 Python 中，想要操作文件需要先创建或者打开指定的文件并创建文件对象，这可以通过内置的 open()方法实现。open()方法的基本语法格式如下：

```
file = open(filename[,mode[,buffering]])
```

参数说明如下。
- ☑ file：要创建的文件对象。
- ☑ filename：要创建或打开文件的文件名称需要使用单引号或双引号括起来。如果要打开的文件和当前文件在同一个目录下，那么直接写文件名即可，否则需要指定完整路径。例如，要打开当前路径下的名称为 status.txt 的文件，可以使用 "status.txt"。
- ☑ mode：可选参数，用于指定文件的打开模式，其参数值如表 16.1 所示。默认的打开模式为只读（即 r）。

表 16.1　mode 参数的参数值说明

值	说　　明	注　意
r	以只读模式打开文件。文件的指针将放在文件的开头	文件必须存在
rb	以二进制格式打开文件，并且采用只读模式。文件的指针将放在文件的开头。一般用于非文本文件，如图片、声音等	
r+	打开文件后，可以读取文件内容，也可以写入新的内容覆盖原有内容（从文件开头进行覆盖）	
rb+	以二进制格式打开文件，并且采用读写模式。文件的指针将会放在文件的开头。一般用于非文本文件，如图片、声音等	
w	以只写模式打开文件	文件存在，则将其覆盖，否则创建新文件
wb	以二进制格式打开文件，并且采用只写模式。一般用于非文本文件，如图片、声音等	
w+	打开文件后，先清空原有内容，使其变为一个空的文件，对这个空文件有读写权限	
wb+	以二进制格式打开文件，并且采用读写模式。一般用于非文本文件，如图片、声音等	
a	以追加模式打开一个文件。如果该文件已经存在，文件指针将放在文件的末尾（即新内容会被写入已有内容之后），否则，创建新文件用于写入	
ab	以二进制格式打开文件，并且采用追加模式。如果该文件已经存在，文件指针将放在文件的末尾（即新内容会被写入已有内容之后），否则，创建新文件用于写入	
a+	以读写模式打开文件。如果该文件已经存在，文件指针将放在文件的末尾（即新内容会被写入已有内容之后），否则，创建新文件用于读写	
ab+	以二进制格式打开文件，并且采用追加模式。如果该文件已经存在，文件指针将放在文件的末尾（即新内容会被写入已有内容之后），否则，创建新文件用于读写	

☑　buffering：可选参数，用于指定读写文件的缓冲模式，值为 0 表示不缓存；值为 1 表示缓存；如果大于 1，则表示缓冲区的大小。默认为缓存模式。

默认情况下，使用 open()方法打开一个不存在的文件，会抛出如图 16.1 所示的异常。

```
Traceback (most recent call last):
  File "I:/PythonDevelop/11/11.3.py", line 8, in <module>
    file=open("C:/test.txt",'r')
FileNotFoundError: [Errno 2] No such file or directory: 'C:/test.txt'
```

图 16.1　打开的文件不存在时抛出的异常

要解决如图 16.1 所示的错误，主要有以下两种方法。

☑　在当前目录下（即与执行的文件相同的目录）创建一个名称为 test.txt 的文件。

☑　在调用 open()方法时，指定 mode 的参数值为 w、w+、a、a+。这样，当要打开的文件不存在时，就可以创建新的文件了。

例如，打开一个名称为 "message.txt" 的文件，如果不存在，则创建。代码如下：

```
file = open('message.txt','w')
```

执行上面的代码，将在.py 文件的同级目录下创建一个名称为 message.txt 的文件，该文件没有任何内容，如图 16.2 所示。

图 16.2　创建并打开文件

技巧

使用 open()方法打开文件时，默认采用 GBK 编码，当被打开的文件不是 GBK 编码时，可能会抛出异常。解决该问题的方法有两种，一种是直接修改文件的编码，另一种是在打开文件时，直接指定使用的编码方式。推荐采用后一种方法。在调用 open()方法时，通过添加 encoding='utf-8'参数即可实现将编码指定为 UTF-8。如果想指定其他编码，将单引号中的内容替换为想要指定的编码即可。例如，打开采用 UTF-8 编码保存的 notice.txt 文件，可以使用下面的代码：

```
file = open('notice.txt','r',encoding='utf-8')
```

16.1.2　关闭文件

打开文件后，需要及时关闭，以免对文件造成不必要的破坏。关闭文件可以使用文件对象的 close()方法实现。close()方法的语法格式如下：

```
file.close()
```

其中，file 为打开的文件对象。
例如，关闭打开的 file 对象，代码如下：

```
file.close()              # 关闭文件对象
```

说明

使用 close()方法时，会先刷新缓冲区中还没有写入的信息，然后再关闭文件，这样可以将没有写入文件的内容写入文件中。在关闭文件后，便不能再进行写入操作了。

16.1.3　打开文件时使用 with 语句

打开文件后，要及时将其关闭。如果忘记关闭可能会带来意想不到的问题。另外，如果在打开文件时抛出了异常，那么将导致文件不能被及时关闭。为了更好地避免此类问题发生，可以使用 Python 中提供的 with 语句，从而实现在处理文件时，无论是否抛出异常，都能保证 with 语句执行完毕后关闭已经打开的文件。with 语句的基本语法格式如下：

```
with expression as target:
    with-body
```

参数说明如下。

- ☑　expression：用于指定一个表达式，这里可以是打开文件的 open()方法；
- ☑　target：用于指定一个变量，并且将 expression 的结果保存到该变量中；
- ☑　with-body：用于指定 with 语句体，其中可以是执行 with 语句后相关的一些操作语句。如果不想执行任何语句，可以直接使用 pass 语句代替。

例如，在打开文件时使用 with 语句打开"message.txt"文件，代码如下：

```
with open('message.txt','w') as file:    # 使用 with 语句打开文件
    pass
```

16.1.4　写入文件内容

Python 的文件对象提供了 write()方法，可以向文件中写入内容。write()方法的语法格式如下：

```
file.write(string)
```

其中，file 为打开的文件对象；string 为要写入的字符串。

注意

调用 write()方法向文件中写入内容的前提是，打开文件时，指定的打开模式为 w（可写）或者 a（追加），否则，将抛出如图 16.3 所示的异常。

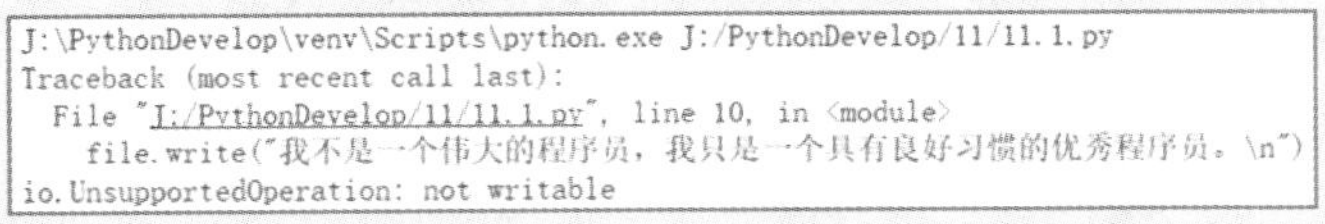

```
J:\PythonDevelop\venv\Scripts\python.exe J:/PythonDevelop/11/11.1.py
Traceback (most recent call last):
  File "J:/PythonDevelop/11/11.1.py", line 10, in <module>
    file.write("我不是一个伟大的程序员，我只是一个具有良好习惯的优秀程序员。\n")
io.UnsupportedOperation: not writable
```

图 16.3　没有写入权限时抛出的异常

【实例 16.1】　向文件中写入文本内容（实例位置：资源包\Code\16\01）

使用 open()方法以写方式打开一个文件（如果文件不存在，则自动创建），然后调用 write()方法向该文件中写入一条信息，最后调用 close()方法关闭文件。代码如下：

```
file = open('message.txt','w',encoding='utf-8')                    # 创建或打开文件
file.write("我不是一个伟大的程序员，我只是一个具有良好习惯的优秀程序员。\n")    # 写入一条信息
file.close()                                                       # 关闭文件对象
```

运行程序，在.py 文件所在的目录下创建一个名称为 message.txt 的文件，并且在该文件中写入了文字"我不是一个伟大的程序员，我只是一个具有良好习惯的优秀程序员。"，如图 16.4 所示。

message.txt ×

1　　我不是一个伟大的程序员，我只是一个具有良好习惯的优秀程序员。

图 16.4　message.txt 文件中写入的内容

📢 **注意**

写入文件后，一定要调用 close()方法关闭文件，否则写入的内容不会保存到文件中。这是因为在写入文件内容时，操作系统不会立刻把数据写入磁盘，而是先缓存起来，只有调用 close()方法时，操作系统才会保证把没有写入的数据全部写入磁盘。

📚 **技巧**

（1）向文件中写入内容时，如果打开文件采用 w（写入）模式，则先清空原文件的内容，再写入新的内容；而如果打开文件采用 a（追加）模式，则不覆盖原有文件的内容，只是在文件的结尾处增加新的内容。下面将对【实例 16.1】的代码进行修改，实现在原内容的基础上再添加一条名言。代码如下：

```
file = open('message.txt','a',encoding='utf-8') # 以追加方式打开文件
# 写入一条信息
file.write("靠代码行数来衡量开发进度，就像是凭重量来衡量飞机制造的进度。\n")
file.close() # 关闭文件对象
```

执行上面的代码后，打开 message.txt 文件，将显示如图 16.5 所示的结果。

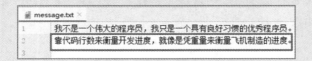

图 16.5　追加内容后的 message.txt 文件

（2）除了 write()方法，Python 的文件对象还提供了 wrtielines()方法，可以实现把字符串列表写入文件，但是不添加换行符。

16.1.5　读取文件

在 Python 中打开文件后，除了可以向其写入或追加内容，还可以读取文件中的内容。读取文件内容主要分为以下 3 种情况。

1．读取指定字符

文件对象提供了 read()方法读取指定个数的字符，其语法格式如下：

```
file.read([size])
```

其中，file 为打开的文件对象；size 为可选参数，用于指定要读取的字符个数，如果省略，则一次

性读取所有内容。

2．读取一行

在使用 read()方法读取文件时，如果文件很大，一次读取全部内容到内存，容易造成内存不足，所以通常会采用逐行读取。文件对象提供了 readline()方法用于每次读取一行数据。readline()方法的基本语法格式如下：

```
file.readline()
```

其中，file 为打开的文件对象。

3．读取所有行

读取全部行的作用同调用 read()方法时不指定 size 参数类似，只不过读取全部行时，返回的是一个字符串列表，每个元素为文件的一行内容。读取全部行，使用的是文件对象的 readlines()方法。语法格式如下：

```
file.readlines()
```

其中，file 为打开的文件对象。

> **注意**
>
> 在读取文件内容时，需要指定文件的打开模式为 r（只读）或者 r+（读写）。

【实例 16.2】　以 3 种不同的方式读取文件内容（实例位置：资源包\Code\16\02）

分别使用 read()、readline()和 readlines()方法读取文件中的内容，代码如下：

```python
with open('message.txt','r',encoding='utf-8') as file:      # 以读取模式打开文件
    print("===========读取前 5 个字符==============")
    print(file.read(5))                                      # 读取前 5 个字符
    print("\n==========读取第一行数据==============")
    print(file.readline())                                   # 输出第一行数据
    print("\n==========读取所有数据==============")
    print(file.readlines())                                  # 读取全部数据
```

程序运行效果如图 16.6 所示。

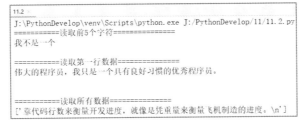

图 16.6　以 3 种不同的方式读取文件内容

技巧

使用 read()方法读取文件时，是从文件的开头读取的。如果想读取部分内容，可以先使用文件对象的 seek()方法将文件的指针移动到新的位置，然后再使用 read()方法读取。seek()方法的基本语法格式如下：

    file.seek(offset[,whence])

其中，offset 用于指定移动的字符个数（offset 的值是按一个汉字占两个字符、英文和数字占一个字符计算的），其具体位置与 whence 有关（whence 值为 0 表示从文件头开始计算，1 表示从当前位置开始计算，2 表示从文件尾开始计算，默认为 0）。例如，【实例 16.2】中想要从文件的第 9 个字符开始读取 5 个字符，可以使用下面的代码：

```
file.seek(9)                # 移动文件指针到新的位置
string = file.read(5)       # 读取 5 个字符
```

16.1.6　复制文件

在 Python 中复制文件需要使用 shutil 模块的 copyfile()方法。语法如下：

```
shutil.copyfile(src, dst)
```

参数说明如下。

☑　src：要复制的源文件。

☑　dst：复制到的目标文件。

例如，将 C 盘根目录下的 test.txt 文件复制到 D 盘根目录下，代码如下：

```
import shutil
shutil.copyfile("C:/test.txt","D:/test.txt")
```

16.1.7　移动文件

在 Python 中移动文件需要使用 shutil 模块的 move()方法。语法如下：

```
shutil.move(src, dst)
```

参数说明如下。

☑　src：要移动的源文件。

☑　dst：移动到的目标文件。

例如，将 C 盘根目录下的 test.txt 文件移动到 D 盘根目录下，代码如下：

```
import shutil
shutil.move("C:/test.txt","D:/test.txt")
```

说明

复制文件和移动文件的区别是，复制文件时，源文件还存在，而移动文件相当于将源文件剪切到另外一个路径，源文件不会存在。

16.1.8 重命名文件

在 Python 中重命名文件需要使用 os 模块的 rename()方法。语法如下：

```
os.rename(src,dst)
```

参数说明如下。

☑ src：指定要进行重命名的文件。

☑ dst：指定重命名后的文件。

例如，将 D 盘根目录下的 test.txt 文件重命名为 mr.txt，代码如下：

```
import os
os.rename("D:/test.txt","D:/mr.txt")
```

另外，也可以使用 shutil 模块的 move()方法对文件进行重命名。例如，上面的代码可以修改如下：

```
import shutil
shutil.move("D:/test.txt","D:/mr.txt")
```

技巧

在执行文件操作时，为了确保能够正常执行，可以使用 os.path 模块的 exists()方法判断要操作的文件是否存在。例如，下面代码判断 C 盘下是否存在 test.txt 文件：

```
import os                              # 导入 os 模块
if os.path.exists("C:/test.txt"):      # 判断文件是否存在
    pass
```

16.1.9 删除文件

在 Python 中删除文件需要使用 os 模块的 remove()方法，其语法如下：

```
os.remove(path)
```

其中，参数 path 表示要删除的文件路径，可以使用相对路径，也可以使用绝对路径。

例如，删除 D 盘根目录下的 test.txt 文件，代码如下：

```
import os
os.remove("D:/test.txt")
```

16.1.10 获取文件基本信息

在计算机上创建文件后，该文件本身就会包含一些信息。例如，文件的最后一次访问时间、最后一次修改时间、文件大小等基本信息。通过 os 模块的 stat()方法可以获取文件的这些基本信息。stat()方法的基本语法如下：

```
os.stat(path)
```

其中，path 为要获取文件基本信息的文件路径，可以是相对路径，也可以是绝对路径。

stat()方法的返回值是一个对象，该对象包含表 16.2 所示的属性。通过访问这些属性可以获取文件的基本信息。

表 16.2　stat()方法返回的对象的常用属性

属　　性	说　　明	属　　性	说　　明
st_mode	保护模式	st_dev	设备名
st_ino	索引号	st_uid	用户 ID
st_nlink	硬链接号（被连接数目）	st_gid	组 ID
st_size	文件大小，单位为字节	st_atime	最后一次访问时间
st_mtime	最后一次修改时间	st_ctime	最后一次状态变化的时间（系统不同返回结果也不同，例如，在 Windows 操作系统下返回的是文件的创建时间）

下面通过一个具体的实例演示如何使用 stat()方法获取文件的基本信息。

【实例 16.3】　获取文件基本信息（实例位置：资源包\Code\16\03）

使用 PyQt5 设计一个窗口，在其中添加一个 PushButton 控件，用来选择文件并获取文件的信息；添加一个 LineEdit 控件，用来显示选择的文件路径；添加一个 TextBrowser 控件，用来显示文件的信息。在该窗口中使用 QFileDialog 类显示文件对话框，在该文件对话框中选择文件后，使用 os.stat()获取选择文件的信息，并显示在 TextBrowser 控件中。代码如下：

```python
from PyQt5 import QtCore
from PyQt5.QtWidgets import *
class Demo(QWidget):
    def __init__(self,parent=None):
        super(Demo,self).__init__(parent)
        self.initUI()                              # 初始化窗口
    def initUI(self):
        self.setWindowTitle("获取文件信息")
        grid=QGridLayout()                         # 创建网格布局
```

```
                # 创建标签
                label1 = QLabel()
                label1.setText("选择路径：")
                grid.addWidget(label1, 0, 0, QtCore.Qt.AlignLeft)
                # 创建显示选中文件的文本框
                self.text1 = QLineEdit()
                grid.addWidget(self.text1, 0, 1, 1, 3, QtCore.Qt.AlignLeft)
                # 创建选择按钮
                btn1 = QPushButton()
                btn1.setText("选择")
                btn1.clicked.connect(self.getInfo)
                grid.addWidget(btn1, 0, 4, QtCore.Qt.AlignCenter)
                # 显示文件信息的文本浏览器
                self.text2=QTextBrowser()
                grid.addWidget(self.text2, 1, 0, 1, 5, QtCore.Qt.AlignLeft)
                self.setLayout(grid)                        # 设置网格布局
        def getInfo(self):
                file = QFileDialog()                        # 创建文件对话框
                file.setDirectory('C:\\')                   # 设置初始路径为 C 盘
                if file.exec_():                            # 判断是否选择了文件
                        filename=file.selectedFiles()[0]    # 获取选择的文件
                        self.text1.setText(filename)        # 将选择的文件显示在文本框中
                        import os,time                      # 导入模块
                        fileinfo=os.stat(filename)          # 获取文件信息
                        self.text2.setText("文件完整路径："+ os.path.abspath("filename")
                                +"\n 文件大小："+ str(fileinfo.st_size)+" 字节"
                                +"\n 最后一次访问时间：" + time.strftime('%Y-%m-%d %H:%M:%S',time.localtime
                                        (fileinfo.st_atime))
                                +"\n 最后一次修改时间：" + time.strftime('%Y-%m-%d %H:%M:%S',time.localtime
                                        (fileinfo.st_mtime))
                                +"\n 最后一次状态变化时间：" + time.strftime('%Y-%m-%d %H:%M:%S',time.localtime
                                        (fileinfo.st_ctime)))
if __name__=='__main__':
        import sys
        app=QApplication(sys.argv)                          # 创建窗口程序
        demo=Demo()                                         # 创建窗口类对象
        demo.show()                                         # 显示窗口
        sys.exit(app.exec_())
```

运行程序，单击"选择"按钮，选择一个文件后，即可在下面的文本框中显示其信息，效果如图 16.7 所示。

图 16.7　获取并显示文件的基本信息

16.2　Python 内置的文件夹操作

　　文件夹主要用于分层保存文件，通过文件夹可以分门别类地存放文件。在 Python 中，并没有提供直接操作文件夹的方法或者对象，而是需要使用内置的 os、os.path 和 shutil 模块实现。本节将对常用的文件夹操作进行详细讲解。

16.2.1　获取文件夹路径

　　用于定位一个文件或者文件夹的字符串被称为一个路径，在程序开发时，通常涉及两种路径，一种是相对路径，另一种是绝对路径。

1．相对路径

　　在学习相对路径之前，需要先了解什么是当前工作文件夹。当前工作文件夹是指当前文件所在的文件夹。在 Python 中，可以通过 os 模块提供的 getcwd()方法获取当前工作文件夹。例如，在 E:\program\Python\Code\demo.py 文件中，编写以下代码：

```python
import os
print(os.getcwd())   # 输出当前文件夹
```

　　执行上面的代码后，将显示以下文件夹，该路径就是当前工作文件夹。

```
E:\program\Python\Code
```

　　相对路径是依赖于当前工作文件夹的，如果在当前工作文件夹下，有一个名称为 message.txt 的文件，那么在打开这个文件时，就可以直接写上文件名，这时采用的就是相对路径，message.txt 文件的实际路径就是当前工作文件夹"E:\program\Python\Code"+相对路径"message.txt"，即"E:\program\Python\Code\message.txt"。

　　如果在当前工作文件夹下，有一个子文件夹 demo，并且在该子文件夹下保存着文件 message.txt，那么在打开这个文件时就可以写上"demo/message.txt"，例如下面的代码：

```python
with open("demo/message.txt") as file:   # 通过相对路径打开文件
    pass
```

288

说明

在 Python 中，指定文件路径时需要对路径分隔符 "\" 进行转义，即将路径中的 "\" 替换为 "\\"。例如，对于相对路径 "demo\message.txt" 需要使用 "demo\\message.txt" 代替。另外，也可以将路径分隔符 "\" 替换为 "/"。

技巧

在指定路径时，可以在表示路径的字符串前面加上字母 r（或 R），那么该字符串将原样输出，这时路径中的分隔符就不需要再转义了。例如，上面的代码也可以修改如下：

```
with open(r"demo\message.txt") as file:                    # 通过相对路径打开文件
    pass
```

2．绝对路径

绝对路径是指在使用文件时指定文件的实际路径，它不依赖于当前工作文件夹。在 Python 中，可以通过 os.path 模块提供的 abspath()方法获取一个文件的绝对路径。abspath()方法的基本语法格式如下：

```
os.path.abspath(path)
```

其中，path 为要获取绝对路径的相对路径，可以是文件，也可以是文件夹。

例如，要获取相对路径 "demo\message.txt" 的绝对路径，可以使用下面的代码：

```
import os
print(os.path.abspath(r"demo\message.txt"))                # 获取绝对路径
```

如果当前工作文件夹为 "E:\program\Python\Code"，那么将得到以下结果：

```
E:\program\Python\Code\demo\message.txt
```

3．拼接路径

如果想要将两个或者多个路径拼接到一起组成一个新的路径，可以使用 os.path 模块提供的 join()方法实现。join()方法基本语法格式如下：

```
os.path.join(path1[,path2[,……]])
```

其中，path1、path2 用于代表要拼接的文件路径，在这些路径间使用逗号进行分隔。如果在要拼接的路径中没有绝对路径，那么最后拼接出来的将是一个相对路径。

注意　使用 os.path.join()方法拼接路径时，并不会检测该路径是否真实存在。

例如，需要将"E:\program\Python\Code"和"demo\message.txt"路径拼接到一起，可以使用下面的代码：

```
import os
print(os.path.join("E:\program\Python\Code","demo\message.txt"))          # 拼接路径
```

执行上面的代码，将得到以下结果：

```
E:\program\Python\Code\demo\message.txt
```

说明

在使用 join()方法时，如果要拼接的路径中存在多个绝对路径，那么以从左到右最后一次出现的为准，并且该路径之前的参数都将被忽略。例如，执行下面的代码：
```
import os
print(os.path.join("E:\\code","E:\\python\\mr","Code","C:\\","demo"))      # 拼接路径
```
将得到拼接后的路径"C:\demo"。

技巧

将两个路径拼接为一个路径时，不要直接使用字符串拼接，而是使用 os.path.join()方法，这样可以正确处理不同操作系统的路径分隔符。

16.2.2　判断文件夹是否存在

在 Python 中，有时需要判断给定的文件夹是否存在，这时可以使用 os.path 模块提供的 exists()方法实现。exists()方法的基本语法格式如下：

```
os.path.exists(path)
```

其中，path 为要判断的文件夹，可以采用绝对路径，也可以采用相对路径。
返回值：如果给定的路径存在，则返回 True，否则返回 False。
例如，要判断绝对路径"C:\demo"是否存在，可以使用下面的代码：

```
import os
print(os.path.exists("C:\\demo"))              # 判断文件夹是否存在
```

执行上面的代码，如果在 C 盘根目录下没有 demo 文件夹，返回 False，否则返回 True。

16.2.3　创建文件夹

在 Python 中，os 模块提供了两个创建文件夹的方法，一个用于创建一级文件夹，另一个用于创建

多级文件夹，下面分别进行介绍。

1．创建一级文件夹

创建一级文件夹是指一次只能创建顶层文件夹，而不能创建子文件夹。在 Python 中，可以使用 os 模块提供的 mkdir() 方法实现。通过该方法只能创建指定路径中的最后一级文件夹，如果该文件夹的上一级不存在，则抛出 FileNotFoundError 异常。mkdir() 方法的基本语法格式如下：

```
os.mkdir(path, mode=0o777)
```

参数说明如下。

- ☑　path：指定要创建的文件夹，可以使用绝对路径，也可以使用相对路径。
- ☑　mode：指定数值模式，默认值为 0777。该参数在非 UNIX 系统上无效或被忽略。

例如，在 C 盘根目录下创建一个 demo 文件夹，代码如下：

```
import os
os.mkdir("C:\\demo")                          # 创建 C:\demo 文件夹
```

> **说明**
>
> 如果创建的文件夹已经存在，将抛出 FileExistsError 异常，要避免该异常，可以先使用 os.path.exists() 方法判断要创建的文件夹是否存在。

2．创建多级文件夹

使用 mkdir() 方法只能创建一级文件夹，如果想创建多级，可以使用 os 模块提供的 makedirs() 方法，该方法用于采用递归的方式创建文件夹。makedirs() 方法的基本语法格式如下：

```
os.makedirs(name, mode=0o777)
```

参数说明如下。

- ☑　name：指定要创建的文件夹，可以使用绝对路径，也可以使用相对路径。
- ☑　mode：指定数值模式，默认值为 0o777。该参数在非 UNIX 系统上无效或被忽略。

例如，在 C:\demo\test\dir\ 路径下创建一个 mr 文件夹，代码如下：

```
import os
os. makedirs ("C:\\demo\\test\\dir\\mr ")           # 创建 C:\demo\test\dir\mr 文件夹
```

执行上面代码时，无论中间的 demo、test、dir 文件夹是否存在，都可以正常执行，因为如果路径中有文件夹不存在，makedirs() 会自动创建。

16.2.4　复制文件夹

在 Python 中复制文件夹需要使用 shutil 模块的 copytree() 方法，其语法如下：

```
shutil.copytree(src, dst)
```

参数说明如下。

☑ src：要复制的源文件夹。

☑ dst：复制到的目标文件夹。

例如，将 C 盘根目录下的 demo 文件夹复制到 D 盘根目录下，代码如下：

```
import shutil
shutil.copytree("C:/demo","D:/demo")
```

说明

在复制文件夹时，如果要复制的文件夹下还有子文件夹，将整体复制到目标文件夹中。

16.2.5 移动文件夹

在 Python 中移动文件夹需要使用 shutil 模块的 move()方法，其语法如下：

```
shutil.move(src, dst)
```

参数说明如下。

☑ src：要移动的源文件夹。

☑ dst：移动到的目标文件夹。

例如，将 C 盘根目录下的 demo 文件夹移动到 D 盘根目录下，代码如下：

```
import shutil
shutil.move("C:/demo","D:/demo")
```

说明

复制文件夹和移动文件夹的区别是，复制文件夹时，源文件夹还存在，而移动文件夹相当于将源文件夹剪切到另外一个路径，源文件夹不会存在。

16.2.6 重命名文件夹

在 Python 中重命名文件夹需要使用 os 模块的 rename()方法，其语法如下：

```
os.rename(src,dst)
```

参数说明如下。

☑ src：指定要进行重命名的文件。

☑ dst：指定重命名后的文件。

例如，将 C 盘根目录下的 demo 文件夹重命名为 demo1，代码如下：

```
import os
os.rename("C:/demo","C:/demo1")
```

另外，也可以使用 shutil 模块的 move()方法对文件夹进行重命名，例如，上面的代码可以修改如下：

```
import shutil
shutil.move("C:/demo","C:/demo1")
```

16.2.7　删除文件夹

删除文件夹可以使用 os 模块提供的 rmdir()方法实现。通过 rmdir()方法删除文件夹时，只有当要删除的文件夹为空时才起作用。rmdir()方法的基本语法格式如下：

```
os.rmdir(path)
```

其中，path 为要删除的文件夹，可以使用相对路径，也可以使用绝对路径。

例如，删除 C 盘根目录下的 demo 文件夹，代码如下：

```
import os
os.rmdir("C:\\demo")
```

技巧

使用 rmdir()方法只能删除空文件夹，如果想删除非空文件夹，则需要使用 Python 内置的标准模块 shutil 的 rmtree()方法实现。例如，要删除不为空的 "C:\\demo\\test" 文件夹，可以使用下面的代码：

```
import shutil
shutil.rmtree("C:\\demo\\test")    # 删除 C:\demo 文件夹下的 test 子文件夹及其包含的所有内容
```

16.2.8　遍历文件夹

遍历在古汉语中的意思是全部走遍，到处周游。在 Python 中，遍历的意思也类似，就是对指定的文件夹下的全部文件夹（包括子文件夹）及文件走一遍。在 Python 中，os 模块的 walk()方法用于实现遍历文件夹的功能。walk()方法的基本语法格式如下：

```
os.walk(top[, topdown][, onerror][, followlinks])
```

参数说明如下。

☑　top：用于指定要遍历内容的根文件夹。

☑ topdown：可选参数，用于指定遍历的顺序，如果值为 True，表示自上而下遍历（即先遍历根文件夹）；如果值为 False，表示自下而上遍历（即先遍历最后一级子文件夹）。默认值为 True。

☑ onerror：可选参数，用于指定错误处理方式，默认为忽略，如果不想忽略也可以指定一个错误处理方法。通常情况下采用默认。

☑ followlinks：可选参数，默认情况下，walk()方法不会向下转换成解析到文件夹的符号链接，将该参数值设置为 True，表示用于指定在支持的系统上访问由符号链接指向的文件夹。

☑ 返回值：返回一个包括 3 个元素（dirpath, dirnames, filenames）的元组生成器对象。其中，dirpath 表示当前遍历的路径，是一个字符串；dirnames 表示当前路径下包含的子文件夹，是一个列表；filenames 表示当前路径下包含的文件，也是一个列表。

例如，要遍历文件夹"E:\program\Python\"，代码如下：

```
import os                                      # 导入 os 模块
tuples = os.walk("E:\\program\\Python")        # 遍历指定文件夹
for tuple1 in tuples:                          # 通过 for 循环输出遍历结果
    print(tuple1 ,"\n")                        # 输出每一级文件夹的元组
```

注意

walk()方法只在 Unix 和 Windows 中有效。

通过 walk 方法可以遍历指定文件夹下的所有文件及子文件夹，但这种方法遍历的结果可能会很多，有时我们只需要指定文件夹根目录下的文件和文件夹，该怎么办呢？os 模块提供了 listdir()方法，可以获取指定文件夹根目录下的所有文件及子文件夹名，其基本语法格式如下：

```
os.listdir(path)
```

其中，参数 path 表示要遍历的文件夹路径；返回值是一个列表，包含了所有文件名及子文件夹名。

【实例 16.4】 遍历指定文件夹 （实例位置：资源包\Code\16\04）

创建一个.py 文件，导入 PyQt5 相应模块，设计一个窗口程序，在该程序中添加一个 PushButton 按钮，用来选择路径，并遍历选择的路径；添加一个 TableWidget 表格控件，用来显示选择路径中包含的所有文件及子文件夹。具体实现时，使用 QFileDialog.getExistingDirectory()方法弹出一个选择文件夹的对话框，在该对话框中选择文件夹后，判断如果不为空，则使用 os 模块的 listdir()方法遍历所选择的文件夹，并将其中包含的文件及子文件夹显示在 TableWidget 表格中。代码如下：

```
from PyQt5 import QtCore, QtGui, QtWidgets
from PyQt5.QtWidgets import QFileDialog
class Ui_MainWindow(object):
    def setupUi(self, MainWindow):
        MainWindow.setObjectName("MainWindow")
        MainWindow.resize(500, 300)                        # 设置窗口大小
        MainWindow.setWindowTitle("遍历文件夹")              # 设置窗口标题
        self.centralwidget = QtWidgets.QWidget(MainWindow)
        self.centralwidget.setObjectName("centralwidget")
```

```
# 添加表格
self.tableWidget = QtWidgets.QTableWidget(self.centralwidget)
self.tableWidget.setGeometry(QtCore.QRect(0, 40, 501, 270))
self.tableWidget.setObjectName("tableWidget")
self.tableWidget.setColumnCount(2)                          # 设置列数
# 设置第一列的标题
item = QtWidgets.QTableWidgetItem()
self.tableWidget.setHorizontalHeaderItem(0, item)
item = self.tableWidget.horizontalHeaderItem(0)
item.setText("文件名")
# 设置第二列的标题
item = QtWidgets.QTableWidgetItem()
self.tableWidget.setHorizontalHeaderItem(1, item)
item = self.tableWidget.horizontalHeaderItem(1)
item.setText("详细信息")
self.tableWidget.setColumnWidth(0, 100)                     # 设置第一列宽度
# 设置最后一列自动填充容器
self.tableWidget.horizontalHeader().setStretchLastSection(True)
# 创建选择路径按钮
self.pushButton = QtWidgets.QPushButton(self.centralwidget)
self.pushButton.setGeometry(QtCore.QRect(10, 10, 75, 23))
# 为按钮设置字体
font = QtGui.QFont()
font.setPointSize(10)
font.setBold(True)
font.setWeight(75)
self.pushButton.setFont(font)
self.pushButton.setObjectName("pushButton")
self.pushButton.setText("选择路径")
MainWindow.setCentralWidget(self.centralwidget)
QtCore.QMetaObject.connectSlotsByName(MainWindow)
self.pushButton.clicked.connect(self.getinfo)              # 关联"选择路径"的 clicked 信号
# 选择路径，并获取其中的所有文件信息，将其显示在表格中
def getinfo(self):
    try:
        import os
        # dir_path 为选择的文件夹的绝对路径，第二形参为对话框标题
        # 第三个为对话框打开后默认的路径
        self.dir_path = QFileDialog.getExistingDirectory(None, "选择路径", os.getcwd())
        if self.dir_path !="":
            self.list = os.listdir(self.dir_path)             # 列出文件夹下所有的目录与文件
            flag=0                                            # 标识插入新行的位置
            for i in range(0, len(self.list)):                # 遍历文件列表
                # 拼接路径和文件名
                filepath = os.path.join(self.dir_path, self.list[i])
                self.tableWidget.insertRow(flag)              # 添加新行
                self.tableWidget.setItem(flag, 0, QtWidgets.QTableWidgetItem(self.list[i]))
                                                              # 设置第一列的值为文件（夹）名
```

```
                    self.tableWidget.setItem(flag, 1, QtWidgets.QTableWidgetItem(filepath))
                                      # 设置第二列的值为文件或文件夹的完整路径
                flag+=1 # 计算下一个新行的插入位置
        except Exception as e:
            print(e)
if __name__ == '__main__':                      # 主方法
    import sys
    app = QtWidgets.QApplication(sys.argv)
    MainWindow = QtWidgets.QMainWindow()        # 创建窗体对象
    ui = Ui_MainWindow()                        # 创建 PyQt 设计的窗体对象
    ui.setupUi(MainWindow)                      # 调用 PyQt 窗体的方法对窗体对象进行初始化设置
    MainWindow.show()                           # 显示窗体
    sys.exit(app.exec_())                       # 程序关闭时退出进程
```

运行程序，单击"选择路径"按钮，选择一个文件夹后，将会在下面的表格中显示选中文件夹下的所有子文件夹及文件，如图 16.8 所示。

图 16.8　遍历文件夹

16.3　PyQt5 中的文件及文件夹操作

在 PyQt5 中对文件和文件夹进行操作时，主要用到 QFile 类、QFileInfo 类和 QDir 类，本节将对这几个类的常用方法，以及在实际中的应用进行讲解。

说明

在 PyQ5 窗口程序中对文件或者文件夹进行操作时，不强制必须用 PyQt5 中提供的 QFile、QDir 等类，使用 Python 内置的文件对象同样可以。

16.3.1　使用 QFile 类操作文件

QFile 类主要用来对文件进行打开、读写、复制、重命名、删除等操作，其常用方法及说明如表 16.3 所示。

表 16.3　QFile 类的常用方法及说明

方　　法	说　　明
open()	打开文件，文件的打开方式可以通过 QIODevice 的枚举值进行设置，取值如下。 ◆ QIODevice.NotOpen：不打开； ◆ QIODevice.ReadOnly：以只读方式打开； ◆ QIODevice.WriteOnly：以只写方式打开； ◆ QIODevice.ReadWrite：以读写方式打开； ◆ QIODevice.Append：以追加方式打开
isOpen()	判断文件是否打开
close()	关闭文件
copy()	复制文件
exists()	判断文件是否存在
read()	从文件中读取指定个数的字符
readAll()	从文件中读取所有数据
readLine()	从文件中读取一行数据
remove()	删除文件
rename()	重命名文件
seek()	查找文件
setFileName()	设置文件名
write()	向文件中写入数据

而获取文件信息需要使用 QFileInfo 类，该类的常用方法及说明如表 16.4 所示。

表 16.4　QFileInfo 类的常用方法及说明

方　　法	说　　明	方　　法	说　　明
size()	获取文件大小	isFile()	判断是否为文件
created()	获取文件创建时间	isHidden()	判断是否隐藏
lastModified()	获取文件最后一次修改时间	isReadable()	判断是否可读
lastRead()	获取文件最后一次访问时间	isWritable()	判断是否可写
isDir()	判断是否为文件夹	isExecutable()	判断是否可执行

【实例 16.5】　按文件存储知乎奇葩问题（实例位置：资源包\Code\16\05）

最近偶然上网时，被知乎上一个名为"玉皇大帝住在平流层还是对流层"的问题吸引，因此，激发了我去探索知乎上奇葩问题的想法，这里总结了知乎上的 25 个经典的奇葩问题，本实例要求按问题将它们分别存储到 25 个以日期时间命名的 txt 文本文件中。

在 Qt Designer 设计器中创建一个窗口，在其中添加两个 LineEdit 控件，分别用来显示选择的文件和输入文件创建路径；添加两个 PushButton 控件，分别用来选择存储问题的文件和执行创建文件的功能；添加一个 TableWidget 控件，用来显示创建的文件列表。窗口设计完成后保存为.ui 文件，并使用 PyUIC 工具将其转换为.py 文件。

在.py 文件中，定义两个槽函数，分别用来实现选择存储问题的文本文件，以及根据文件内容创建多个文件，并将内容分别写入不同文件中的功能。代码如下：

```python
from PyQt5 import QtCore, QtGui, QtWidgets
from PyQt5.QtWidgets import QFileDialog
from PyQt5.QtCore import    QFile,QFileInfo,QIODevice,QTextStream
import os
import datetime
class Ui_MainWindow(object):
    def setupUi(self, MainWindow):
        MainWindow.setObjectName("MainWindow")
        MainWindow.resize(355, 293)
        MainWindow.setWindowTitle("将现有问题存放到不同的文件中")
        self.centralwidget = QtWidgets.QWidget(MainWindow)
        self.centralwidget.setObjectName("centralwidget")
        # 分组框
        self.groupBox = QtWidgets.QGroupBox(self.centralwidget)
        self.groupBox.setGeometry(QtCore.QRect(10, 10, 331, 91))
        self.groupBox.setStyleSheet("color: rgb(0, 0, 255);")
        self.groupBox.setObjectName("groupBox")
        # 选择文件标签
        self.label = QtWidgets.QLabel(self.groupBox)
        self.label.setGeometry(QtCore.QRect(20, 20, 61, 16))
        self.label.setStyleSheet("color: rgb(0, 0, 0);") # 设置字体为黑色
        self.label.setObjectName("label")
        # 显示选择的文件路径
        self.lineEdit = QtWidgets.QLineEdit(self.groupBox)
        self.lineEdit.setGeometry(QtCore.QRect(80, 20, 171, 20))
        self.lineEdit.setObjectName("lineEdit")
        # "选择"按钮
        self.pushButton = QtWidgets.QPushButton(self.groupBox)
        self.pushButton.setGeometry(QtCore.QRect(260, 20, 61, 23))
        self.pushButton.setStyleSheet("color: rgb(0, 0, 0);")
        self.pushButton.setObjectName("pushButton")
        # 输入创建路径标签
        self.label_2 = QtWidgets.QLabel(self.groupBox)
        self.label_2.setGeometry(QtCore.QRect(19, 52, 81, 16))
        self.label_2.setStyleSheet("color: rgb(0, 0, 0);")
        self.label_2.setObjectName("label_2")
        # 输入创建路径的文本框
        self.lineEdit_2 = QtWidgets.QLineEdit(self.groupBox)
        self.lineEdit_2.setGeometry(QtCore.QRect(109, 52, 141, 20))
        self.lineEdit_2.setObjectName("lineEdit_2")
        # "创建"按钮
        self.pushButton_2 = QtWidgets.QPushButton(self.groupBox)
        self.pushButton_2.setGeometry(QtCore.QRect(259, 52, 61, 23))
        self.pushButton_2.setStyleSheet("color: rgb(0, 0, 0);")
        self.pushButton_2.setObjectName("pushButton_2")
        # 显示创建的文件列表及大小
        self.tableWidget = QtWidgets.QTableWidget(self.centralwidget)
        self.tableWidget.setGeometry(QtCore.QRect(10, 105, 331, 181))
        self.tableWidget.setObjectName("tableWidget")
```

```python
        self.tableWidget.setColumnCount(2)                              # 设置列数
        # 设置第一列的标题
        item = QtWidgets.QTableWidgetItem()
        self.tableWidget.setHorizontalHeaderItem(0, item)
        item = self.tableWidget.horizontalHeaderItem(0)
        item.setText("文件名")
        # 设置第二列的标题
        item = QtWidgets.QTableWidgetItem()
        self.tableWidget.setHorizontalHeaderItem(1, item)
        item = self.tableWidget.horizontalHeaderItem(1)
        item.setText("文件大小")
        self.tableWidget.setColumnWidth(0, 100)                          # 设置第一列宽度
        # 设置最后一列自动填充容器
        self.tableWidget.horizontalHeader().setStretchLastSection(True)
        # 设置分组框、标签及按钮的文本
        self.groupBox.setTitle("基础设置")
        self.label.setText("选择文件：")
        self.label_2.setText("输入创建路径：")
        self.pushButton.setText("选择")
        self.pushButton_2.setText("创建")
        MainWindow.setCentralWidget(self.centralwidget)
        QtCore.QMetaObject.connectSlotsByName(MainWindow)
        # 为"选择"按钮的 clicked 信号绑定槽函数
        self.pushButton.clicked.connect(self.getfile)
        # 为"创建"按钮的 clicked 信号绑定槽函数
        self.pushButton_2.clicked.connect(self.getpath)
    # 选择文件并显示在文本框中
    def getfile(self):
        dir =QFileDialog()                                              # 创建文件对话框
        dir.setDirectory('C:\\')                                        # 设置初始路径为 C 盘
        # 设置只显示文本文件
        dir.setNameFilter('文本文件(*.txt)')
        if dir.exec_(): # 判断是否选择了文件
            self.lineEdit.setText(dir.selectedFiles()[0])               # 将选择的文件显示在文本框中
    # 选择路径，根据日期创建文件，并写入选择的文件中的文本
    def getpath(self):
        try:
            path=self.lineEdit_2.text()                                # 记录创建路径
            if self.lineEdit_2.text() !="":                            # 判断路径不为空
                list = []                                              # 定义列表，用来按行记录选择的文件中的文本
                file =QFile(self.lineEdit.text())                      # 创建 QFile 文件对象
                if file.open(QIODevice.ReadOnly):                      # 以只读方式打开文件
                    read = QTextStream(file)                           # 创建文本流
                    read.setCodec("utf-8")                            # 设置写入编码
                    while not read.atEnd():                           # 如果未读取完
                        list.append(read.readLine())                  # 按行记录遍历到的文本
                # 判断要创建的文件的路径是否存在，没有则创建文件夹
                if not os.path.exists(path):
                    os.makedirs(path) # 创建文件夹
```

```
        for i in range(len(list)):                          # 遍历已经记录的文本数据列表
            # 获取当前时间，用来作为文件名
            mytime = str(datetime.datetime.utcnow().strftime("%Y%m%d%H%M%S"))
            # 在指定路径下创建 txt 文本文件
            files = path + mytime + str(i) + '.txt'
            file = QFile(files)                              # 创建 QFile 文件对象
            # 以读写和文本模式打开文件
            file.open(QIODevice.ReadWrite | QIODevice.Text)
            file.write(bytes(list[i], encoding = "utf8") )   # 向文件中写入数据
            file.close() # 关闭文件
        filelist=os.listdir(path)                            # 遍历文件夹
        flag=0 # 定义标识，用来指定在表格中的哪行插入数据
        for f in filelist: # 遍历文件列表
            file=QFileInfo(f)                                # 创建对象，用来获取文件信息
            if file.fileName().endswith(".txt"):             # 判断是否为.txt 文本文件
                self.tableWidget.insertRow(flag)             # 添加新行
                # 设置第一列的值为文件名
                self.tableWidget.setItem(flag, 0, QtWidgets.QTableWidgetItem(file.fileName()))
                # 设置第二列的值为文件大小
                self.tableWidget.setItem(flag, 1, QtWidgets.QTableWidgetItem(str(file.size())+"B"))
                flag +=1 # 标识加 1
    except Exception as e:
            print(e)
# 主方法
if __name__ == '__main__':
    import sys
    app = QtWidgets.QApplication(sys.argv)
    MainWindow = QtWidgets.QMainWindow()                     # 创建窗体对象
    ui = Ui_MainWindow()                                     # 创建 PyQt5 设计的窗体对象
    ui.setupUi(MainWindow)                                   # 调用 PyQt5 窗体的方法对窗体对象进行初始化设置
    MainWindow.show()                                        # 显示窗体
    sys.exit(app.exec_())                                    # 程序关闭时退出进程
```

运行程序，单击"选择"按钮，选择存储知乎问题的文本文件，在下面的文本框中输入创建文件的路径，单击"创建"按钮，即可根据选择的文本文件中的行数创建相应个数的文本文件，并且将每一行的内容写入对应的文本文件中。将会在下面的表格中显示选中文件夹下的所有子文件夹及文件，如图 16.9～图 16.11 所示。

图 16.9　窗口运行效果

16.3.2　使用 QDir 类操作文件夹

QDir 类提供对文件夹结构及其内容的访问，使用它可以对文件夹进行创建、重命名、删除、遍历等操作，其常用方法及说明如表 16.5 所示。

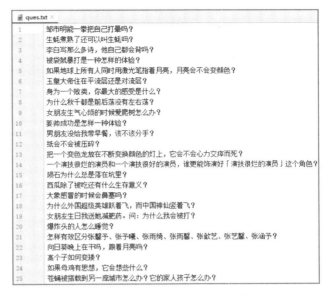

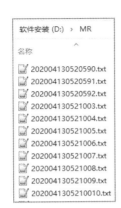

图 16.10　创建的文件列表　　　　　图 16.11　存储知乎问题的文件

表 16.5　QDir 类的常用方法及说明

方　　法	说　　明
mkdir()	创建文件夹
exists()	判断文件夹是否存在
rename()	重命名文件夹
rmdir()	删除文件夹
entryList()	遍历文件夹，获取文件夹中所有子文件夹和文件的名称列表
entryInfoList()	遍历文件夹，获取文件夹中所有子文件夹和文件的 QFileInfo 对象的列表
count()	获取文件夹和文件的数量
setSorting()	设置 entryList()和 entryInfoList()使用的排序顺序，取值如下。 ◆ QDir.Name：按名称排序； ◆ QDir.Time：按修改时间排序； ◆ QDir.Size：按文件大小排序； ◆ QDir.Type：按文件类型排序； ◆ QDir.Unsorted：不排序； ◆ QDir.DirsFirst：先显示文件夹，然后显示文件； ◆ QDir.DirsLast：先显示文件，然后显示文件夹； ◆ QDir.Reversed：反向排序； ◆ QDir.IgnoreCase：不区分大小写排序； ◆ QDir.DefaultSort：默认排序
path()	获取 QDir 对象所关联的文件夹路径
absolutePath()	获取文件夹的绝对路径
isAbsolute()	判断是否为绝对路径

续表

方　　法	说　　明
isRelative()	判断是否为相对路径
isReadable()	判断文件夹是否可读，并且是否能够通过名称打开
isRoot()	判断是否为根目录
cd()	改变 QDir 的路径为 dirName
setFilter()	设置过滤器，以决定 entryList()entryInfoList()返回哪些文件，取值如下。 ◆ QDir.Dirs：按照过滤方式列出所有文件夹； ◆ QDir.AllDirs：不考虑过滤方式，列出所有文件夹； ◆ QDir.Files：只列出所有文件； ◆ QDir.Drives：只列出磁盘（UNIX 系统无效）； ◆ QDir.NoSymLinks：不列出符号连接； ◆ QDir.NoDotAndDotDot：不列出"."和".."； ◆ QDir.AllEntries：列出文件夹、文件和磁盘； ◆ QDir.Readable：列出所有具有可读属性的文件夹和文件； ◆ QDir.Writable：列出所有具有可写属性的文件夹和文件； ◆ QDir.Executable：列出所有具有可执行属性的文件夹和文件； ◆ QDir.Modified：列出被修改过的文件夹和文件（UNIX 系统无效）； ◆ QDir.Hidden：列出隐藏的文件夹和文件； ◆ QDir.System：列出系统文件夹和文件； ◆ QDir.CaseSensitive：文件系统如果区分文件名大小写，则按大小写方式进行过滤

【实例 16.6】 使用 QDir 遍历、重命名和删除文件夹（实例位置：资源包\Code\16\06）

在 Qt Designer 设计器中创建一个窗口，在其中添加两个 LineEdit 控件，分别用来输入路径和要重命名的文件夹名；添加 3 个 PushButton 控件，分别用来执行文件夹的遍历、重命名和删除操作；添加一个 TableWidget 控件，用来显示指定路径下的所有子文件夹。窗口设计完成后保存为.ui 文件，并使用 PyUIC 工具将其转换为.py 文件。

在.py 文件中，定义 4 个槽函数：getItem()、getpath()、rename()和 delete()，其中，getItem()用来获取表格中选中的重命名或者删除的文件夹；getpath()用来获取指定路径下的子文件夹，并显示在表格中，如果输入的路径不存在，则自动创建；rename()用来对指定文件夹进行重命名；delete()用来删除指定的文件夹。代码如下：

```python
from PyQt5 import QtCore, QtWidgets
from PyQt5.QtCore import   QDir
import os
class Ui_MainWindow(object):
    def setupUi(self, MainWindow):
        MainWindow.setObjectName("MainWindow")
        MainWindow.resize(390, 252)
        MainWindow.setWindowTitle("QDir 应用")                    # 设置标题
        self.centralwidget = QtWidgets.QWidget(MainWindow)
        self.centralwidget.setObjectName("centralwidget")
        # 输入路径标签
```

```python
        self.label = QtWidgets.QLabel(self.centralwidget)
        self.label.setGeometry(QtCore.QRect(24, 10, 61, 16))
        self.label.setObjectName("label")
        self.label.setText("输入路径: ")
        # 输入路径的文本框
        self.lineEdit = QtWidgets.QLineEdit(self.centralwidget)
        self.lineEdit.setGeometry(QtCore.QRect(84, 10, 211, 20))
        self.lineEdit.setObjectName("lineEdit")
        # 确定按钮, 判断输入路径是否存在, 如果不存在, 则创建
        # 如果存在, 获取其中的所有文件夹
        self.pushButton = QtWidgets.QPushButton(self.centralwidget)
        self.pushButton.setGeometry(QtCore.QRect(304, 10, 61, 23))
        self.pushButton.setObjectName("pushButton")
        self.pushButton.setText("确定")
        # 表格, 显示指定路径下的所有文件夹
        self.tableWidget = QtWidgets.QTableWidget(self.centralwidget)
        self.tableWidget.setGeometry(QtCore.QRect(14, 40, 351, 171))
        self.tableWidget.setObjectName("tableWidget")
        self.tableWidget.setColumnCount(1)
        item = QtWidgets.QTableWidgetItem()
        self.tableWidget.setHorizontalHeaderItem(0, item)
        item = self.tableWidget.horizontalHeaderItem(0)
        item.setText("路径")
        self.tableWidget.verticalHeader().setVisible(False)          # 隐藏垂直标题栏
        # 设置自动填充容器
        self.tableWidget.horizontalHeader().setSectionResizeMode
(QtWidgets.QHeaderView.Stretch)
        # 设置新文件夹名称标签
        self.label_2 = QtWidgets.QLabel(self.centralwidget)
        self.label_2.setGeometry(QtCore.QRect(20, 220, 111, 21))
        self.label_2.setObjectName("label_2")
        self.label_2.setText("设置新文件夹名称: ")
        # 输入新文件夹名称
        self.lineEdit_2 = QtWidgets.QLineEdit(self.centralwidget)
        self.lineEdit_2.setGeometry(QtCore.QRect(130, 220, 81, 20))
        self.lineEdit_2.setObjectName("lineEdit_2")
        # 重命名按钮
        self.pushButton_2 = QtWidgets.QPushButton(self.centralwidget)
        self.pushButton_2.setGeometry(QtCore.QRect(220, 220, 61, 23))
        self.pushButton_2.setObjectName("pushButton_2")
        self.pushButton_2.setText("重命名")
        # 删除按钮
        self.pushButton_3 = QtWidgets.QPushButton(self.centralwidget)
        self.pushButton_3.setGeometry(QtCore.QRect(300, 220, 61, 23))
        self.pushButton_3.setObjectName("pushButton_3")
```

```
            self.pushButton_3.setText("删除")
            MainWindow.setCentralWidget(self.centralwidget)
            QtCore.QMetaObject.connectSlotsByName(MainWindow)
            self.pushButton.clicked.connect(self.getpath)
            self.pushButton_2.clicked.connect(self.rename)
            self.pushButton_3.clicked.connect(self.delete)
            self.tableWidget.itemClicked.connect(self.getItem)
    def getItem(self,item):                             # 获取选中的表格内容
        self.select=item.text()
    # 获取指定路径下的所有文件夹
    def getpath(self):
        self.tableWidget.setRowCount(0)                 # 清空表格中的所有行
        path=self.lineEdit.text()                       # 记录输入的路径
        if path !="":                                   # 判断路径不为空
            dir = QDir()                                # 创建 QDir 对象
            if not dir.exists(path):                    # 判断路径是否存在
                dir.mkdir(path)                         # 创建文件夹
            dir=QDir(path)                              # 创建 QDir 对象
            flag = 0                                    # 定义标识，用来指定在表格中的哪行插入数据
            # 遍历指定路径下的所有子文件夹
            for d in dir.entryList(QDir.Dirs | QDir.NoDotAndDotDot):
                self.tableWidget.insertRow(flag)        # 添加新行
                # 设置第一列的值为文件夹全路径（包括文件夹名）
                self.tableWidget.setItem(flag, 0,
QtWidgets.QTableWidgetItem(os.path.join(path,d)))
                flag += 1                               # 标识加 1
    # 重命名文件夹
    def rename(self):
        newname=self.lineEdit_2.text()                  # 记录新文件夹名
        if newname !="":                                # 判断新文件夹名是否不为空
            if self.select !="":                        # 判断是否选择了要重命名的文件夹
                dir=QDir()                              # 创建 QDir 对象
                # 对选中的文件夹进行重命名
                dir.rename(self.select,os.path.join(self.lineEdit.text(),newname))
                QtWidgets.QMessageBox.information(MainWindow,"提示","重命名文件夹成功！")
                self.getpath()                          # 更新表格
    # 删除文件夹
    def delete(self):
        if self.select !="":                            # 判断是否选择了要删除的文件夹
            dir=QDir()                                  # 创建 QDir 对象
            dir.rmdir(self.select)                      # 删除选中的文件夹
            QtWidgets.QMessageBox.information(MainWindow, "提示", "成功删除文件夹！")
```

```
            self.getpath()                        # 更新表格
# 主方法
if __name__ == '__main__':
    import sys
    app = QtWidgets.QApplication(sys.argv)
    MainWindow = QtWidgets.QMainWindow()          # 创建窗体对象
    ui = Ui_MainWindow()                          # 创建 PyQt5 设计的窗体对象
    ui.setupUi(MainWindow)                        # 用调用 PyQt5 窗体的方法对窗体对象进行初始化设置
    MainWindow.show()                             # 显示窗体
    sys.exit(app.exec_())                         # 程序关闭时退出进程
```

运行程序，输入一个路径，单击"确定"按钮，自动遍历该路径下的所有子文件夹，并显示在下方的表格中，如果输入的路径不存在，则自动创建；而当用户选择表格中的某个文件夹后，可以通过单击"重命名"和"删除"按钮，对其进行相应操作，程序运行效果如图 16.12 所示。

图 16.12　使用 QDir 遍历、重命名和删除文件夹

16.4　小　　结

本章首先介绍了如何应用 Python 内置的函数对文件及文件夹进行各种操作，其中主要用到的模块有 os 模块、os.path 模块和 shutil 模块；然后对使用 PyQt5 中的 QFile 类和 QDir 类对文件和文件夹操作进行了讲解。在实际开发时，推荐使用 Python 内置的函数和模块对文件及文件夹进行操作。

第 17 章

PyQt5 绘图技术

使用图形分析数据，不仅简单明了，而且清晰可见，它是项目开发中的一项必备功能，那么，在 PyQt5 程序中，如何实现图形的绘制呢？答案是 QPainter 类！使用 QPainter 类可以绘制各种图形，从简单的点、直线，到复杂的饼图、柱形图等。本章将对如何在 PyQt5 程序中绘图进行详细讲解。

17.1 PyQt5 绘图基础

绘图是窗口程序设计中非常重要的技术，例如，应用程序需要绘制闪屏图像、背景图像、各种图形形状等。正所谓"一图胜千言"，使用图像能够更好地表达程序运行结果，进行细致地数据分析与保存等。本节将对 PyQt5 中的绘图基础类——QPainter 类进行介绍。

QPainter 类是 PyQt5 中的绘图基础类，它可以在 QWidget 控件上执行绘图操作，具体的绘图操作在 QWidget 的 paintEvent()方法中完成。

创建一个 QPainter 绘图对象的方法非常简单，代码如下：

```
from PyQt5.QtGui import QPainter
painter=QPainter(self)
```

上面的代码中，第一行代码用来导入模块，第二行代码用来创建 QPainter 的对象，其中的 self 表示所属的 QWidget 控件对象。

QPainter 类中常用的图形绘制方法及说明如表 17.1 所示。

表 17.1　QPainter 类中常用的图形绘制方法及说明

方　　法	说　　明	方　　法	说　　明
drawArc()	绘制弧线	drawLine()	绘制直线
drawChord()	绘制和弦	drawLines()	绘制多条直线
drawEllipse()	绘制椭圆	drawPath()	绘制路径
drawImage()	绘制图片	drawPicture()	绘制 Picture 图片

续表

方　　法	说　　明	方　　法	说　　明
drawPie()	绘制扇形	drawText()	绘制文本
drawPixmap()	从图像中提取 Pixmap 并绘制	fillPath()	填充路径
drawPoint()	绘制一个点	fillRect()	填充矩形
drawPoints()	绘制多个点	setPen()	设置画笔
drawPolygon()	绘制多边形	setBrush()	设置画刷
drawPloyline()	绘制折线	setFont()	设置字体
drawRect()	绘制一个矩形	setOpacity()	设置透明度
darwRects()	绘制多个矩形	begin()	开始绘制
drawRoundedRect()	绘制圆角矩形	end()	结束绘制

【实例 17.1】　使用 QPainter 绘制图形（实例位置：资源包\Code\17\01）

创建一个 .py 文件，导入 PyQt5 的相应模块，然后分别使用 QPainter 类的相应方法在 PyQt5 窗口中绘制椭圆、矩形、直线和文本等图形。代码如下：

```python
from PyQt5.QtWidgets import *
from PyQt5.QtGui import QPainter
from PyQt5.QtCore import Qt
class Demo(QWidget):
    def __init__(self,parent=None):
        super(Demo,self).__init__(parent)
        self.setWindowTitle("使用 QPainter 绘制图形")        # 设置窗口标题
        self.resize(300,120)                                # 设置窗口大小
    def paintEvent(self,event):
        painter=QPainter(self)                              # 创建绘图对象
        painter.setPen(Qt.red)                              # 设置画笔
        painter.drawEllipse(80, 10, 50, 30)                 # 绘制一个椭圆
        painter.drawRect(180, 10, 50, 30)                   # 绘制一个矩形
        painter.drawLine(80, 70, 200, 70)                   # 绘制直线
        painter.drawText(90,100,"敢想敢为　注重细节")       # 绘制文本
if __name__=='__main__':
    import sys
    app=QApplication(sys.argv)                              # 创建窗口程序
    demo=Demo()                                             # 创建窗口类对象
    demo.show()                                             # 显示窗口
    sys.exit(app.exec_())
```

运行程序，效果如图 17.1 所示。

图 17.1　QPainter 类的基本应用

17.2 设置画笔与画刷

在使用 QPainter 类绘制图形时，可以使用 setPen()方法和 setBrush()方法对画笔与画刷进行设置，它们的参数分别是一个 QPen 对象和一个 QBrush 对象。本节将对如何设置画笔与画刷进行讲解。

17.2.1 设置画笔：QPen

QPen 类主要用于设置画笔，该类的常用方法及说明如表 17.2 所示。

表 17.2　QPen 类的常用方法及说明

方　　法	说　　明
setColor()	设置画笔颜色
setStyle()	设置画笔样式，取值如下。 ◆ Qt.SolidLine：正常直线； ◆ Qt.DashLine：由一些像素分割的短线； ◆ Qt.DotLine：由一些像素分割的点； ◆ Qt.DashDotLine：交替出现的短线和点； ◆ Qt.DashDotDotLine：交替出现的短线和两个点； ◆ Qt.CustomDashLine：自定义样式
setWidth()	设置画笔宽度
setDshPattern()	使用数字列表自定义画笔样式

技巧

使用 setColor()方法设置画笔颜色时，可以使用 QColor 对象根据 RGB 值生成颜色，也可以使用 QtCore.Qt 模块提供的内置颜色进行设置，如 Qt.red 表示红色，Qt.green 表示绿色等。

【实例 17.2】　展示不同的画笔样式（实例位置：资源包\Code\17\02）

创建一个.py 文件，导入 PyQt5 的相应模块，通过 QPen 对象的 setStyle()方法设置 6 种不同的画笔样式，并分别以设置的画笔绘制直线。代码如下：

```
from PyQt5.QtWidgets import *
from PyQt5.QtGui import QPainter,QPen,QColor
from PyQt5.QtCore import Qt
class Demo(QWidget):
    def __init__(self,parent=None):
        super(Demo,self).__init__(parent)
        self.setWindowTitle("画笔的设置")                    # 设置窗口标题
```

```
        self.resize(300,120)                              # 设置窗口大小
    def paintEvent(self,event):
        painter=QPainter(self)                            # 创建绘图对象
        pen=QPen()                                        # 创建画笔对象
        # 设置第 1 条直线的画笔
        pen.setColor(Qt.red)                              # 设置画笔颜色为红色
        pen.setStyle(Qt.SolidLine)                        # 设置画笔样式为正常直线
        pen.setWidth(1)                                   # 设置画笔宽度
        painter.setPen(pen)                               # 设置画笔
        painter.drawLine(80, 10, 200, 10)                 # 绘制直线
        # 设置第 2 条直线的画笔
        pen.setColor(Qt.blue)                             # 设置画笔颜色为蓝色
        pen.setStyle(Qt.DashLine)                         # 设置画笔样式为由一些像素分割的短线
        pen.setWidth(2)                                   # 设置画笔宽度
        painter.setPen(pen)                               # 设置画笔
        painter.drawLine(80, 30, 200, 30)                 # 绘制直线
        # 设置第 3 条直线的画笔
        pen.setColor(Qt.cyan)                             # 设置画笔颜色为青色
        pen.setStyle(Qt.DotLine)                          # 设置画笔样式为由一些像素分割的点
        pen.setWidth(3)                                   # 设置画笔宽度
        painter.setPen(pen)                               # 设置画笔
        painter.drawLine(80, 50, 200, 50)                 # 绘制直线
        # 设置第 4 条直线的画笔
        pen.setColor(Qt.green)                            # 设置画笔颜色为绿色
        pen.setStyle(Qt.DashDotLine)                      # 设置画笔样式为交替出现的短线和点
        pen.setWidth(4)                                   # 设置画笔宽度
        painter.setPen(pen)                               # 设置画笔
        painter.drawLine(80, 70, 200, 70)                 # 绘制直线
        # 设置第 5 条直线的画笔
        pen.setColor(Qt.black)                            # 设置画笔颜色为黑色
        pen.setStyle(Qt.DashDotDotLine)                   # 设置画笔样式为交替出现的短线和两个点
        pen.setWidth(5)                                   # 设置画笔宽度
        painter.setPen(pen)                               # 设置画笔
        painter.drawLine(80, 90, 200, 90)                 # 绘制直线
        # 设置第 6 条直线的画笔
        pen.setColor(QColor(48,235,100))                  # 自定义画笔颜色
        pen.setStyle(Qt.CustomDashLine)                   # 设置画笔样式为自定义样式
        pen.setDashPattern([1,3,2,3])                     # 设置自定义的画笔样式
        pen.setWidth(6)                                   # 设置画笔宽度
        painter.setPen(pen)                               # 设置画笔
        painter.drawLine(80, 110, 200, 110)               # 绘制直线
if __name__=='__main__':
    import sys
    app=QApplication(sys.argv)                            # 创建窗口程序
    demo=Demo()                                           # 创建窗口类对象
    demo.show()                                           # 显示窗口
    sys.exit(app.exec_())
```

运行程序，效果如图 17.2 所示。

图 17.2　画笔的设置

17.2.2　设置画刷：QBrush

QBrush 类主要用于设置画刷，以填充几何图形，如将正方形和圆形填充为其他颜色。QBrush 类的常用方法及说明如表 17.3 所示。

表 17.3　QBrush 类的常用方法及说明

方　　法	说　　明
setColor()	设置画刷颜色
setTextureImage()	将画刷图像设置为图像，样式需设置为 Qt.TexturePattern
setTexture()	将画刷的 pixmap 设置为 QPixmap，样式需设置为 Qt.TexturePattern
setStyle()	设置画刷样式，取值如下。 ◆ Qt.SolidPattern：纯色填充样式； ◆ Qt.Dense1Pattern：密度样式 1； ◆ Qt.Dense2Pattern：密度样式 2； ◆ Qt.Dense3Pattern：密度样式 3； ◆ Qt.Dense4Pattern：密度样式 4； ◆ Qt.Dense5Pattern：密度样式 5； ◆ Qt.Dense6Pattern：密度样式 6； ◆ Qt.Dense7Pattern：密度样式 7； ◆ Qt.HorPattern：水平线样式； ◆ Qt.VerPattern：垂直线样式； ◆ Qt.CrossPattern：交叉线样式； ◆ Qt.DiagCrossPattern：斜线交叉线样式； ◆ Qt.BDiagPattern：反斜线样式； ◆ Qt.FDiagPattern：斜线样式； ◆ Qt.LinearGradientPattern：线性渐变样式； ◆ Qt.ConicalGradientPattern：锥形渐变样式； ◆ Qt.RadialGradientPattern：放射渐变样式； ◆ Qt.TexturePattern：纹理样式

【实例 17.3】　展示不同的画刷样式（实例位置：资源包\Code\17\03）

创建一个.py 文件，导入 PyQt5 的相应模块，通过 QBrush 对象的 setStyle()方法设置 18 种不同的画刷样式，并分别以设置的画刷对绘制的矩形进行填充，观察它们的不同效果。代码如下：

```python
from PyQt5.QtWidgets import *
from PyQt5.QtGui import *
from PyQt5.QtCore import Qt,QPoint
class Demo(QWidget):
    def __init__(self,parent=None):
        super(Demo,self).__init__(parent)
        self.setWindowTitle("画刷的设置")          # 设置窗口标题
        self.resize(430,250)                       # 设置窗口大小
    def paintEvent(self,event):
        painter=QPainter(self)                     # 创建绘图对象
        brush=QBrush()                             # 创建画刷对象
        # 创建第 1 列的矩形及标识文字
        # 设置第 1 个矩形的画刷
        brush.setColor(Qt.red)                     # 设置画刷颜色为红色
        brush.setStyle(Qt.SolidPattern)            # 设置画刷样式为纯色样式
        painter.setBrush(brush)                    # 设置画刷
        painter.drawRect(10, 10, 30, 30)           # 绘制矩形
        painter.drawText(50, 30, "纯色样式")        # 绘制标识文本
        # 设置第 2 个矩形的画刷
        brush.setColor(Qt.blue)                    # 设置画刷颜色为蓝色
        brush.setStyle(Qt.Dense1Pattern)           # 设置画刷样式为密度样式 1
        painter.setBrush(brush)                    # 设置画刷
        painter.drawRect(10, 50, 30, 30)           # 绘制矩形
        painter.drawText(50, 70, "密度样式 1")      # 绘制标识文本
        # 设置第 3 个矩形的画刷
        brush.setColor(Qt.cyan)                    # 设置画刷颜色为青色
        brush.setStyle(Qt.Dense2Pattern)           # 设置画刷样式为密度样式 2
        painter.setBrush(brush)                    # 设置画刷
        painter.drawRect(10, 90, 30, 30)           # 绘制矩形
        painter.drawText(50, 110, "密度样式 2")     # 绘制标识文本
        # 设置第 4 个矩形的画刷
        brush.setColor(Qt.green)                   # 设置画刷颜色为绿色
        brush.setStyle(Qt.Dense3Pattern)           # 设置画刷样式为密度样式 3
        painter.setBrush(brush)                    # 设置画刷
        painter.drawRect(10, 130, 30, 30)          # 绘制矩形
        painter.drawText(50, 150, "密度样式 3")     # 绘制标识文本
        # 设置第 5 个矩形的画刷
        brush.setColor(Qt.black)                   # 设置画刷颜色为黑色
        brush.setStyle(Qt.Dense4Pattern)           # 设置画刷样式为密度样式 4
```

```
painter.setBrush(brush)                          # 设置画刷
painter.drawRect(10, 170, 30, 30)                # 绘制矩形
painter.drawText(50, 190, "密度样式 4")           # 绘制标识文本
# 设置第 6 个矩形的画刷
brush.setColor(Qt.darkMagenta)                   # 设置画刷颜色为洋红色
brush.setStyle(Qt.Dense5Pattern)                 # 设置画刷样式为密度样式 5
painter.setBrush(brush)                          # 设置画刷
painter.drawRect(10, 210, 30, 30)                # 绘制矩形
painter.drawText(50, 230, "密度样式 5")           # 绘制标识文本
# 创建第 2 列的矩形及标识文字
# 设置第 1 个矩形的画刷
brush.setColor(Qt.red)                           # 设置画刷颜色为红色
brush.setStyle(Qt.Dense6Pattern)                 # 设置画刷样式为密度样式 6
painter.setBrush(brush)                          # 设置画刷
painter.drawRect(150, 10, 30, 30)                # 绘制矩形
painter.drawText(190, 30, "密度样式 6")           # 绘制标识文本
# 设置第 2 个矩形的画刷
brush.setColor(Qt.blue)                          # 设置画刷颜色为蓝色
brush.setStyle(Qt.Dense7Pattern)                 # 设置画刷样式为密度样式 7
painter.setBrush(brush)                          # 设置画刷
painter.drawRect(150, 50, 30, 30)                # 绘制矩形
painter.drawText(190, 70, "密度样式 7")           # 绘制标识文本
# 设置第 3 个矩形的画刷
brush.setColor(Qt.cyan)                          # 设置画刷颜色为青色
brush.setStyle(Qt.HorPattern)                    # 设置画刷样式为水平线样式
painter.setBrush(brush)                          # 设置画刷
painter.drawRect(150, 90, 30, 30)                # 绘制矩形
painter.drawText(190, 110, "水平线样式")          # 绘制标识文本
# 设置第 4 个矩形的画刷
brush.setColor(Qt.green)                         # 设置画刷颜色为绿色
brush.setStyle(Qt.VerPattern)                    # 设置画刷样式为垂直线样式
painter.setBrush(brush)                          # 设置画刷
painter.drawRect(150, 130, 30, 30)               # 绘制矩形
painter.drawText(190, 150, "垂直线样式")          # 绘制标识文本
# 设置第 5 个矩形的画刷
brush.setColor(Qt.black)                         # 设置画刷颜色为黑色
brush.setStyle(Qt.CrossPattern)                  # 设置画刷样式为交叉线样式
painter.setBrush(brush)                          # 设置画刷
painter.drawRect(150, 170, 30, 30)               # 绘制矩形
painter.drawText(190, 190, "交叉线样式")          # 绘制标识文本
# 设置第 6 个矩形的画刷
brush.setColor(Qt.darkMagenta)                   # 设置画刷颜色为洋红色
brush.setStyle(Qt.DiagCrossPattern)              # 设置画刷样式为斜线交叉线样式
painter.setBrush(brush)                          # 设置画刷
```

```
painter.drawRect(150, 210, 30, 30)                                    # 绘制矩形
painter.drawText(190, 230, "斜线交叉线样式")                              # 绘制标识文本
# 创建第 3 列的矩形及标识文字
# 设置第 1 个矩形的画刷
brush.setColor(Qt.red)                                                # 设置画刷颜色为红色
brush.setStyle(Qt.BDiagPattern)                                       # 设置画刷样式为反斜线样式
painter.setBrush(brush)                                               # 设置画刷
painter.drawRect(300, 10, 30, 30)                                     # 绘制矩形
painter.drawText(340, 30, "反斜线样式")                                  # 绘制标识文本
# 设置第 2 个矩形的画刷
brush.setColor(Qt.blue)                                               # 设置画刷颜色为蓝色
brush.setStyle(Qt.FDiagPattern)                                       # 设置画刷样式为斜线样式
painter.setBrush(brush)                                               # 设置画刷
painter.drawRect(300, 50, 30, 30)                                     # 绘制矩形
painter.drawText(340, 70, "斜线样式")                                   # 绘制标识文本
# 设置第 3 个矩形的画刷
# 设置线性渐变区域
linearGradient= QLinearGradient(QPoint(300, 90), QPoint(330, 120))
linearGradient.setColorAt(0, Qt.red)                                  # 设置渐变色 1
linearGradient.setColorAt(1, Qt.yellow)                               # 设置渐变色 2
linearbrush=QBrush(linearGradient)                                    # 创建线性渐变画刷
linearbrush.setStyle(Qt.LinearGradientPattern)                        # 设置画刷样式为线性渐变样式
painter.setBrush(linearbrush)                                         # 设置画刷
painter.drawRect(300, 90, 30, 30)                                     # 绘制矩形
painter.drawText(340, 110, "线性渐变样式")                               # 绘制标识文本
# 设置第 4 个矩形的画刷
# 设置锥形渐变区域
conicalGradient = QConicalGradient(315,145,0)
# 将要渐变的区域分为 6 个区域，分别设置颜色
conicalGradient.setColorAt(0, Qt.red)
conicalGradient.setColorAt(0.2, Qt.yellow)
conicalGradient.setColorAt(0.4, Qt.blue)
conicalGradient.setColorAt(0.6, Qt.green)
conicalGradient.setColorAt(0.8, Qt.magenta)
conicalGradient.setColorAt(1.0, Qt.cyan)
conicalbrush=QBrush(conicalGradient)                                  # 创建锥形渐变画刷
conicalbrush.setStyle(Qt.ConicalGradientPattern)                      # 设置画刷样式为锥形渐变样式
painter.setBrush(conicalbrush)                                        # 设置画刷
painter.drawRect(300, 130, 30, 30)                                    # 绘制矩形
painter.drawText(340, 150, "锥形渐变样式")                               # 绘制标识文本
# 设置第 5 个矩形的画刷
# 设置放射渐变区域
radialGradient=QRadialGradient(QPoint(315, 185), 15)
radialGradient.setColorAt(0, Qt.green)                                # 设置中心点颜色
radialGradient.setColorAt(0.5, Qt.yellow)                             # 设置内圈颜色
radialGradient.setColorAt(1, Qt.darkMagenta)                          # 设置外圈颜色
```

```
            radialbrush=QBrush(radialGradient)                      # 创建放射渐变画刷
            radialbrush.setStyle(Qt.RadialGradientPattern)          # 设置画刷样式为放射渐变样式
            painter.setBrush(radialbrush)                           # 设置画刷
            painter.drawRect(300, 170, 30, 30)                      # 绘制矩形
            painter.drawText(340, 190, "放射渐变样式")               # 绘制标识文本
            # 设置第 6 个矩形的画刷
            brush.setStyle(Qt.TexturePattern)                       # 设置画刷样式为纹理样式
            brush.setTexture(QPixmap("test.jpg"))                   # 设置作为纹理的图片
            painter.setBrush(brush)                                 # 设置画刷
            painter.drawRect(300, 210, 30, 30)                      # 绘制矩形
            painter.drawText(340, 230, "纹理样式")                   # 绘制标识文本
if __name__=='__main__':
    import sys
    app=QApplication(sys.argv)                                      # 创建窗口程序
    demo=Demo()                                                     # 创建窗口类对象
    demo.show()                                                     # 显示窗口
    sys.exit(app.exec_())
```

说明

在设置线性渐变画刷、锥形渐变画刷和放射渐变画刷时，分别需要使用 QLinearGradient 类、QConicalGradient 类和 QRadialGradient 类设置渐变的区域，并且它们有一个通用的方法 setColorAt()，用来设置渐变的颜色；另外，在设置纹理画刷时，需要使用 setTexture()方法或者 setTextureImage()方法指定作为纹理的图片。

运行程序，效果如图 17.3 所示。

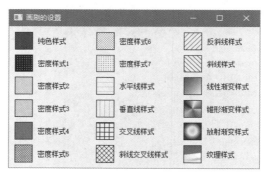

图 17.3　画刷的设置

17.3　绘　制　文　本

使用 QPainter 绘图类可以绘制文本内容，并且在绘制文本之前可以设置使用的字体、大小等。本节将介绍如何设置文本的字体及绘制文本。

17.3.1　设置字体：QFont

在 PyQt5 中使用 QFont 类封装了字体的大小、样式等属性，该类的常用方法及说明如表 17.4 所示。

表 17.4　QFont 类的常用方法及说明

方　法	说　明
setFamily()	设置字体
setPixelSize()	以像素为单位设置文字大小
setBold()	设置是否为粗体
setItalic()	设置是否为斜体
setPointSize()	设置文字大小
setStyle()	设置文字样式，常用取值如下。 ◆ QFont.StyleItalic：斜体样式； ◆ QFont.StyleNormal：正常样式
setWeight()	设置文字粗细，常用取值如下。 ◆ QFont.Light：正常直线； ◆ QFont.Normal：由一些像素分割的短线； ◆ QFont.DemiBold：由一些像素分割的点； ◆ QFont.Bold：交替出现的短线和点； ◆ QFont.Black：自定义样式
setOverline()	设置是否有上画线
setUnderline()	设置是否有下画线
setStrikeOut()	设置是否有中画线
setLetterSpacing()	设置文字间距，常用取值如下。 ◆ QFont.PercentageSpacing：按百分比设置文字间距，默认为 100； ◆ QFont.AbsoluteSpacing：以像素值设置文字间距
setCapicalization()	设置字母的显示样式，常用取值如下。 ◆ QFont.Capitalize：首字母大写； ◆ QFont.AllUppercase：全部大写； ◆ QFont.AllLowercase：全部小写

例如，创建一个 QFont 字体对象，并对字体进行相应的设置。代码如下：

```
font=QFont()                                          # 创建字体对象
font.setFamily("华文行楷")                             # 设置字体
font.setPointSize(20)                                 # 设置文字大小
font.setBold(True)                                    # 设置粗体
font.setUnderline(True)                               # 设置下画线
font.setLetterSpacing(QFont.PercentageSpacing,150)    # 设置字间距
```

17.3.2　绘制文本

QPainter 类提供了 drawText()方法，用来在窗口中绘制文本字符串，该方法的语法如下：

```
drawText(int x, int y, string text)
```

参数说明如下。
- ☑　x：绘制字符串的水平起始位置。
- ☑　y：绘制字符串的垂直起始位置。
- ☑　text：要绘制的字符串。

下面通过一个具体的实例演示如何在 PyQt5 窗口中绘制文本。

大家对验证码一定不陌生，每当用户注册或登录一个程序时大多数情况下都要求输入验证码，所有信息经过验证无误时才可以进入。本实例讲解如何在 PyQt5 窗口中绘制一个带噪点和干扰线的验证码。

【实例 17.4】　绘制带噪点和干扰线的验证码（实例位置：资源包\Code\17\04）

创建一个.py 文件，首先定义存储数字和字母的列表，并使用随机数生成器随机产生数字或字母；然后在窗口的 paintEvent()方法中创建 QPainter 绘图对象，使用该绘图对象的 drawRect()方法绘制要显示验证码的区域，并使用 drawLine()方法和 drawPoint()绘制干扰线和噪点；最后设置画笔，并使用绘图对象的 drawText()在指定的矩形区域绘制随机生成的验证码。代码如下：

```python
from PyQt5.QtWidgets import *
from PyQt5.QtGui import QPainter,QFont
from PyQt5.QtCore import Qt
import random
class Demo(QWidget):
    def __init__(self,parent=None):
        super(Demo,self).__init__(parent)
        self.setWindowTitle("绘制验证码")        # 设置窗口标题
        self.resize(150,60)                      # 设置窗口大小
        char = []                                # 定义存储数字、字母的列表，用来从中生成验证码
        for i in range(48, 58):                  # 添加 0～9 的数字
            char.append(chr(i))
        for i in range(65, 91):                  # 添加 A～Z 的大写字母
            char.append(chr(i))
        for i in range(97, 123):                 # 添加 a～z 的小写字母
            char.append(chr(i))
    # 生成随机数字或字母
    def rndChar(self):
        return self.char[random.randint(0, len((self.char)))]
    def paintEvent(self,event):
```

```
        painter=QPainter(self)                        # 创建绘图对象
        painter.drawRect(10,10, 100, 30)
        painter.setPen(Qt.red)
        # 绘制干扰线（此处设 20 条干扰线，可以随意设置）
        for i in range(20):
            painter.drawLine(
                    random.randint(10, 110), random.randint(10, 40),
                    random.randint(10, 110), random.randint(10, 40)
            )
        painter.setPen(Qt.green)
        # 绘制噪点（此处设置 500 个噪点，可以随意设置）
        for i in range(500):
            painter.drawPoint(random.randint(10, 110), random.randint(10, 40))
        painter.setPen(Qt.black)                       # 设置画笔
        font=QFont()                                   # 创建字体对象
        font.setFamily("楷体")                          # 设置字体
        font.setPointSize(15)                          # 设置文字大小
        font.setBold(True)                             # 设置粗体
        font.setUnderline(True)                        # 设置下画线
        painter.setFont(font)
        for i in range(4):
            painter.drawText(30 * i + 10, 30,str(self.rndChar()))  # 绘制文本
if __name__=='__main__':
    import sys
    app=QApplication(sys.argv)                         # 创建窗口程序
    demo=Demo()                                        # 创建窗口类对象
    demo.show()                                        # 显示窗口
    sys.exit(app.exec_())
```

运行程序，效果如图 17.4 所示。

图 17.4　绘制验证码

17.4　绘制图像

在 PyQt5 窗口中绘制图像需要使用 drawPixmap()方法，该方法有多种重载形式，比较常用的有如下两种：

```
drawImage(int x, int y , QPixmap pixmap)
drawImage(int x, int y, int width, int height, QPixmap pixmap)
```

参数说明如下。

☑   x：所绘制图像的左上角的 x 坐标。

☑   y：所绘制图像的左上角的 y 坐标。

☑   width：所绘制图像的宽度。

☑   height：所绘制图像的高度。

☑   pixmap：QPixmap 对象，用来指定要绘制的图像。

drawPixmap()方法中有一个参数是 QPixmap 对象，它表示 PyQt5 中的图像对象，通过使用 QPixmap 可以将图像显示在标签或者按钮等控件上，而且它支持的图像类型有很多，如常用的 BMP、JPG、JPEG、PNG、GIF、ICO 等。QPixmap 类的常用方法及说明如表 17.5 所示。

表 17.5   QPixmap 类的常用方法及说明

方　　法	说　　明
load()	加载指定图像文件作为 QPixmap 对象
fromImage()	将 QImage 对象转换为 QPixmap 对象
toImage()	将 QPixmap 对象转换为 QImage 对象
copy()	从 QRect 对象复制到 QPixmap 对象
save()	将 QPixmap 对象保存为文件

技巧

使用 QPixmap 获取图像时，可以直接在其构造函数中指定图片，用法为 "QPixmap("图片路径")"。

【实例 17.5】　绘制公司 Logo（实例位置：资源包\Code\17\05）

创建一个.py 文件，导入 PyQt5 相关模块，分别使用 drawPixmap()的两种重载形式绘制公司的 Logo，代码如下：

```python
from PyQt5.QtWidgets import *
from PyQt5.QtGui import QPainter,QPixmap
class Demo(QWidget):
    def __init__(self,parent=None):
        super(Demo,self).__init__(parent)
        self.setWindowTitle("使用 QPainter 绘制图形")         # 设置窗口标题
        self.resize(300,120)                                 # 设置窗口大小
    def paintEvent(self,event):
        painter=QPainter(self)                               # 创建绘图对象
        painter.drawPixmap(10, 10, QPixmap("logo.jpg"))      # 默认大小
        painter.drawPixmap(10, 10, 290, 110, QPixmap("logo.jpg"))  # 指定大小
if __name__=='__main__':
    import sys
    app=QApplication(sys.argv)                               # 创建窗口程序
    demo=Demo()                                              # 创建窗口类对象
```

```
demo.show()                                              # 显示窗口
sys.exit(app.exec_())
```

说明

logo.jpg 文件需要放在与.py 文件同级目录中。

运行程序，以原图大小和以指定大小绘制图像的效果分别如图 17.5 和图 17.6 所示。

图 17.5　以原图大小绘制公司 Logo

图 17.6　以指定大小绘制公司 Logo

17.5　小　　结

本章详细介绍了 PyQt5 中绘图的基础知识，其中包括 QPainter 绘图基础类、QPen 画笔对象、QBrush 画刷对象和 QFont 字体对象；然后讲解了如何在 PyQt5 程序中绘制文本与图像。绘图技术在 PyQt5 程序开发中的应用比较广泛，希望读者能够认真学习本章的知识。

第 18 章

多线程编程

如果一次只完成一件事情，那是一个不错的想法，但事实上很多事情都是同时进行的，所以在 Python 中为了模拟这种状态，引入了线程机制，简单地说，当程序同时完成多件事情时，就是所谓的多线程程序。多线程应用广泛，开发人员可以使用多线程对要执行的操作分段执行，这样可以大大提高程序的运行速度和性能。本章将对 PyQt5 中的多线程编程基础进行讲解。

18.1　线　程　概　述

世间万物都会同时完成很多工作，例如，人体同时进行呼吸、血液循环、思考问题等活动，用户既可以使用计算机听歌，又可以使用它打印文件，而这些活动完全可以同时进行，这种思想放在 Python 中被称为并发，而将并发完成的每一件事情称为线程。本节将对线程进行详细讲解。

18.1.1　线程的定义与分类

在讲解线程之前，先来了解一个概念——进程。系统中资源分配和资源调度的基本单位，叫作进程。其实进程很常见，我们使用的 QQ、Word、甚至是输入法等，每个独立执行的程序在系统中都是一个进程。

而每个进程中都可以同时包含多个线程，例如，QQ 是一个聊天软件，但它的功能有很多，如收发信息、播放音乐、查看网页和下载文件等，这些工作可以同时运行并且互不干扰，这就是使用了线程的并发机制，我们把 QQ 这个软件看作一个进程，而它的每一个功能都是一个可以独立运行的线程。进程与线程的关系如图 18.1 所示。

上面介绍了一个进程包括多个线程，但计算机的 CPU 只有一个，那么这些线程是怎么做到并发运行的呢？Windows 操作系统是多任务操作系统，它以进程为单位，每个独立执行的程序称为进程，在系统中可以分配给每个进程一段有限的使用 CPU 的时间（也可以称为 CPU 时间片），CPU 在片段时间中执行某个进程，然后下一个时间片又跳至另一个进程中去执行。由于 CPU 转换较快，所以使得每个进程好像是同时执行一样。

图 18.2 表明了 Windows 操作系统的执行模式。

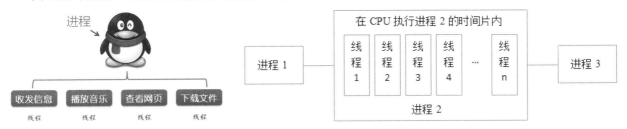

图 18.1　进程与线程的关系　　　　　　图 18.2　Windows 操作系统的执行模式

一个线程则是进程中的执行流程，一个进程中可以同时包括多个线程，每个线程也可以得到一小段程序的执行时间，这样一个进程就可以具有多个并发执行的线程。

18.1.2　多线程的优缺点

一般情况下，需要用户交互的软件都必须尽可能快地对用户的操作做出反应，以便提供良好的用户体验，但同时它又必须执行必要的计算以便尽可能快地将数据呈现给用户，这时可以使用多线程来实现。

1．多线程的优点

要提高对用户的响应速度，使用多线程是一种最有效的方式，在具有一个处理器的计算机上，多线程可以通过利用用户事件之间很小的时间段在后台处理数据来达到这种效果。使用多线程的优点如下。

- ☑　通过网络与 Web 服务器和数据库进行通信。
- ☑　执行占用大量时间的操作。
- ☑　区分具有不同优先级的任务。
- ☑　使用户界面可以在将时间分配给后台任务时仍能快速做出响应。

2．多线程的缺点

使用多线程有好处，同时也有坏处，建议一般不要在程序中使用太多的线程，这样可以最大限度地减少操作系统资源的使用，并提高性能。使用多线程可能对程序造成的负面影响如下：

- ☑　系统将为进程和线程所需的上下文信息使用内存。因此，可以创建的进程和线程的数目会受到可用内存的限制。
- ☑　跟踪大量的线程将占用大量的处理器时间。如果线程过多，则其中大多数线程都不会产生明显的进度。如果大多数线程处于一个进程中，则其他进程中的线程的调度频率就会很低。
- ☑　使用多个线程控制代码执行非常复杂，并可能产生许多 Bug。

☑ 销毁线程需要了解可能发生的问题并进行处理。

在 PyQt5 中实现多线程主要有两种方法,一种是使用 QTimer 计时器模块;另一种是使用 QThread 线程模块,下面分别进行讲解。

18.2 QTimer:计时器

在 PyQt5 程序中,如果需要周期性地执行某项操作,就可以使用 QTimer 类实现,QTimer 类表示 计时器,它可以定期发射 timeout 信号,时间间隔的长度在 start()方法中指定,以毫秒为单位,如果要 停止计时器,则需要使用 stop()方法。

在使用 QTimer 类时,首先需要进行导入。代码如下:

```
from PyQt5.QtCore import QTimer
```

【实例 18.1】 双色球彩票选号器(实例位置:资源包\Code\18\01)

使用 PyQt5 实现模拟双色球选号的功能,程序开发步骤如下。

(1)在 PyQt5 的 Qt Designer 设计器中创建一个窗口,设置窗口的背景,并添加 7 个 Label 标签和 两个 PushButton 按钮。

(2)将设计的窗口保存为.ui 文件,并使用 PyUIC 工具将其转换为.py 文件,同时使用 qrcTOpy 工具将用到的存储图片的资源文件转换为.py 文件。.ui 文件对应的.py 初始代码如下:

```
from PyQt5 import QtCore, QtGui, QtWidgets
class Ui_MainWindow(object):
    def setupUi(self, MainWindow):
        MainWindow.setObjectName("MainWindow")
        MainWindow.resize(435, 294)
        MainWindow.setWindowTitle("双色球彩票选号器")    # 设置窗口标题
        # 设置窗口背景图片
        MainWindow.setStyleSheet("border-image: url(:/back/双色球彩票选号器.jpg);")
        self.centralwidget = QtWidgets.QWidget(MainWindow)
        self.centralwidget.setObjectName("centralwidget")
        # 创建第一个红球数字的标签
        self.label = QtWidgets.QLabel(self.centralwidget)
        self.label.setGeometry(QtCore.QRect(97, 178, 31, 31))
        # 设置标签的字体
        font = QtGui.QFont()                # 创建字体对象
        font.setPointSize(16)               # 设置字体大小
        font.setBold(True)                  # 设置粗体
        font.setWeight(75)                  # 设置
        self.label.setFont(font)            # 为标签设置字体
        # 设置标签的文字颜色
        self.label.setStyleSheet("color: rgb(255, 255, 255);")
        self.label.setObjectName("label")
```

```
# ……省略第 2、3、4、5、6 个红球和一个蓝球标签的代码
# ……因为它们的创建及设置代码与第一个红球标签的代码一样
# 创建"开始"按钮
self.pushButton = QtWidgets.QPushButton(self.centralwidget)
self.pushButton.setGeometry(QtCore.QRect(310, 235, 51, 51))
# 设置按钮的背景图片
self.pushButton.setStyleSheet("border-image: url(:/back/开始.jpg);")
self.pushButton.setText("")
self.pushButton.setObjectName("pushButton")
# 创建"停止"按钮
self.pushButton_2 = QtWidgets.QPushButton(self.centralwidget)
self.pushButton_2.setGeometry(QtCore.QRect(370, 235, 51, 51))
# 设置按钮的背景图片
self.pushButton_2.setStyleSheet("border-image: url(:/back/停止.jpg);")
self.pushButton_2.setText("")
self.pushButton_2.setObjectName("pushButton_2")
MainWindow.setCentralWidget(self.centralwidget)
# 初始化显示双色球数字的 Label 标签的默认文本
self.label.setText("00")
self.label_2.setText("00")
self.label_3.setText("00")
self.label_4.setText("00")
self.label_5.setText("00")
self.label_6.setText("00")
self.label_7.setText("00")
QtCore.QMetaObject.connectSlotsByName(MainWindow)
import img_rc # 导入资源文件
```

（3）由于使用 Qt Designer 设计器设置窗口时，控件的背景会默认跟随窗口的背景，所以在.py 文件的 setupUi()方法中将 7 个 Label 标签的背景设置透明。代码如下：

```
# 设置显示双色球数字的 Label 标签背景透明
self.label.setAttribute(QtCore.Qt.WA_TranslucentBackground)
self.label_2.setAttribute(QtCore.Qt.WA_TranslucentBackground)
self.label_3.setAttribute(QtCore.Qt.WA_TranslucentBackground)
self.label_4.setAttribute(QtCore.Qt.WA_TranslucentBackground)
self.label_5.setAttribute(QtCore.Qt.WA_TranslucentBackground)
self.label_6.setAttribute(QtCore.Qt.WA_TranslucentBackground)
self.label_7.setAttribute(QtCore.Qt.WA_TranslucentBackground)
```

（4）定义 3 个槽函数 start()、num()和 stop()，分别用来开始计时器、随机生成双色球数字、停止计时器的功能。代码如下：

```
# 定义槽函数，用来开始计时器
def start(self):
    self.timer=QTimer(MainWindow)                          # 创建计时器对象
    self.timer.start() #开始计时器
    self.timer.timeout.connect(self.num)                   # 设置计时器要执行的槽函数
```

```
# 定义槽函数，用来设置 7 个 Label 标签中的数字
def num(self):
    self.label.setText("{0:02d}".format(random.randint(1, 33)))      # 随机生成第一个红球数字
    self.label_2.setText("{0:02d}".format(random.randint(1, 33)))    # 随机生成第二个红球数字
    self.label_3.setText("{0:02d}".format(random.randint(1, 33)))    # 随机生成第三个红球数字
    self.label_4.setText("{0:02d}".format(random.randint(1, 33)))    # 随机生成第四个红球数字
    self.label_5.setText("{0:02d}".format(random.randint(1, 33)))    # 随机生成第五个红球数字
    self.label_6.setText("{0:02d}".format(random.randint(1, 33)))    # 随机生成第六个红球数字
    self.label_7.setText("{0:02d}".format(random.randint(1, 16)))    # 随机生成蓝球数字
# 定义槽函数，用来停止计时器
def stop(self):
    self.timer.stop()
```

说明

由于用到 random 随机数类和 QTimer 类，所以需要导入相应的模块。代码如下：

```
from PyQt5.QtCore import QTimer
import random
```

（5）在.py 文件的 setupUi()方法中为"开始"和"停止"按钮的 clicked 信号绑定自定义的槽函数，以便在单击按钮时执行相应的操作。代码如下：

```
# 为"开始"按钮绑定单击信号
self.pushButton.clicked.connect(self.start)
# 为"停止"按钮绑定单击信号
self.pushButton_2.clicked.connect(self.stop)
```

（6）为.py 文件添加__main__主方法。代码如下：

```
# 主方法
if __name__ == '__main__':
    import sys
    app = QtWidgets.QApplication(sys.argv)
    MainWindow = QtWidgets.QMainWindow()          # 创建窗体对象
    ui = Ui_MainWindow()                          # 创建 PyQt5 设计的窗体对象
    ui.setupUi(MainWindow)                        # 调用 PyQt5 窗体的方法对窗体对象进行初始化设置
    MainWindow.show()                             # 显示窗体
    sys.exit(app.exec_())                         # 程序关闭时退出进程
```

运行程序，单击"开始"按钮，红球和蓝球同时滚动，单击"停止"按钮，则红球和蓝球停止滚动，当前显示的数字就是程序选中的号码，如图 18.3 所示。

图 18.3　双色球彩票选号器

18.3　QThread：线程类

PyQt5 通过使用 QThread 类实现线程，本节将对如何使用 QThread 类实现线程，以及线程的生命周期进行介绍。

18.3.1　线程的实现

QThread 类是 PyQt5 中的核心线程类，要实现一个线程，需要创建 QThread 类的一个子类，并且实现其 run()方法。

QThread 类的常用方法及说明如表 18.1 所示。

表 18.1　QThread 类的常用方法及说明

方　　法	说　　明
run()	线程的起点，在调用 start()之后，新创建的线程将调用该方法
start()	启动线程
wait()	阻塞线程
sleep()	以秒为单位休眠线程
msleep()	以毫秒为单位休眠线程
usleep()	以微秒为单位休眠线程
quit()	退出线程的事件循环并返回代码 0（成功），相当于 exit(0)
exit()	退出线程的事件循环，并返回代码，如果返回 0 则表示成功，任何非 0 值都表示错误
terminate()	强制终止线程，在 terminate()之后应该使用 wait()方法，以确保当线程终止时，等待线程完成的所有线程都将被唤醒；另外，不建议使用这种方法终止线程
setPriority()	设置线程优先级，取值如下。 ◆ QThread.IdlePriority：空闲优先级； ◆ QThread.LowestPriority：最低优先级； ◆ QThread.LowPriority：低优先级；

方　法	说　明
setPriority()	◆ QThread.NormalPriority：系统默认优先级； ◆ QThread.HighPriority：高优先级； ◆ QThread.HighestPriority：最高优先级； ◆ QThread.TimeCriticalPriority：尽可能频繁地分配执行； ◆ QThread.InheritPriority：默认值，使用与创建线程相同的优先级
isFinished()	是否完成
isRunning()	是否正在运行

QThread 类的常用信号及说明如表 18.2 所示。

表 18.2　QThread 类的常用信号及说明

信　号	说　明
started	在调用 run()方法之前，在相关线程开始执行时从该线程发射
finished	在相关线程完成执行之前从该线程发射

【实例 18.2】　在线程中叠加数数（实例位置：资源包\Code\18\02）

在 PyCharm 中新建一个.py 文件，使用 QThread 类创建线程，在重写的 run()方法中以每隔 1 秒的频率叠加输出数字，并且在数字为 10 时，退出线程；最后添加主运行方法。代码如下：

```python
from PyQt5.QtCore import QThread          # 导入线程模块
class Thread(QThread):                    # 创建线程类
    def __init__(self):
        super(Thread,self).__init__()
    def run(self):                        # 重写 run()方法
        num=0                             # 定义一个变量，用来叠加输出
        while True:                       # 定义无限循环
            num=num+1                     # 变量叠加
            print(num)                    # 输出变量
            Thread.sleep(1)               # 使线程休眠 1 秒
            if num==10:                   # 如果数字到 10
                Thread.quit()             # 退出线程
if __name__=="__main__":                  # 添加主方法
    import sys                            # 导入模块
    from PyQt5.QtWidgets import QApplication
    app = QApplication(sys.argv)          # 创建应用对象
    thread =Thread()                      # 创建线程对象
    thread.start()                        # 启动线程
    sys.exit(app.exec_())                 # 关闭时退出程序
```

运行程序，在 PyCharm 的控制台中每隔 1 秒输出一个数字，数字为 10 时，退出程序，效果如图 18.4 所示。

图 18.4　在线程中叠加数数

18.3.2　线程的生命周期

任何事物都有始有终，就像人的一生，就经历了少年、壮年、老年……，这就是一个人的生命周期，如图 18.5 所示。

图 18.5　人的生命周期

同样，线程也有自己的生命周期，其中包含 5 种状态，分别为出生状态、就绪状态、运行状态、暂停状态（包括休眠、等待和阻塞等）和死亡状态。出生状态就是线程被创建时的状态；当线程对象调用 start()方法后，线程处于就绪状态（又被称为可执行状态）；当线程得到系统资源后就进入了运行状态。

一旦线程进入运行状态，它会在就绪与运行状态下转换，同时也有可能进入暂停或死亡状态。当处于运行状态下的线程调用 sleep()、wait()或者发生阻塞时，会进入暂停状态；当在休眠结束或者阻塞解除时，线程会重新进入就绪状态；当线程的 run()方法执行完毕，或者线程发生错误、异常时，线程进入死亡状态。

图 18.6 所示描述了线程生命周期中的各种状态。

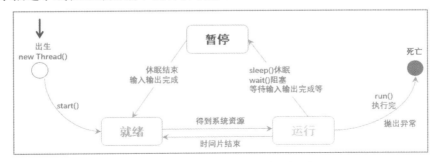

图 18.6　线程生命周期中的各种状态

18.3.3　线程的应用

本节将使用 PyQt5 中的 QThread 类模拟龟兔赛跑的故事。

【实例 18.3】　龟兔赛跑（实例位置：资源包\Code\18\03）

在 Qt Designer 设计器中创建一个窗口，在其中添加两个 Label 控件，分别用来标识兔子和乌龟的比赛记录；添加两个 TextEdit 控件，分别用来实时显示兔子和乌龟的比赛动态；添加一个 PushButton 控件，用来执行开始比赛操作。窗口设计完成后保存为.ui 文件，并使用 PyUIC 工具将其转换为.py 文件。

在.py 文件中，分别通过继承 QThread 类定义兔子线程类和乌龟线程类，这两个类的实现思路一致，主要通过自定义信号发射兔子和乌龟的比赛动态，区别是，兔子在 90 米处，会有"兔子在睡觉"的动态。然后在主窗口中创建定义的两个线程类对象，并使用 start()方法启动。完整代码如下：

```python
from PyQt5 import QtCore,  QtWidgets
from PyQt5.QtCore import *                                # 导入线程相关模块
class Ui_MainWindow(object):
    def setupUi(self, MainWindow):
        MainWindow.setObjectName("MainWindow")
        MainWindow.resize(367, 267)
        MainWindow.setWindowTitle("龟兔赛跑")               # 设置窗口标题
        self.centralwidget = QtWidgets.QWidget(MainWindow)
        self.centralwidget.setObjectName("centralwidget")
        # 创建兔子比赛标签
        self.label = QtWidgets.QLabel(self.centralwidget)
        self.label.setGeometry(QtCore.QRect(40, 10, 91, 21))
        self.label.setObjectName("label")
        self.label.setText("兔子的比赛记录")

        # 显示兔子的比赛记录
        self.textEdit = QtWidgets.QTextEdit(self.centralwidget)
        self.textEdit.setGeometry(QtCore.QRect(10, 40, 161, 191))
        self.textEdit.setObjectName("textEdit")
        # 创建乌龟比赛标签
        self.label_2 = QtWidgets.QLabel(self.centralwidget)
        self.label_2.setGeometry(QtCore.QRect(220, 10, 91, 21))
        self.label_2.setObjectName("label_2")
        self.label_2.setText("乌龟的比赛记录")

        # 显示乌龟的比赛记录
        self.textEdit_2 = QtWidgets.QTextEdit(self.centralwidget)
        self.textEdit_2.setGeometry(QtCore.QRect(190, 40, 161, 191))
        self.textEdit_2.setObjectName("textEdit_2")
        # 创建"开始比赛"按钮
```

```
            self.pushButton = QtWidgets.QPushButton(self.centralwidget)
            self.pushButton.setGeometry(QtCore.QRect(140, 240, 75, 23))
            self.pushButton.setObjectName("pushButton")
            self.pushButton.setText("开始比赛")
            MainWindow.setCentralWidget(self.centralwidget)
            QtCore.QMetaObject.connectSlotsByName(MainWindow)
            self.r=Rabbit()                                    # 创建兔子线程对象
            self.r.sinOut.connect(self.rabbit)                 # 将线程信号连接到槽函数
            self.t = Tortoise() # 创建乌龟线程对象
            self.t.sinOut.connect(self.tortoise)               # 将线程信号连接到槽函数
            self.pushButton.clicked.connect(self.start)        # 开始两个线程
        def start(self):
            self.r.start()                                     # 启动兔子线程
            self.t.start()                                     # 启动乌龟线程
    # 显示兔子的跑步距离
        def rabbit(self,str):
            self.textEdit.setPlainText(self.textEdit.toPlainText() + str)
    # 显示乌龟的跑步距离
        def tortoise(self, str):
            self.textEdit_2.setPlainText(self.textEdit_2.toPlainText() + str)
class Rabbit(QThread):                                         # 创建兔子线程类
    sinOut=pyqtSignal(str)                                     # 自定义信号，用来发射兔子比赛动态
        def __init__(self):
            super(Rabbit,self).__init__()
    # 重写 run()方法
        def run(self):
            for i in range(1,11):
                # 循环 10 次模拟赛跑的过程
                QThread.msleep(100)                            # 线程休眠 0.1 秒，模拟兔子在跑步
                self.sinOut.emit("\n   兔子跑了" + str(i) + "0 米")  # 显示兔子的跑步距离
                if i == 9:
                    self.sinOut.emit("\n   兔子在睡觉")        # 当跑了 90 米时开始睡觉
                    QThread.sleep(5)                           # 线程休眠 5 秒
                if i == 10:
                    self.sinOut.emit("\n   兔子到达终点")      # 显示兔子到达了终点
class Tortoise(QThread):                                       # 创建乌龟线程类
    sinOut=pyqtSignal(str)                                     # 自定义信号，用来发射乌龟比赛动态
        def __init__(self):
            super(Tortoise,self).__init__()
    # 重写 run()方法
        def run(self):
            for i in range(1,11):
                QThread.msleep(500)                            # 线程休眠 0.5 秒，模拟乌龟在跑步
                self.sinOut.emit("\n   乌龟跑了" + str(i) + "0 米")
```

```
            if i == 10:
                self.sinOut.emit("\n    乌龟到达终点")
# 主方法
if __name__ == '__main__':
    import sys
    app = QtWidgets.QApplication(sys.argv)
    MainWindow = QtWidgets.QMainWindow()        # 创建窗体对象
    ui = Ui_MainWindow()                        # 创建 PyQt5 设计的窗体对象
    ui.setupUi(MainWindow)                      # 调用 PyQt5 窗体的方法对窗体对象进行初始化设置
    MainWindow.show()                           # 显示窗体
    sys.exit(app.exec_())                       # 程序关闭时退出进程
```

技巧

由于兔子线程类和乌龟线程类是两个单独的类，所以如果在其中直接操作主窗口中的控件，是无法操作的，这里借用了 pyqtSignal 自定义信号，通过该信号的 emit()方法将兔子和乌龟的比赛动态发送给主窗口的相应槽函数，从而实现在主窗口中显示兔子和乌龟比赛动态的功能。

运行程序，单击"开始比赛"按钮，当兔子跑到 90 米处时，开始睡觉；乌龟跑至终点时，兔子醒了，随即跑至终点，运行结果如图 18.7 和图 18.8 所示。

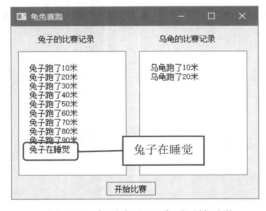
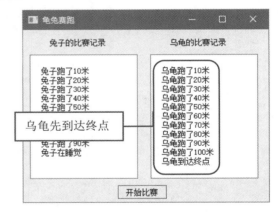

图 18.7　兔子跑了 90 米后开始睡觉　　　　　　图 18.8　乌龟比兔子先到达终点

18.4　小　　结

本章首先对线程的分类及概述做了简单的介绍，然后详细讲解了在 Python 中进行线程编程的主要类——QTimer 计时器类和 QThread 线程类，并对线程的具体实现进行了详细讲解。通过本章的学习，读者应该熟悉使用 Python 进行线程编程的基础知识，并能在实际开发中应用线程处理多任务问题。

第 19 章

PyQt5 程序的打包发布

PyQt5 程序的打包发布，即将.py 代码文件打包成可以直接双击执行的.exe 文件，在 Python 中并没有内置可以直接打包程序的模块，而是需要借助第三方模块实现。打包 Python 程序的第三方模块有很多，其中最常用的就是 Pyinstaller，本章将对如何使用 Pyinstaller 模块打包 PyQt5 程序进行详细讲解。

19.1　安装 Pyinstaller 模块

使用 Pyinstaller 模块打包 Python 程序前，首先需要安装该模块，安装命令为 pip install Pyinstaller，具体步骤如下。

（1）以管理员身份打开系统的 CMD 命令窗口，输入安装命令，如图 19.1 所示。

（2）按 Enter 键，开始进行安装，安装成功后的效果如图 19.2 所示。

图 19.1　在 CMD 命令窗口中输入安装命令

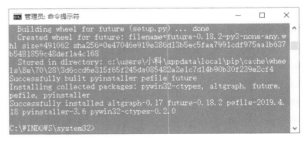

图 19.2　Pyinstaller 模块安装成功

注意

在安装 Pyinstaller 模块时，计算机需要联网，因为需要下载安装包。

常见错误

在安装 Pyinstaller 模块时，有可能会出现图 19.3 所示的提示。

图 19.3 安装 Pyinstaller 模块时出现提示

出现以上错误，主要是由于缺少依赖模块造成的，使用 pip installer 命令安装 pywin32 模块和 wheel 模块后，再使用 pip install Pyinstaller 安装即可。安装 pywin32 模块和 wheel 模块的命令如下：

```
pip install pywin32
pip install wheel
```

安装完 Pyinstaller 后，就可以使用它对.py 文件进行打包了。打包分两种情况，一种是打包普通 Python 程序，另外一种是打包使用了第三方模块的 Python 程序，下面分别进行讲解。

19.2 打包普通 Python 程序

普通 Python 程序指的是完全使用 Python 内置模块或者对象实现的程序，程序中不包括任何第三方模块。使用 Pyinstaller 打包普通 Python 程序的步骤如下。

打开系统的 CMD 命令窗口，使用 cd 命令切换到.py 文件所在路径（如果.py 文件不在系统盘 C 盘，需要先使用"盘符:"命令来切换盘符），然后输入"pyinstaller -F 文件名.py"命令进行打包，如图 19.4 所示。

图 19.4 使用 Pyinstaller 打包单个.py 文件

说明

图 19.4 所示的"J:"用来将盘符切换到 J 盘，"cd J:\PythonDevelop\14"用来将路径切换到.py 文件所在路径，读者需要根据自己的实际情况进行相应替换。

执行以上打包命令的过程如图 19.5 所示。

打包成功的.exe 可执行文件位于.py 同级目录下的 dist 文件夹中，如图 19.6 所示，直接双击即可运行。

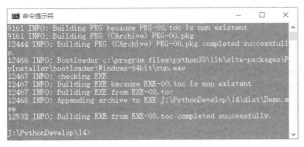

图 19.5　执行打包过程

图 19.6　打包成功的.exe 文件所在文件夹

⚠ 常见错误

使用 Pyinstaller 模块打包 Python 程序时，如果在 Python 程序中引入了其他的模块，在双击执行打包后的.exe 文件时，会出现找不到相应模块的提示，例如，打包一个导入了 PyQt5 模块的 Python 程序，则在运行时会出现如图 19.7 所示的提示。

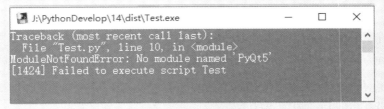

图 19.7　打包使用了第 3 方模块的 Python 程序时，运行出现的提示

解决该问题，需要在 pyinstaller 打包命令中使用--paths 指定第三方模块所在的路径，19.3 节将以打包 PyQt5 程序为例，讲解其详细使用方法。

19.3　打包 PyQt5 程序

在 19.2 节中，使用"pyinstaller -F"命令可以打包没有第三方模块的普通 Python 程序，但如果程序中用到了第三方模块，在运行打包后的.exe 文件时就会出现找不到相应模块的提示，怎么解决这类问题呢？本节就以打包 PyQt5 程序为例进行详细讲解。

PyQt5 是一个第三方的模块，可以设计窗口程序，因此在使用 pyinstaller 命令打包其开发的程序时，需要使用--path 指定 PyQt5 模块所在的路径；另外，由于是窗口程序，所以在打包时需要使用-w 指定打包的是窗口程序，还可以使用--icon 指定窗口的图标。具体语法如下：

pyinstaller --paths PyQt5 模块路径 -F -w --icon=窗口图标文件 文件名.py

参数说明如下。

☑ --paths：指定第三方模块的安装路径。

☑ -w：表示窗口程序。

☑ --icon：可选项，如果设置了窗口图标，则指定相应文件路径；如果没有，则省略。

☑ 文件名.py：窗口程序的入口文件。

例如，使用上面的命令打包一个 PyQt5 程序（Test.py）的步骤如下。

（1）打开系统的 CMD 命令窗口，使用 cd 命令切换到.py 文件所在路径（如果.py 文件不在系统盘 C 盘，需要先使用"盘符:"命令来切换盘符），然后使用 pyinstaller 命令进行打包，如图 19.8 所示。

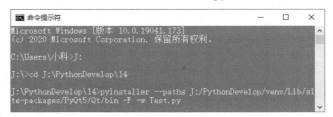

图 19.8　使用 pyinstaller 打包 PyQt5 程序

说明

如图 19.8 所示的"J:/PythonDevelop/venv/Lib/site-packages/PyQt5/Qt/bin"是笔者的 PyQt5 模块安装路径，"Test.py"是要打包的 PyQt5 程序文件，读者需要根据自己的实际情况进行相应替换。

（2）输入以上命令后，按 Enter 键，即可自动开始打包 PyQt5 程序，打包完成后提示"*** completed successfully"，说明打包成功，如图 19.9 所示。

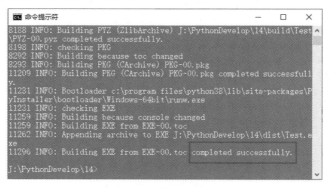

图 19.9　打包 PyQt5 过程及成功提示

（3）打包成功的.exe 可执行文件位于.py 同级目录下的 dist 文件夹中，直接双击即可打开 PyQt5 窗口程序，如图 19.10 所示。

图 19.10　双击打包完成的.exe 文件运行程序

⊘ 常见错误

　　在双击打包完成的.exe 文件运行程序时，可能会出现图 19.11 所示的警告对话框，这主要是由于本机的 PyQt5 模块未安装在全局环境中造成的，解决该问题的方法是，打开系统的 CMD 命令窗口，使用 "pip install PyQt5" 命令将 PyQt5 模块安装到系统的全局环境中，并将 PyQt5 的安装路径配置到系统的 Path 环境变量中，如图 19.12 所示。

图 19.11　运行打包完的 PyQt5 程序时的警告信息　　图 19.12　全局环境安装 PyQt5 模块并配置系统 Path 环境变量

19.4　打包资源文件

　　在打包 Python 程序时，如果程序中用到图片或者文件等资源，打包完成后，需要对资源文件进行打包。打包资源文件的过程非常简单，只需要将打包的.py 文件同级目录下的资源文件或者文件夹复制到 dist 文件夹中即可，如图 19.13 所示。

图 19.13　打包资源文件

19.5　小　　结

本章首先对如何安装 Pyinstaller 模块进行了简单介绍，然后详细讲解了如何借助 Pyinstaller 模块打包普通的 Python 程序和 PyQt5 程序，最后讲解了如何在打包 Python 程序的同时，对资源文件进行打包。通过本章的学习，读者应该能够熟练对一个已经开发完成的 Python 程序进行打包。

第4篇　项目实战

本篇通过一个中小型、完整的学生信息管理系统，运用软件工程的设计思想，让读者学习如何进行软件项目的实践开发。书中按照"需求分析➡系统设计➡数据库设计➡公共模块设计➡实现项目"的流程进行介绍，带领读者一步一步亲身体验开发项目的全过程。

第 20 章

学生信息管理系统（PyQt5+MySQL+PyMySQL 模块实现）

随着教育的不断普及，各所学校的学生人数也越来越多，学生信息管理一直被视为校园管理中的一个瓶颈，传统的管理方式并不能适应时代的发展。其中，学生信息管理主要包括学籍管理、科学管理、课外活动管理、学生成绩管理、生活管理等内容。本章将以"学生基本信息管理"为例，使用 Python+PyQt5+MySQL 开发一个学生信息管理系统，主要对学生的基本信息及所在班级、年级信息进行管理。

20.1　需　求　分　析

学生基本信息管理系统是学生信息管理工作中的一部分，传统的人力管理模式既浪费校园人力，又使得管理效果不够明显。为了提高对学生管理的工作效率，计算机管理系统逐步走进了学生管理工作中。本章开发的学生信息管理系统具有以下特点。

- ☑　简单、友好的操作窗体，以方便管理员的日常管理工作；
- ☑　整个系统的操作流程简单，易于操作；
- ☑　完备的学生基本信息管理及班级年级管理功能；
- ☑　全面的系统维护管理，方便系统日后维护工作；
- ☑　强大的基础信息设置功能。

20.2　系　统　设　计

本节主要包括系统功能结构、系统业务流程和系统预览等内容。

20.2.1　系统功能结构

学生信息管理系统的系统功能结构如图 20.1 所示。

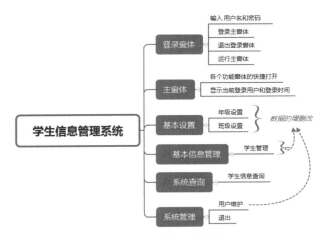

图 20.1　系统功能结构

 说明

图中有 ▶ 图标标注的，为本系统核心功能。

20.2.2　系统业务流程 ▶

学生信息管理系统的系统业务流程如图 20.2 所示。

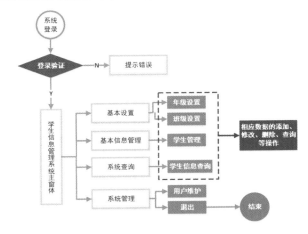

图 20.2　系统业务流程

20.2.3 系统预览

学生信息管理系统由多个窗体组成，下面对各个窗体主要实现的功能及效果进行说明。

系统登录窗体的运行效果如图 20.3 所示，主要用于限制非法用户进入系统内部。

系统主窗体的运行效果如图 20.4 所示，主要功能是调用执行本系统的所有功能。

图 20.3　登录窗体　　　　　　　　　　图 20.4　学生信息管理系统主窗体

年级信息设置窗体的运行效果如图 20.5 所示，主要功能是对年级的信息进行增、删、改操作；班级信息设置窗体的运行效果如图 20.6 所示，主要功能是对班级信息进行增、删、改操作。

图 20.5　年级信息设置窗体　　　　　　　图 20.6　班级信息设置窗体

学生信息管理窗体的运行效果如图 20.7 所示，主要功能是对学生基本信息进行添加、修改、删除操作。

图 20.7　学生信息管理窗体

学生信息查询窗体的效果如图 20.8 所示，主要功能是查询学生的基本信息。

用户信息维护窗体的效果如图 20.9 所示，主要功能是对系统的登录用户及对应密码进行添加、删除和修改操作。

图 20.8　学生信息查询窗体

图 20.9　用户信息维护窗体

20.3　系统开发必备

本节包括系统开发环境和系统组织结构两部分。

20.3.1　系统开发环境

本系统的软件开发及运行环境具体如下。

- ☑　操作系统：Windows 7、Windows 10 等。
- ☑　Python 版本：Python 3.8.3。
- ☑　开发工具：PyCharm。
- ☑　数据库：MySQL。
- ☑　Python 内置模块：sys。
- ☑　第三方模块：PyQt5、pyqt5-tools、PyMySQL。

注意

在使用第三方模块时，首先需要使用 pip install 命令安装相应模块。

20.3.2　系统组织结构

学生信息管理系统的系统组织结构如图 20.10 所示。

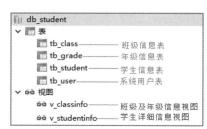

图 20.10　系统组织结构

20.4　数据库设计

学生信息管理系统主要用于管理学校学生的基本信息，因此除了基本的学生信息表之外，还要设计年级信息表、班级信息表等。

20.4.1　数据库结构设计

本系统采用 MySQL 作为数据库，MySQL 数据库作为一个开源、免费的数据库系统，其以简单、易用、数据存取速度快等特点赢得了开发者的喜爱。学生信息管理系统的数据库名称为 db_student，共包含 4 张数据表和两个视图，其具体结构如图 20.11 所示。

图 20.11　数据库结构

20.4.2　数据表结构设计

图 20.11 中所包含的 4 张数据表的详细结构如下。

☑　tb_class（班级信息表）

班级信息表主要用于保存班级信息，其结构如表 20.1 所示。

表 20.1　tb_class 表

字 段 名 称	数 据 类 型	长 度	是 否 主 键	描 述
classID	int		是	班级编号
gradeID	int			年级编号
className	varchar	20		班级名称

☑　tb_grade（年级信息表）

年级信息表用来保存年级信息，其结构如表 20.2 所示。

表 20.2　tb_grade 表

字 段 名 称	数 据 类 型	长 度	是 否 主 键	描 述
gradeID	int		是	年级编号
gradeName	varchar	20		年级名称

☑　tb_student（学生信息表）

学生信息表用来保存学生信息，其结构如表 20.3 所示。

表 20.3　tb_ student 表

字 段 名 称	数 据 类 型	长 度	是 否 主 键	描 述
stuID	varchar	20	是	学生编号
stuName	varchar	20		学生姓名
classID	int			班级编号
gradeID	int			年级编号
age	int			年龄
sex	char	4		性别
phone	char	20		联系电话
address	varchar	100		家庭地址

☑　tb_user（系统用户表）

系统用户表主要用来保存系统的登录用户相关信息，tb_user 的结构如表 20.4 所示。

表 20.4　tb_user 表

字 段 名 称	数 据 类 型	长 度	是 否 主 键	描 述
userName	varchar	20	是	用户姓名
userPwd	varchar	50		用户密码

20.4.3　视图设计

为了使数据查询更方便快捷，减少数据表连接查询带来的麻烦，本系统在数据库中创建了 3 个视图，下面分别介绍。

☑ v_classinfo（班级及年级信息视图）

v_classinfo 视图主要为了查询年级及对应班级的详细信息，创建代码如下：

```
DROP VIEW IF EXISTS 'v_classinfo';
CREATE VIEW 'v_classinfo'
AS
select 'tb_class'.'classID' AS 'classID',
'tb_grade'.'gradeID' AS 'gradeID',
'tb_grade'.'gradeName' AS 'gradeName',
'tb_class'.'className' AS 'className'
from ('tb_class' join 'tb_grade')
where ('tb_class'.'gradeID' = 'tb_grade'.'gradeID') ;
```

☑ v_studentinfo（学生详细信息视图）

v_studentinfo 视图主要为了查询学生的详细信息，创建代码如下：

```
DROP VIEW IF EXISTS 'v_studentinfo';
CREATE VIEW 'v_studentinfo'
AS
select 'tb_student'.'stuID' AS 'stuID',
'tb_student'.'stuName' AS 'stuName',
'tb_student'.'age' AS 'age',
'tb_student'.'sex' AS 'sex',
'tb_student'.'phone' AS 'phone',
'tb_student'.'address' AS 'address',
'tb_class'.'className' AS 'className',
'tb_grade'.'gradeName' AS 'gradeName'
from (('tb_student' join 'tb_class') join 'tb_grade')
where (('tb_student'.'classID' = 'tb_class'.'classID') and ('tb_student'.'gradeID' = 'tb_grade'.'gradeID')) ;
```

20.5　公共模块设计

开发 Python 项目时，将常用的代码封装为模块，可以大大提高代码的重用率，在本系统中创建了一个 service.py 公共模块，主要用来连接数据库，并实现数据库的添加、修改、删除、模糊查询和精确查询等功能，在实现具体的窗体模块功能时，只需要调用 service.py 公共模块中的相应方法即可。下面对 service.py 功能模块进行讲解。

20.5.1　模块导入及公共变量

由于需要对 MySQL 数据库进行操作，所以在 service.py 公共模块中首先需要导入 PyMySQL 模块。代码如下（代码位置：资源包\Code\20\studentMS\service\service.py）：

```
import pymysql                        # 导入操作 MySQL 数据库的模块
```

说明

> PyMySQL 是一个第三方模块，使用之前首先需要安装，安装命令为：pip install PyMySQL。

定义一个全局的变量 userName，用来记录登录的用户名。代码如下（**代码位置：资源包 \Code\20\studentMS\service\service.py**）：

```
userName="" # 记录用户名
```

20.5.2　打开数据库连接

定义一个 open()方法，用来使用 PyMySQL 模块中的 connect()方法连接指定的 MySQL 数据库，并返回一个连接对象。代码如下（**代码位置：资源包\Code\20\studentMS\service\service.py**）：

```
# 打开数据库连接
def open():
    db = pymysql.connect("localhost", "root", "root", "db_student",charset="utf8")
    return db                          # 返回连接对象
```

20.5.3　数据的增删改

定义一个 exec()方法，主要实现数据库的添加、修改和删除功能，该方法中有两个参数，第一个参数表示要执行的 SQL 语句；第二个参数是一个元组，表示 SQL 语句中需要用到的参数。exec()方法代码如下（**代码位置：资源包\Code\20\studentMS\service\service.py**）：

```
# 执行数据库的增、删、改操作
def exec(sql,values):
    db=open()                          # 连接数据库
    cursor = db.cursor()               # 使用 cursor()方法获取操作游标
    try:
        cursor.execute(sql,values)     # 执行增删改的 SQL 语句
        db.commit()                    # 提交数据
        return 1                       # 执行成功
    except:
        db.rollback()                  # 发生错误时回滚
        return 0                       # 执行失败
    finally:
        cursor.close()                 # 关闭游标
        db.close()                     # 关闭数据库连接
```

20.5.4　数据的查询方法

定义一个 query()方法，用来实现带参数的精确查询，该方法中有两个参数，第一个参数为要执行的 SQL 查询语句；第二个参数为可变参数，表示 SQL 查询语句中需要用到的参数。query()方法代码如下（代码位置：资源包\Code\20\studentMS\service\service.py）：

```python
# 带参数的精确查询
def query(sql,*keys):
    db=open()                         # 连接数据库
    cursor = db.cursor()              # 使用 cursor()方法获取操作游标
    cursor.execute(sql,keys)          # 执行查询 SQL 语句
    result = cursor.fetchall()        # 记录查询结果
    cursor.close()                    # 关闭游标
    db.close()                        # 关闭数据库连接
    return result                     # 返回查询结果
```

定义一个 query2()方法，用来实现不带参数的模糊查询，该方法中有一个参数，表示要执行的 SQL 查询语句，其中，SQL 查询语句中可以使用 like 关键字和通配符进行模糊查询。query2()方法代码如下（代码位置：资源包\Code\20\studentMS\service\service.py）：

```python
# 不带参数的模糊查询
def query2(sql):
    db=open()                         # 连接数据库
    cursor = db.cursor()              # 使用 cursor()方法获取操作游标
    cursor.execute(sql)               # 执行查询 SQL 语句
    result = cursor.fetchall()        # 记录查询结果
    cursor.close()                    # 关闭游标
    db.close()                        # 关闭数据库连接
    return result                     # 返回查询结果
```

20.6　登录模块设计

使用的数据表：tb_user

20.6.1　登录模块概述

登录模块主要对输入的用户名和密码进行验证，如果没有输入用户名和密码，或者输入错误，弹出提示框，否则，进入学生信息管理系统的主窗体，登录模块运行效果如图 20.12 所示。

图 20.12　登录模块效果

说明

学生信息管理系统在设计各个功能窗体时，都是通过 Qt Designer 可视化设计器进行设计的，设计完成后需要使用 PyUIC 工具将设计的.ui 文件转换为.py 文件，本章将主要对.py 文件中的功能代码进行讲解，UI 设计文件请参见资源包中的对应文件，后面遇到时将不再提示。

20.6.2　模块的导入

登录模块是在 login.py 文件中实现的，在该文件中，首先导入公共模块。代码如下（**代码位置：资源包\Code\20\studentMS\login.py**）：

```python
import sys                          # 导入 sys 模块
import main
from service import service
```

说明

由于 service.py 模块在 service 文件夹中，所以使用 from…import…形式导入。

20.6.3　登录功能的实现

定义一个 openMain()方法，该方法中主要调用 service 模块中的 query()方法查询输入的用户名和密码在 tb_user 数据表中是否存在，如果存在，记录当前登录用户名，并显示主窗体；如果不存在，则提示用户输入正确的用户名和密码。openMain()方法代码如下（**代码位置：资源包\Code\20\studentMS\login.py**）：

```python
# 打开主窗体
def openMain(self):
    service.userName=self.editName.text()          # 全局变量，记录用户名
    self.userPwd=self.editPwd.text()               # 记录用户密码
    if service.userName != "" and self.userPwd != "":   # 判断用户名和密码不为空
        # 根据用户名和密码查询数据
```

```
        result=service.query("select * from tb_user where userName = %s and userPwd = %s",service.
userName,self.userPwd)
        if len(result)>0:                              # 如果查询结果大于 0，说明存在该用户，可以登录
            self.m = main.Ui_MainWindow()              # 创建主窗体对象
            self.m.show()                              # 显示主窗体
            MainWindow.hide()                          # 隐藏当前的登录窗体
        else:
            self.editName.setText("")                  # 清空用户名文本
            self.editPwd.setText("")                   # 清空密码文本框
            QMessageBox.warning(None, '警告', '请输入正确的用户名和密码！', QMessageBox.Ok)
    else:
        QMessageBox.warning(None, '警告', '请输入用户名和密码！', QMessageBox.Ok)
```

定义 openMain()方法后，将其分别绑定到"密码"输入框的 editingFinished 信号和"登录"按钮的 clicked 信号，以便在输入密码后按 Enter 键，或者单击"登录"按钮时，能够执行登录操作。代码如下（代码位置：资源包\Code\20\studentMS\login.py）：

```
# 输入密码后按 Enter 键执行登录操作
self.editPwd.editingFinished.connect(self.openMain)
# 单击"登录"按钮执行登录操作
self.btnLogin.clicked.connect(self.openMain)
```

20.6.4 退出登录窗体

单击"退出"按钮，关闭当前的登录窗口，该功能主要是通过为"退出"按钮的 clicked 信号绑定内置 close()函数实现的。代码如下（代码位置：资源包\Code\20\studentMS\login.py）：

```
self.btnExit.clicked.connect(MainWindow.close)          # 关闭登录窗体
```

20.6.5 在 Python 中启动登录窗体

通过.ui 设计文件转换的.py 文件是无法直接运行的，需要添加__main__方法才可以运行，这里在登录模块 login.py 的__main__主方法中，通过 MainWindow 对象的 show()方法来显示登录窗体。代码如下（代码位置：资源包\Code\20\studentMS\login.py）：

```
if __name__ == '__main__':                            # 主方法
    app = QtWidgets.QApplication(sys.argv)
    MainWindow = QtWidgets.QMainWindow()              # 创建窗体对象
    ui = Ui_MainWindow()                              # 创建 PyQt5 设计的窗体对象
    ui.setupUi(MainWindow)                            # 调用 PyQt5 窗体的方法对窗体对象进行初始化设置
    MainWindow.show()                                 # 显示窗体
    sys.exit(app.exec_())                             # 程序关闭时退出进程
```

20.7　主窗体模块设计

20.7.1　主窗体概述

主窗体是学生信息管理系统与用户交互的一个重要窗口，因此要求一定要设计合理，该主窗体主要包括一个菜单栏，通过该菜单栏中的菜单项，用户可以打开各个功能窗体，也可以退出本系统；另外，为了界面美观，本程序为主窗体设置了背景图片，并且背景图片自动适应主窗体的大小。学生信息管理系统的主窗体效果如图 20.13 所示。

图 20.13　学生信息管理系统的主窗体

20.7.2　模块导入及窗体初始化

主窗体是在 main.py 中实现的，由于主窗体中需要打开各个功能窗体，因此需要导入项目中创建的窗体对应的模块，并且导入公共服务模块 service。代码如下（**代码位置：资源包\Code\20\studentMS\main.py**）：

```
from PyQt5.QtWidgets import *
from service import service
```

```
from baseinfo import student
from query import studentinfo
from settings import classes,grade
from system import user
```

使用 Qt Designer 设计的窗体，在转换为.py 文件时，默认继承 object 类，但为了能够在窗体间互相调用，需要将其继承类修改为 QMainWindow，并且为它们添加__init__方法，在该方法中可以对窗体进行初始化，并且设置窗体的显示样式。修改后的代码如下（**代码位置：资源包\Code\20\studentMS\main.py**）：

```
class Ui_MainWindow(QMainWindow):
    # 构造方法
    def __init__(self):
        super(Ui_MainWindow, self).__init__()
        # 只显示最小化和关闭按钮
        self.setWindowFlags(QtCore.Qt.MSWindowsFixedSizeDialogHint)
        self.setupUi(self)                      # 初始化窗体设置
```

说明

其他功能窗体都需要按照上面代码修改继承类，并添加__init__()方法，后面遇到时将不再提示。

20.7.3 在主窗体中打开其他功能窗体

在学生信息管理系统的主窗体中，选择相应菜单下的菜单项，可以打开相应的功能窗体。图 20.14 所示为主窗体中"基础设置"菜单下的菜单项。

图 20.14 "基础设置"菜单下的菜单项

定义一个 openSet()方法，用来在单击"基础设置"菜单中的菜单项时，打开相应的功能窗体。代码如下（**代码位置：资源包\Code\20\studentMS\main.py**）：

```
# 基础设置菜单对应槽函数
def openSet(self,m):
    if m.text()=="年级设置":
        self.m = grade.Ui_MainWindow()        # 创建年级设置窗体对象
        self.m.show()                          # 显示窗体
    elif  m.text()=="班级设置":
        self.m = classes.Ui_MainWindow()      # 创建班级设置窗体对象
        self.m.show()                          # 显示窗体
```

为"基础设置"菜单的 triggered 信号关联自定义的 openSet()方法。代码如下（**代码位置：资源包\Code\20\studentMS\main.py**）：

```
# 为基础设置菜单中的 QAction 绑定 triggered 信号
self.menu.triggered[QtWidgets.QAction].connect(self.openSet)
```

> **说明**
>
> "基本信息管理""系统查询""系统管理"菜单的实现与"基本设置"菜单类似，这里不再赘述，详细代码可以参见资源包中的 main.py 文件。

20.7.4　显示当前登录用户和登录时间

在主窗体的状态栏中可以显示当前的登录用户、登录时间和版权信息，其中，当前登录用户可以通过公共模块 service 中的全局变量 userName 获取，而登录时间可以使用 PyQt5 中的 QDateTime 类的 currentDateTime() 方法获取。代码如下（代码位置：资源包\Code\20\studentMS\main.py）：

```
datetime = QtCore.QDateTime.currentDateTime()    # 获取当前日期时间
time = datetime.toString("yyyy-MM-dd HH:mm:ss")   # 对日期时间进行格式化
# 状态栏中显示登录用户、登录时间，以及版权信息
self.statusbar.showMessage("当前登录用户："+ service.userName + " | 登录时间："+ time +"   | 版权所有：
吉林省明日科技有限公司",0)
```

20.8　年级设置模块设计

使用的数据表：tb_grade、tb_class

20.8.1　年级设置模块概述

年级设置模块用来维护年级的基本信息，包括对年级信息的添加、修改和删除等操作。在系统主窗体的菜单栏中选择"基本设置"→"年级设置"菜单，可以进入年级设置模块，年级设置模块效果如图 20.15 所示。

图 20.15　年级设置模块

> **说明**
>
> 班级设置模块和用户信息维护模块的实现原理与年级设置模块类似，后面将不再赘述，详细实现代码可以参见资源包中的源码文件。

20.8.2　模块的导入

年级设置模块在 grade.py 文件中实现，在该文件中，首先导入公共模块。代码如下（代码位置：资源包\Code\20\studentMS\settings\grade.py）：

```
from PyQt5.QtWidgets import *
```

```
import sys
sys.path.append("../")                       # 设置模块的搜索路径
from service import service
```

技巧

在上面的代码中，在导入 service 公共模块之前，使用了代码 sys.path.append("../")，该代码的作用是将当前路径的上一级添加到模块搜索路径中，因为从图 20.10 中的系统组织结构中可以看到，service.py 模块文件在 service 文件夹中，而 grade.py 文件在 settings 文件夹中，两者不在同一级目录下，所以，如果直接添加 service 模块，会出现找不到模块的情况，而使用 sys.path.append("../")后，相当于将搜索路径定位到当前路径的上一级，而上一级有 service 文件夹，因此就可以使用"from…import…"的形式导入 service 文件夹下的公共模块了。

20.8.3　窗体加载时显示所有年级信息

年级设置模块运行时，首先将数据库中存储的所有年级信息显示在表格中，这主要是通过自定义方法 query()实现的。在该方法中，调用 service 公共模块中的 query()方法从 tb_grade 数据表中获取所有数据，并显示在表格中。代码如下（**代码位置：资源包\Code\20\studentMS\settings\grade.py**）：

```
# 查询年级信息，并显示在表格中
def query(self):
    self.tbGrade.setRowCount(0)                              # 清空表格中的所有行
    # 调用服务类中的公共方法执行查询语句
    result = service.query("select * from tb_grade")
    row = len(result)                                        # 取得记录个数，用于设置表格的行数
    self.tbGrade.setRowCount(row)                            # 设置表格行数
    self.tbGrade.setColumnCount(2)                           # 设置表格列数
    # 设置表格的标题名称
    self.tbGrade.setHorizontalHeaderLabels(['年级编号', '年级名称'])
    for i in range(row):                                     # 遍历行
        for j in range(self.tbGrade.columnCount()):         # 遍历列
            data = QTableWidgetItem(str(result[i][j]))       # 转换后可插入表格
            self.tbGrade.setItem(i, j, data)                 # 设置每个单元格的数据
```

20.8.4　年级信息的添加

在添加年级信息时，首先需要判断要添加的年级是否存在，这里定义一个 getName()方法，根据年级名称在 tb_grade 数据表中查询数据，并返回结果集中的数量，如果该数量大于 0，说明已经存在相应年级；否则，说明数据表中没有要添加的年级，这时用户即可正常进行添加操作。getName()方法代码如下（**代码位置：资源包\Code\20\studentMS\settings\grade.py**）：

```
def getName(self,name):
```

```
result = service.query("select * from tb_grade where gradeName = %s", name)
return len(result)
```

自定义一个 add()方法，用来实现添加年级信息的功能，在该方法中，首先需要调用上面自定义的 getName()方法判断是否可以正常添加，如果可以，则调用 service 公共模块中的 exec()方法执行添加年级信息的 SQL 语句，并刷新表格，以显示最新添加的年级。add()方法代码如下：（代码位置：资源包 \Code\20\studentMS\settings\grade.py）

```
# 添加年级信息
def add(self):
    gradeID = self.editID.text()                  # 记录输入的年级编号
    gradeName = self.editName.text()              # 记录输入的年级名称
    if gradeID != "" and gradeName != "":         # 判断年级编号和年级名称不为空
        if self.getName(gradeName)>0:
            self.editName.setText("")
            QMessageBox.information(None, '提示', '您要添加的年级已经存在，请重新输入！',
QMessageBox.Ok)
        else:
            # 执行添加语句
            result = service.exec("insert into tb_grade(gradeID,gradeName) values (%s,%s)", (gradeID,
gradeName))
            if result > 0:                        # 如果结果大于 0，说明添加成功
                self.query()                       # 在表格中显示最新数据
                QMessageBox.information(None, '提示', '信息添加成功！', QMessageBox.Ok)
    else:
        QMessageBox.warning(None, '警告', '请输入数据后，再执行相关操作！', QMessageBox.Ok)
```

将自定义的 add()方法与"添加"按钮的 clicked 信号关联，以便在单击"添加"按钮时，调用 add()方法添加年级信息。代码如下（**代码位置：资源包\Code\20\studentMS\settings\grade.py**）：

```
self.btnAdd.clicked.connect(self.add)        # 绑定添加按钮的单击信号
```

20.8.5　年级信息的修改

在修改年级信息时，首先需要确定要修改的年级，因此，定义一个 getItem()方法，用来获取表格中选中的年级编号。代码如下（**代码位置：资源包\Code\20\studentMS\settings\grade.py**）：

```
# 获取选中的表格内容
def getItem(self, item):
    if item.column() == 0:                        # 如果单击的是第一列
        self.select = item.text()                 # 获取单击的单元格文本
        self.editID.setText(self.select)          # 显示在文本框中
```

将定义的 getItem()方法与表格的项单击信号 itemClicked 关联。代码如下（**代码位置：资源包 \Code\20\studentMS\settings\grade.py**）：

```
self.tbGrade.itemClicked.connect(self.getItem)              # 获取选中的单元格数据
```

定义一个 edit()方法，首先判断是否选择了要修改的年级，如果没有，弹出信息提示，否则，调用 service 公共模块中的 exec()方法执行修改年级信息的 SQL 语句，并刷新表格，以显示修改指定年级后的最新数据。edit()方法代码如下（**代码位置：资源包\Code\20\studentMS\settings\grade.py**）：

```python
# 修改年级信息
def edit(self):
    try:
        if self.select != "":                           # 判断是否选择了要修改的数据
            gradeName = self.editName.text()            # 记录修改的年级名称
            if gradeName != "":                          # 判断年级名称不为空
                if self.getName(gradeName) > 0:
                    self.editName.setText("")
                    QMessageBox.information(None, '提示', '您要修改的年级已经存在，请重新输入！',
QMessageBox.Ok)
                else:
                    result = service.exec("update  tb_grade  set  gradeName= %s  where  gradeID=%s",
(gradeName, self.select))          # 执行修改操作
                    if result > 0:                       # 如果结果大于 0，说明修改成功
                        self.query()                     # 在表格中显示最新数据
                        QMessageBox.information(None, '提示', '信息修改成功！', QMessageBox.Ok)
    except:
        QMessageBox.warning(None, '警告', '请先选择要修改的数据！', QMessageBox.Ok)
```

将自定义的 edit()方法与"修改"按钮的 clicked 信号关联，以便在单击"修改"按钮时，调用 edit() 方法修改年级信息。代码如下（**代码位置：资源包\Code\20\studentMS\settings\grade.py**）：

```python
self.btnEdit.clicked.connect(self.edit)          # 绑定修改按钮的单击信号
```

20.8.6 年级信息的删除

定义一个 delete()方法，首先判断是否选择了要删除的年级，如果没有，弹出信息提示，否则，调用 service 公共模块中的 exec()方法执行删除年级信息的 SQL 语句，并删除该年级所包含的所有班级，最后刷新表格，以显示删除指定年级后的最新数据。delete()方法代码如下（**代码位置：资源包\Code\20\studentMS\settings\grade.py**）：

```python
# 删除年级信息
def delete(self):
    try:
        if self.select != "":                           # 判断是否选择了要删除的数据
            result = service.exec("delete from tb_grade where gradeID= %s", (self.select,)) # 执行删除年级操作
            if result > 0:                               # 如果结果大于 0，说明删除成功
                self.query()                             # 在表格中显示最新数据
            result = service.exec("delete from tb_class where gradeID= %s", (self.select,))
                                                         # 删除年级下的所有班级
            if result > 0:                               # 如果结果大于 0，说明删除成功
                self.query()                             # 在表格中显示最新数据
```

```
        QMessageBox.information(None, '提示', '信息删除成功！', QMessageBox.Ok)
    except:
        QMessageBox.warning(None, '警告', '请先选择要删除的数据！', QMessageBox.Ok)
```

将自定义的 delete()方法与"删除"按钮的 clicked 信号关联，以便在单击"删除"按钮时，调用 delete()方法删除年级信息。代码如下（**代码位置：资源包\Code\20\studentMS\settings\grade.py**）：

```
self.btnDel.clicked.connect(self.delete)      # 绑定删除按钮的单击信号
```

20.9　学生信息管理模块设计

使用的数据表：tb_student、tb_grade、tb_class、v_classinfo、v_studentinfo

20.9.1　学生信息管理模块概述

学生信息管理模块用来管理学生的基本信息，包括学生信息的添加、修改、删除、基本查询等功能。在系统主窗体的菜单栏中选择"基本信息管理/学生管理"菜单，可以进入该模块，其运行结果如图 20.16 所示。

图 20.16　学生信息管理模块

20.9.2　根据年级显示对应班级

自定义一个 bindGrade()方法，主要使用 service 公共模块中的 query()方法从 tb_grade 表中获取所有年级的名称，并显示在"所属年级"下拉列表中。bindGrade()方法代码如下（**代码位置：资源包 \Code\20\studentMS\baseinfo\student.py**）：

```
# 获取所有年级，显示在下拉列表中
def bindGrade(self):
    self.cboxGrade.addItem("所有")
```

```
        result = service.query("select gradeName from tb_grade")        # 从年级表中查询数据
        for i in result:                                                 # 遍历查询结果
            self.cboxGrade.addItem(i[0])                                 # 在下拉列表中显示年级
```

自定义一个 bindClass()方法，主要使用 service 公共模块中的 query()方法从 v_classinfo 视图中获取指定年级所包含的所有班级的名称，并显示在"所属班级"下拉列表中。bindClass()方法代码如下（代码位置：资源包\Code\20\studentMS\baseinfo\student.py）：

```
# 根据年级获取相应班级，显示在下拉列表中
def bindClass(self):
    self.cboxClass.clear()                                          # 清空列表
    self.cboxClass.addItem("所有")                                   # 增加首选项
    result = service.query("select className from v_classinfo where gradeName=%s",
                    self.cboxGrade.currentText())                   # 从年级视图中查询数据
    for i in result:                                                # 遍历查询结果
        self.cboxClass.addItem(i[0])                                # 在下拉列表中显示班级
```

将自定义的 bindClass()方法绑定到"所属年级"下拉列表的 currentIndexChanged 信号，以便在选择年级时，执行 bindClass() 方法。代码如下（**代码位置：资源包\Code\20\studentMS\baseinfo\student.py**）：

```
self.cboxGrade.currentIndexChanged.connect(self.bindClass)        # 根据年级绑定班级列表
```

20.9.3 学生信息的查询

加载学生信息管理模块时，会显示所有的学生信息，而在选择了年级和班级后，单击"刷新"按钮，可以显示指定年级下的指定班级的所有学生信息，该功能主要是通过自定义的 query()方法实现的。在该方法中，主要调用 service 公共模块中的 query()方法执行相应的 SQL 查询语句，并将查询到的学生信息显示在表格中。student.py 文件中的 query()方法代码如下（代码位置：资源包\Code\20\studentMS\baseinfo\student.py）：

```
# 查询学生信息，并显示在表格中
def query(self):
    self.tbStudent.setRowCount(0)                                   # 清空表格中的所有行
    gname = self.cboxGrade.currentText()                            # 记录选择的年级
    cname = self.cboxClass.currentText()                            # 记录选择的班级
    # 获取所有学生信息
    if gname == "所有":
        result =
service.query("select stuID,stuName,CONCAT(gradeName,className),sex,age,address,phone from v_studentinfo")
    # 获取指定年级学生信息
    elif gname != "所有" and cname == "所有":
        result = service.query(
            "select stuID,stuName,CONCAT(gradeName,className),sex,age,address,phone from v_studentinfo
where gradeName=%s", gname)
    # 获取指定年级指定班的学生信息
```

```
        elif gname != "所有" and cname != "所有":
            result = service.query(
                "select stuID,stuName,CONCAT(gradeName,className),sex,age,address,phone from v_studentinfo
where gradeName=%s and className=%s", gname, cname)
        row = len(result)                                    # 取得记录个数，用于设置表格的行数
        self.tbStudent.setRowCount(row)                      # 设置表格行数
        self.tbStudent.setColumnCount(7)                     # 设置表格列数
        # 设置表格的标题名称
        self.tbStudent.setHorizontalHeaderLabels(['学生编号', '学生姓名', '班级', '性别', '年龄', '家庭地址', '联系电话
'])
        for i in range(row):                                 # 遍历行
            for j in range(self.tbStudent.columnCount()):    # 遍历列
                data = QTableWidgetItem(str(result[i][j]))   # 转换后可插入表格
                self.tbStudent.setItem(i, j, data)           # 设置每个单元格的数据
```

20.9.4　添加学生信息

单击"添加"按钮，可以将用户选择和输入的信息添加到学生信息表中，该功能主要是通过自定义的 add() 方法实现的。add() 方法实现的关键是，获取所选年级和班级的 ID，然后执行 insert into 添加语句，向 tb_student 数据表中添加新数据。add() 方法代码如下（代码位置：资源包\Code\20\studentMS\baseinfo\student.py）：

```
# 添加学生信息
def add(self):
    stuID = self.editID.text()                              # 记录学生编号
    stuName = self.editName.text()                          # 记录学生姓名
    age = self.editAge.text()                               # 记录年龄
    sex = self.cboxSex.currentText()                        # 记录性别
    phone = self.editPhone.text()                           # 记录电话
    address = self.editAddress.text()                       # 记录地址
    # 如果选择了年级
    if self.cboxGrade.currentText() != "" and self.cboxGrade.currentText() != "所有":
        # 获取年级对应的 ID
        result = service.query("select gradeID from tb_grade where gradeName=%s", self.cboxGrade.
currentText())
        if len(result) > 0:                                 # 如果结果大于 0
            gradeID = result[0]                             # 记录选择的年级对应的 ID
            # 如果选择了班级
            if self.cboxClass.currentText() != "" and self.cboxClass.currentText() != "所有":
                # 获取班级对应的 ID
                result = service.query("select classID from tb_class where gradeID=%s and className=%s",
gradeID, self.cboxClass.currentText())
                if len(result) > 0:                         # 如果结果大于 0
                    classID = result[0]                     # 记录选择的班级对应的 ID
                    if stuID != "" and stuName != "":       # 判断学生编号和学生姓名是否不为空
                        if self.getName(stuID) > 0:         # 判断是否已经存在该记录
                            self.editID.setText("")         # 清空学生编号文本框
```

```
                              QMessageBox.information(None, '提示', '您要添加的学生编号已经存在，请重新
输入！', QMessageBox.Ok)
                        else:
                            # 执行添加语句
                            result = service.exec("insert into tb_student(stuID,stuName,classID,gradeID,
age,sex,phone,address) values (%s,%s,%s,%s,%s,%s,%s,%s)", (stuID, stuName, classID, gradeID, age, sex,
phone, address))

                            if result > 0:                    # 如果结果大于 0，说明添加成功
                                self.query()                  # 在表格中显示最新数据
                                QMessageBox.information(None, '提示', '信息添加成功！', QMessage
Box.Ok)
                    else:
                        QMessageBox.warning(None, '警告', '请输入数据后，再执行相关操作！', QMessageBox.Ok)
            else:
                QMessageBox.warning(None, '警告', '请先添加年级！', QMessageBox.Ok)
```

20.9.5　根据选中编号显示学生详细信息

当用户在显示学生信息的表格中单击某学生编号时，可以通过单击的编号获取该学生的详细信息，并显示到相应的文本框和下拉列表中，该功能是通过自定义的 getItem()方法实现的。代码如下（**代码位置：资源包\Code\20\studentMS\baseinfo\student.py**）：

```python
# 获取选中的表格内容
def getItem(self, item):
    if item.column() == 0:                          # 如果单击的是第一列
        self.select = item.text()                   # 获取单击的单元格文本
        self.editID.setText(self.select)            # 显示在学生编号文本框中
        # 根据学生编号查询学生信息
    result = service.query("select * from v_studentinfo where stuID=%s",item.text())
    self.editName.setText(result[0][1])             # 显示学生姓名
    self.editAge.setText(str(result[0][2]))         # 显示年龄
    self.cboxSex.setCurrentText(result[0][3])       # 显示性别
    self.editPhone.setText(result[0][4])            # 显示电话
    self.editAddress.setText(result[0][5])          # 显示地址
```

将定义的 getItem()方法与表格的项单击信号 itemClicked 关联。代码如下（**代码位置：资源包\Code\20\studentMS\baseinfo\student.py**）：

```python
self.tbStudent.itemClicked.connect(self.getItem)      # 获取选中的单元格数据
```

20.9.6　修改学生信息

单击"修改"按钮，可以修改指定学生的信息，该功能主要是通过自定义的 edit()方法实现的。在edit()方法中，首先需要判断是否选择了要修改的学生编号，如果没有，弹出信息提示；否则，执行 update修改语句，修改 tb_student 数据表中的指定记录，并且刷新表格，以显示修改指定学生信息后的最新数

据。edit()方法代码如下（代码位置：资源包\Code\20\studentMS\baseinfo\student.py）：

```python
# 修改学生信息
def edit(self):
    try:
        if self.select != "":                          # 判断是否选择了要修改的数据
            stuID = self.select                        # 记录要修改的学生编号
            age = self.editAge.text()                  # 记录年龄
            sex = self.cboxSex.currentText()           # 记录性别
            phone = self.editPhone.text()              # 记录电话
            address = self.editAddress.text()          # 记录地址
            # 执行修改操作
            result = service.exec("update tb_student set age=%s ,sex= %s,phone= %s,address= %s where
stuID=%s", (age, sex, phone, address, stuID))
            if result > 0:                             # 如果结果大于 0，说明修改成功
                self.query()                           # 在表格中显示最新数据
                QMessageBox.information(None, '提示', '信息修改成功！', QMessageBox.Ok)
    except:
        QMessageBox.warning(None, '警告', '请先选择要修改的数据！', QMessageBox.Ok)
```

20.9.7　删除学生信息

单击"删除"按钮，可以删除指定学生的信息，该功能主要是通过自定义的 delete()方法实现的。在 delete()方法中，首先需要判断是否选择了要删除的学生编号，如果没有，弹出信息提示；否则，执行 delete 删除语句，删除 tb_student 数据表中的指定记录，并且刷新表格，以显示删除指定学生信息后的最新数据。delete()方法代码如下（代码位置：资源包\Code\20\studentMS\baseinfo\student.py）：

```python
# 删除学生信息
def delete(self):
    try:
        if self.select != "":                                    # 判断是否选择了要删除的数据
            # 执行删除操作
            result = service.exec("delete from tb_student where stuID= %s", (self.select,))
            if result > 0:                                       # 如果结果大于 0，说明删除成功
                self.query()                                     # 在表格中显示最新数据
                QMessageBox.information(None, '提示', '信息删除成功！', QMessageBox.Ok)
    except:
        QMessageBox.warning(None, '警告', '请先选择要删除的数据！', QMessageBox.Ok)
```

20.10　学生信息查询模块设计

使用的数据表：v_studentinfo

20.10.1　学生信息查询模块概述

学生信息查询模块用来根据学生编号或者学生姓名查询学生的相关信息。在系统主窗体的菜单栏中选择"系统查询"→学生信息查询"菜单，可以进入该模块，其运行结果如图 20.17 所示。

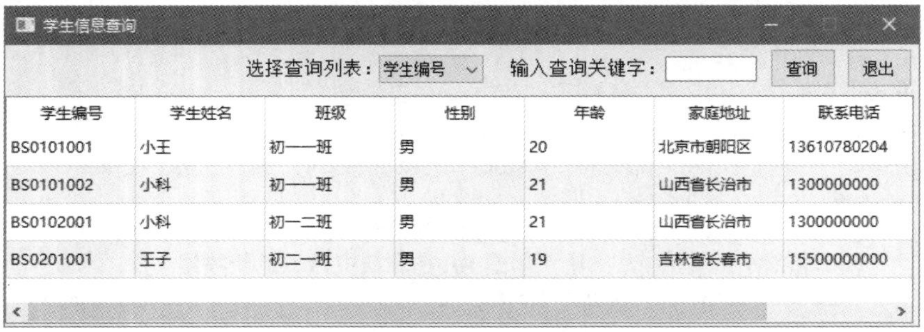

学生编号	学生姓名	班级	性别	年龄	家庭地址	联系电话
BS0101001	小王	初一一班	男	20	北京市朝阳区	13610780204
BS0101002	小科	初一一班	男	21	山西省长治市	1300000000
BS0102001	小科	初一二班	男	21	山西省长治市	1300000000
BS0201001	王子	初二一班	男	19	吉林省长春市	15500000000

图 20.17　学生信息查询模块

20.10.2　学生信息查询功能的实现

学生信息的查询功能主要是通过自定义的 query()方法实现的，在查询学生信息时，有以下 3 种情况。

☑　查询所有学生信息：调用公共模块 service 中的 query()方法精确查询；

☑　根据学生编号查询学生信息：调用公共模块 service 中的 query2()方法模糊查询；

☑　根据学生姓名查询学生信息：调用公共模块 service 中的 query2()方法模糊查询。

学生信息查询模块 studentinfo.py 中的 query()方法代码如下（**代码位置：资源包\Code\20\studentMS\query\studentinfo.py**）：

```python
# 查询学生信息，并显示在表格中
def query(self):
    self.tbStudent.setRowCount(0)                # 清空表格中的所有行
    # 获取所有学生信息
    if self.editKey.text() == "":
        result = service.query(
            "select stuID,stuName,CONCAT(gradeName,className),sex,age,address,phone from v_studentinfo")
    else:
        key = self.editKey.text()                # 记录查询关键字
        # 根据学生编号查询信息
        if self.cboxCondition.currentText() == "学生编号":
            sql="select stuID,stuName,CONCAT(gradeName,className),sex,age,address,phone from
v_studentinfo where stuID like '%" + key + "%"
            result = service.query2(sql)
        # 根据学生姓名查询信息
        elif self.cboxCondition.currentText() == "学生姓名":
```

```
            sql = "select   stuID,stuName,CONCAT(gradeName,className),sex,age,address,phone   from
v_studentinfo where stuName like '%" + key + "%'"
            result = service.query2(sql)
    row = len(result)                                    # 取得记录个数，用于设置表格的行数
    self.tbStudent.setRowCount(row)                      # 设置表格行数
    self.tbStudent.setColumnCount(7)                     # 设置表格列数
    # 设置表格的标题名称
    self.tbStudent.setHorizontalHeaderLabels(['学生编号', '学生姓名', '班级', '性别', '年龄', '家庭地址', '联系电话
'])
    for i in range(row):                                 # 遍历行
        for j in range(self.tbStudent.columnCount()):    # 遍历列
            data = QTableWidgetItem(str(result[i][j]))   # 转换后可插入表格
            self.tbStudent.setItem(i, j, data)           # 设置每个单元格的数据
```

20.11　小　　结

　　本章按照一个完整项目的开发过程讲解了学生信息管理系统的实现，具体讲解时，从前期的需求分析、系统设计，到数据库设计以及公共模块设计，再到最终的各个功能模块设计，每一步都进行了详细的讲解。通过本章的学习，读者能够熟悉学生信息管理的流程，并熟练掌握使用 Python 结合 MySQL 数据库进行项目开发的相关技术。

循序渐进，实战讲述

297个应用实例，30小时视频讲解，基础知识→核心技术→高级应用→项目实战

海量资源，可查可练

◎ 实例资源库　　◎ 模块资源库　　◎ 项目资源库

◎ 测试题库　　　◎ 面试资源库　　◎ PPT课件

（以《Java从入门到精通（第5版）》为例）

◎ 当前流行技术+10个真实软件项目+完整开发过程

◎ 94集教学微视频，手机扫码随时随地学习

◎ 160小时在线课程，海量开发资源库资源

◎ 项目开发快用思维导图

（以《Java项目开发全程实录（第4版）》为例）